陕西师范大学"一带一路"智库集成

主编＝甘晖

副主编＝游旭群 周伟洲

丝绸之路经济带上生物多样性的

经济价值识别、展示与捕获研究

裴辉儒 宋伟 著

陕西师范大学出版总社

图书代号:SK16N1157

图书在版编目(CIP)数据

丝绸之路经济带上生物多样性的经济价值识别、展示
与捕获研究／裴辉儒，宋伟编著. —西安:陕西师范大学
出版总社有限公司，2016.9
（丝绸之路通鉴／甘晖主编）
ISBN 978 - 7 - 5613 - 8638 - 5

Ⅰ. ①丝… Ⅱ. ①裴… ②宋… Ⅲ. ①丝绸之路—
经济带—生物多样性—研究 Ⅳ. ①Q16

中国版本图书馆 CIP 数据核字(2016)第 224777 号

丝绸之路经济带上生物多样性的经济价值识别、展示与捕获研究
SICHOUZHILU JINGJIDAI SHANG SHENGWU DUOYANGXING DE JINGJI JIAZHI SHIBIE ZHANSHI YU BUHUO YANJIU
裴辉儒　宋　伟　著

出版统筹	刘东风	
责任编辑	尹海宏	
责任校对	宋媛媛	
装帧设计	杨　柯	
封面插图	崔　彬　李文炯	
出版发行	陕西师范大学出版总社	
	（西安市长安南路 199 号 邮编 710062）	
网　　址	http://www.snupg.com	
印　　刷	中煤地西安地图制印有限公司	
开　　本	720mm×1020mm　1/16	
印　　张	24.75	
插　　页	2	
字　　数	335 千	
版　　次	2016 年 9 月第 1 版	
印　　次	2016 年 9 月第 1 次印刷	
书　　号	ISBN 978 - 7 - 5613 - 8638 - 5	
定　　价	56.00 元	

读者购书、书店添货或发现印刷装订问题,请与本社营销部联系、调换。
电话:(029)85307864　85251046(传真)

《丝绸之路通鉴》序一

中国古代有一条历时久远的经由中亚通往南亚、西亚以及欧洲、北非的陆上贸易通道，通过此道，产自中国的丝、丝织品、陶瓷等物品运送到了以上地区，由于其运送的货物以丝绸制品影响最大，故称"丝绸之路"。1877 年，德国地理学家李希霍芬在其出版的《中国》一书中，把"从公元前 114 年至公元 127 年间，连接中国和河间地区（指中亚阿姆河与锡尔河之间地带）、中国与印度以丝绸贸易为媒介的这条西域交通道路"命名为"丝绸之路"，简称"丝路"。这一称谓被学术界和民间所接受，并广为沿用。其后，德国历史学家赫尔曼在 20 世纪初出版的《中国与叙利亚之间的古代丝绸之路》一书中，依据新发现的考古资料，把丝绸之路延伸至地中海西岸和小亚细亚，确定了"丝绸之路"的基本内涵，即中国古代经过中亚通往南亚、西亚以及欧洲、北非的陆上贸易通道。

虽然人们在对商代帝王武丁配偶坟茔的考古中，已发现了产自新疆的软玉，证明至少在公元前 13 世纪，中原已开始和西域乃至更远的地区有商贸往来，但是严格意义上的丝绸之路奠定于两汉时期。西汉张骞出使西域时开辟的以长安（今陕西西安）为起点，经由甘肃、新疆，到中亚、西亚，并连接地中海沿岸各国的陆上通道已经形成，这条通道被称为"西北丝绸之路"。公元前 119 年，张骞第二次出使西域，经 4 年时间先后到达乌孙、大宛、康居、大月氏、大夏、安息、身毒等国，扩大了与西域各国的交往。张骞出使西域，最初主要是出于制御匈奴的考虑，后来则演变为"广地万里,重九译,致殊俗,威德遍于四海",即旨在保护疆域和发展经济。汉武帝曾招募大量商人,到西域各国经商,由此吸引了更多人从事丝路贸易活动,极大地推动了中原与西域之间的物质文化交流。之后,汉宣帝于神爵二年(前60),设立了直接管辖西域的机构——西域都护府,屯田于乌垒城(今新疆轮台东),以保障西域商路的通畅。随着汉朝在西域设立官员,丝绸之路日渐繁荣,大量丝帛锦绣源源不断西运,同时西域各国的珍奇异物也输入中原。到魏晋时,东西方商业往来仍然不断,位于丝路咽喉要地的敦煌,就是当时胡商的重要聚集地之一。到公元5—6世纪时,中国南北朝分立,但东西方沿丝路的交往却一直没有中断。北魏建国后不久就派使者前往西域,以后中亚各国的贡使、商人常聚集于平城(今山西大同东北),从事商业贸易。北魏迁都洛阳后,洛阳又成为各国商人的荟萃之地。至隋时,隋炀帝还曾派黄门侍郎裴矩到张掖招徕西域商人,说明当时丝路依然兴旺。

到7世纪后,唐代社会的繁荣使西北丝绸之路再度兴旺。唐王朝借着击破突厥的时机,一举控制了西域各国,并在伊州、西州、庭州三地设立同于内地的州县,在龟兹、于阗、疏勒、碎叶设立安西四镇,作为唐朝政府控制西域的机构,驻兵设防,并新修了玉门关,再度开放沿途各关隘。唐不仅打通了天山北路的丝路分线,还将西线延伸至中亚,使丝绸之路更为通畅。当时的长安、洛阳有大量商胡出入,已呈现出国际大都会的风貌。丝绸之路不仅是东西方商业贸易之路,也是中国和亚欧各国政治、文化交流的通道。西方的音乐、舞蹈、绘画、雕塑、建筑以及天文、历算、医药等,也通过此路先后传入中国。源于西亚、中亚的祆教、摩尼教、景教、伊斯兰教等宗教以及源于印度的佛教,也通过丝路传入中国,产生了深远影响。而中国的纺织、造纸、印刷、火药、指南针、制瓷、绘画以及儒家、道教等，也通过此路传向西方，产生了较大的影响。

从9世纪末到11世纪，中国政治、经济、文化中心向东南沿海转移，加之阿拉伯世界的兴起，东西方海上往来逐渐频繁起来；又由于中国西北地区各民族政权的分裂、对立，丝路安全难以保障，西北这条陆上通道的重要性逐渐降低，而相对稳定的南方对外贸易则明显增加，遂带动了南方丝绸之路和海上丝绸之路的兴起和繁荣，成都和泉州也因此成为南方的经贸大城。中国人此时开始将他们发明的指南针和其他先进科技运用于航海，海上丝绸之路迅速发展起来。

如果从发展的视角和广泛的意义上说，丝绸之路主要有三条：西北丝绸之路、南方丝绸之路和海上丝绸之路。海上丝绸之路是陆上丝绸之路的延伸，形成于宋元时期。海上丝绸之路不仅运送丝绸，还运送瓷器、糖、五金以及香料、药材、宝石等货物。由于运输货物品种的不同，海上丝路也出现了一些别称，如"陶瓷之路""香料之路"等。海上丝绸之路早已存在，《汉书·地理志》所载海上交通路线，实为早期的海上丝绸之路。当时海船载运的"杂缯"，即各种丝绸。海上丝绸之路的起航线可分为东海和南海两支。东海起航线从中国的东南沿海经由朝鲜至日本；南海起航线则从雷州半岛起，途经今越南、泰国、马来西亚、缅甸等国，远航至新加坡、印度等地。到宋代时，泉州、广州和明州成为海上丝绸之路最大的海港，通常将泉州作为海上丝绸之路的起点。南方丝绸之路，起点为四川成都，经"灵关道""朱提道""夜郎道"三路，进入云南，在楚雄汇合后并入"博南古道"，跨过澜沧江，再经"永昌道""腾冲道"，在德宏进入缅甸、印度等地。丝绸之路的多途打通，让中国通往西方的商路更得以扩展。这就将中原、西域与阿拉伯、波斯湾等地紧密联系在一起，向西延伸到了地中海地区，以至可到达法国、荷兰、意大利、埃及，向东到达韩国、日本。不过，这已不同于原来意义上的丝绸之路了，可视其为广义的丝绸之路。

2000多年前兴起的丝绸之路被誉为全球重要的商贸大动脉，有力地促进了东西方的经济文化交流，所以在一定意义上说，它是经济全球化的早期版本。同时，作为东西方商品交易和文化交流的通道，在交往的过程中也加深了沿线各国人民之间的友谊，所以它也是东西方友好往来的历史记录和象征。

历史翻开了新的一页。当世界步入21世纪，贸易和投资在古丝绸之路上再度活跃。2013年9月7日，习近平主席访问哈萨克斯坦的时候，提出用创新的合作模式，共同建设"丝绸之路经济带"，以点带面，从线到片，逐步形成区域的大合作。这是中国领导人在国际场合公开提出共同建设丝绸之路的重大战略构想。到2016年10月，这个重大的战略构想越来越丰富，越来越受到许多国家的欢迎。习近平总书记在2016年9月3日杭州G20峰会的开幕式上有这样一段话，他说："一带一路倡议旨在同沿线国家分享中国的发展机遇，实现共同繁荣。中国对外开放不是要一家唱独角戏，而是要欢迎各方共同参加……不是要营造自己的后花园，而是要建设各国共享的百花园。"

此外，2014年中国国家主席习近平在阐述中国特色外交理念的时候提出打造人类命运的共同体。2015年9月28日，在纽约第七十届联合国大会的一般性辩论阶段，他对这个理念做了系统的阐述，他说："在联合国迎来又一个十年之际，让我们更加紧密地团结起来，携手构建合作共赢新伙伴，同心打造人类命运共同体。"2015年10月16日，在世界减贫与发展高层论坛上，习近平主席发表主旨演讲，阐述消除贫困是人类共同的使命。

综上所述，可以看出，习近平主席关于推进"一带一路"建设的思想和论述，是在新的历史条件下，关于实现世界和平、发展、繁荣、公平、正义的完整理论。我们需要深入学习、研究。

陕西师范大学地处丝绸之路的起点西安，具有独特的地缘优势，该校学者积极响应国家建设"丝绸之路经济带"的战略构想，充分发挥学校的学科优势和学者各自的专业特长，撰写了"丝绸之路通鉴"丛书，洋洋数万言，从不同角度阐发了"一带一路"所涉及的许多重大理论和实践问题，这是一件有重大意义的事。正如甘晖书记在《总序》中所说，该丛书之所以取名"通鉴"，"意在借鉴历史，透析现状，着眼未来，贯穿千年时域，探求发展趋势；意在立足中国，深入沿线，胸怀全局，经略万里空间，厘清错综关系；意在研究战略，丰富内涵，解决问题，横跨宏观、中观与微观，打通理论与实践；意在聚焦经贸，关注人文，促进合作，智慧应对世界形势变换，为'一带一路'国家战略的推进提供全领域、全视角、体系化的智力支撑"。我认为，如果这些想法得以贯彻，"通鉴"一定能够对"一带一路"战略在理论上有较大推进，且为"一带一路"的实施提供有价值的智力支持。

专注于研究"一带一路"的"丝绸之路通鉴"丛书的撰写，需要多种学科的通力合作。"通鉴"正是从丝路的历史、政治、经济、文化、社会、生态等多个领域来进行研究，带有鲜明的系统性特点。作者聚焦"一带一路"一些重大理论和现实问题，尤其是"一带一路"建设中的一些突出的矛盾和问题，提出了各自的看法、观点，可供参考。该丛书第一批出版的著作，就很有分量，既有学术性，又有实践性。其中《英雄在线：丝绸之路的开辟者和捍卫者》《丝绸之路与文明交往》《丝绸之路最早的东方起点：西汉长安城》《天山廊道：清代天山道路交通与驿传研究》等，从不同角度探讨了丝绸之路的历史;《西北丝绸之路上的汉字流传史》则属于丝绸之路的专门史研究;还有一些是专门研究丝绸之路经济战略的著作,如《打造丝绸之路经济带上的战略高地——陕西经济发展研究》《丝绸之路经济带产业集群价值网络的演化与重构》《丝绸之路经济带上生物多样性的经济价值识别、展示与捕获研究》;而《文化集聚·文化街区·文化地域:重塑丝绸之路的新起点》《丝绸之路上的遗址美术》《汉唐丝绸之路漆艺文化研究》《丝绸之路上的体育交流与发展》《丝绸之路经济带沿线国家体育文化交流问题研究》,则是关于丝绸之路文化交流、文化交流史的专门性著作。

相信该丛书的出版,一定能对"一带一路"的理论深化有所推进,一定能对助力"一带一路"国家战略的实施发挥积极而重要的作用。

张乃之

《丝绸之路通鉴》序二

2000 多年前,丝绸之路从长安发端,或从秦岭脚下穿越荒漠、草原、横贯欧亚大陆,或扬帆太平洋、印度洋沿岸众多港口和岛屿并蜿蜒至欧洲,跨越不同文化区域,推动华夏文明、印度文明、伊斯兰文明、欧洲文明的汇通,实现中西方物质特产和精神智慧的大融合。其波澜壮阔与坚韧竞合的画卷,展现了历史的宏伟与多彩。

千百年来,丝路精神薪火相传,成为促进沿线各国繁荣发展的重要纽带,推进了人类文明进步。进入 21 世纪,世界步入全新阶段,丝绸之路被赋予新的内涵和期望,焕发出新的生机与活力。在这一重要时点,国家提出"一带一路"战略构想,并迅速从规划落地为行动,成为重塑中国未来发展路径与发展空间的战略支点。

经世致用,服务国家,"丝绸之路通鉴"丛书应运而生。

一、古丝绸之路是人类历史最珍贵的遗产之一

1868 年,德国地理与地质学家李希霍芬对中国地貌和地理进行了规模宏大的考察,发现在古代中国的北方曾经有过一条横贯亚洲大陆的交通大动脉。1910 年,德国历史学家赫尔曼《中国和叙利亚之间的古代丝绸之路》一书,完成了对丝绸之路的学术认证,丝绸之路为世人所熟知。1927 年,中瑞西北科学考察团到中国西部地区进行综合考察,第一次实现了对丝绸之路沿线珍贵文物的发掘、搜集、整理与保管,古丝绸之路的面貌得以较全面地复原。

丝绸之路因运输西方视同珍宝的中国丝绸而得名。考古资料证明,

丝绸之路早已存在,商周至战国时期,中国的丝绸就经西北各民族之手少量地辗转贩运到中亚和印度。

建元二年(前139),奉汉武帝之命,由匈奴人甘父做向导,张骞率领一百多人出使西域,打通了汉朝通往西域的南北道路,即丝绸之路。神爵二年(前60),汉置西域都护,屯田于乌垒城,以保西域通道通畅。魏晋时期,东西商业往来不断,位于丝绸之路咽喉重地的敦煌成为往来客商的聚集地之一。5—6世纪时,南北朝分立,但沿丝路的东西交往却进一步繁荣。隋炀帝时曾派黄门侍郎裴矩到张掖招徕西域商人。唐时则在伊州、西州、庭州设州,在龟兹、于阗、疏勒、碎叶等安西四镇驻兵,保证丝绸之路畅通。

9世纪末到11世纪,随着中国政治、经济、文化中心向东南沿海转移,及阿拉伯世界的兴起,东西方的海上往来逐渐增多。同时,中国西北地区政权分立,丝绸之路安全难以保障,陆上通道的重要性大大降低。蒙元时期,蒙古西征和对中亚、西亚广大地区的直接统治,使东西驿路再度通畅,丝绸之路又繁荣一时。明清采取闭关政策,虽出嘉峪关经哈密去中亚的道路未断,但陆上丝绸之路已远不如海上丝绸之路重要了。

虽有诸多争论,但大体来看,古丝绸之路主要包括四条路线。第一条是沙漠绿洲丝绸之路。从中国洛阳或长安出发,经甘肃河西走廊,至敦煌,沿昆仑山北麓和天山南北麓分三道,越葱岭通往中亚、欧洲和非洲,兴盛于汉唐时期。该路核心段因位于干旱缺水的亚洲内陆沙漠绿洲之间,故被中外学者称为"沙漠绿洲丝绸之路"。第二条是海上丝绸之路,分东海丝绸之路和南海丝绸之路。历史上有三大航线:东海航线由中国沿海海港至朝鲜、日本;南海航线由中国沿海海港至东南亚诸国;西洋航线由中国沿海海港至南亚、阿拉伯和东非。海上丝绸之路始于周,兴盛于宋元时期。中国通过海上丝绸之路往外输出的商品主要是丝绸、瓷器、茶叶等,运回国内的主要是香料、花草等,因此,亦称"瓷器之路"

"香丝之路"。第三条是西南丝绸之路。从中国四川成都,向西南到印度,再通往南亚、中亚、欧洲国家。因沿途山道崎岖,又称"高山峡谷之路"。第四条是草原丝绸之路。由中原地区向北越过古阴山(今大青山)、燕山一带的长城,西北穿越蒙古高原、南俄草原、中西亚北部,直达地中海北部的欧洲地区。因途径之地主要为游牧地区,故称"草原丝绸之路",又因往来贸易的主要商品是毛皮、金银和茶叶,又称"金银之路""皮毛之路"。

丝绸之路各线尽管起始时间不同,贸易货品不一,却将不同文明由隔绝孤立推向开放交融,成为东西友好交往的象征。它是人类文明竞合融汇的"搅拌器",是世界多样性发展的"分离机"。西方的音乐、舞蹈、绘画、雕塑、建筑等艺术,天文、历算、医药等科技知识,佛教、祆教、摩尼教、景教、伊斯兰教等宗教,通过此路先后传来中国,并在中国产生了很大影响。中国的纺织、造纸、印刷、火药、指南针、制瓷等工艺,绘画等艺术,儒家、道教等传统思想,也通过此路传向西方,产生了持久影响。

丝绸之路给中国和其他沿线国家留下了丰厚的文化遗产。在中国多年引领和推动下,包含中、哈、吉 3 国 33 处遗迹的丝绸之路跨国联合申遗在 2014 年取得成功,成为世界上第一个以联合申报的形式成功列入世界遗产名录的丝绸之路项目,也是联合国教科文组织确定的丝绸之路 54 个廊道中第一个成功申遗的项目。国家文物局局长刘玉珠 2016 年 9 月 20 日在甘肃敦煌首届丝绸之路国际文化博览会"丝绸之路文化遗产国际论坛"上介绍,在此前陆上丝绸之路申遗成功的基础上,中国正推动海上丝绸之路申遗。

二、新丝绸之路在 21 世纪焕发出新的生机

作为经济全球化的早期版本,2000 多年前兴起的丝绸之路被誉为全球重要的商贸大动脉。岁月变迁,20 世纪末 21 世纪初,贸易和投资

在古丝绸之路上再度活跃。如今,旨在强化东亚和中亚联系的"新丝绸之路"(New Silk Road)概念已经成型,并引起了中、美、印、俄等国的重视。

1990年9月12日,中国北疆铁路与苏联土西铁路胜利接轨。这是继苏联西伯利亚大陆桥之后,第二条连接亚欧大陆的通道,沿途连接40余国,是一条名副其实的国际大通道。新亚欧大陆桥的贯通,成为丝绸之路焕发生机的标志性事件,使传播过古老文明和象征传统友谊的丝绸之路再一次焕发光彩。

2013年9月7日,习近平主席在哈萨克斯坦纳扎尔巴耶夫大学发表重要演讲,首次提出了加强政策沟通、道路联通、贸易畅通、货币流通、民心相通,共同建设"丝绸之路经济带"的战略倡议。2013年10月3日,习近平主席在印度尼西亚国会发表重要演讲,明确提出,中国致力于加强同东盟国家的互联互通建设,愿同东盟国家发展好海洋合作伙伴关系,共建"21世纪海上丝绸之路"。"一带一路"战略赋予了丝绸之路崭新的含义,新丝绸之路概念一经提出,便引起全球高度关注和沿线国家的积极响应,亚太主要地区国家也纷纷提出了各自的新丝绸之路构想。

美国的新丝绸之路战略是对2014年后阿富汗和中亚地区的主要战略规划,继承和沿袭了美国历届政府的中亚战略,背后隐藏着美国在中亚地区巨大的地缘政治目标和利益,即在中亚地区排除俄罗斯、中国和伊朗的影响,将中亚国家引向南亚。2011年7月,时任美国国务卿的希拉里在美国学者弗雷德里克·斯塔尔新丝绸之路构想的基础上,提出了新丝绸之路战略,力图在美国主导下形成以阿富汗为中心的"中亚—阿富汗—南亚"交通经贸合作网络,实现这一区域的商品北上和能源南下。这一战略是美国"亚太再平衡"战略的补充。新丝绸之路战略提出后,美国即着手实施该战略并取得一定进展,但由于阿富汗安全形势不佳以及融资、地区国家间的竞争、美国地区战略本身的矛盾性以及气源等问题，美国新丝绸之路战略仍然充满了不确定性。2014年，美国常务副国务卿威廉·伯恩斯在一份政策报告中称，美国新丝绸之路战略的一大核心是为中亚建立一个区域能源市场，重点推进"土库曼斯坦—阿富汗—巴基斯坦—印度"天然气管道建设，打造"中亚—阿富汗—南亚"电力网络，打通中亚通往南亚的能源通道。

印度迄今为止还没有清晰的新丝绸之路战略，并在一定程度上有追随美国的意思。印度是美国中亚战略的重要支持者，作为阿富汗重建的第五大援助国，过去10年的花费超过20亿美元。从印度自身来讲，其新丝绸之路规划相对单纯，主要着眼于能源保障和贸易通道。2012年，印度经历了人类历史上最大的断电事件，6亿多人受到影响，却无法利用近在咫尺的中亚能源。印度总理莫迪自2014年上任以来，与存在历史恩怨的国家开始了前所未有的合作。印度是亚投行的创始成员之一。2015年5月，印度与孟加拉国签署了已搁置40余年的《陆地边界协议》。印度参与新丝绸之路建设的实质动作也越来越多。

2002年，俄罗斯与印度、伊朗联合推出"南北走廊计划"，打算建设起始于印度，途径伊朗、高加索、俄罗斯，最后直达欧洲的铁路、公路和海运等。2010年1月1日，俄罗斯、白俄罗斯、哈萨克斯坦三国共同启动建立推动欧亚经济一体化的"俄白哈关税同盟"，拟建立统一的关税制度。该同盟对"欧亚联盟"起到了重要的推动作用，一方面有利于欧亚地区经济基础设施的建设，另一方面有利于各地区安全合作框架的构建。2011年10月，俄罗斯总统普京正式提出"欧亚联盟战略"，要同独联体国家一同建立关税联盟和欧亚经济共同体，从而推动更高层次的、更广泛内容的一体化组织。这一战略被看作俄罗斯版的新丝绸之路战略。

另外日本、韩国也基于亚欧经济合作提出了丝绸之路构想。主要亚太国家纷纷推进新丝绸之路战略,一方面预示中国的"一带一路"战略将面临全新的博弈与竞争,另一方面也表明新丝绸之路具有巨大的潜力和活力。

三、"一带一路"将重新定义中国未来发展空间

2015年3月,国家发展改革委、外交部、商务部经国务院授权发布《推动共建丝绸之路经济带和21世纪海上丝绸之路的愿景与行动》(以下简称《愿景与行动》),阐述了"一带一路"建设的时代背景、共建原则、框架思路、合作重点、合作机制等,为"一带一路"建设指明了方向。仅仅2年多时间,"丝绸之路经济带"和"21世纪海上丝绸之路"就已经从倡议变成实践,从国家战略落地为国家行动,进入务实合作阶段。从筹建亚投行到成立丝路基金,再到国家开发银行的近千个项目,"一带一路"建设取得明显进展,获得多方积极响应,不仅为各方在投资、贸易、金融、文化和旅游等领域的深化合作奠定了坚实基础,也给沿线各国民众带来了实实在在的好处。

从战略上看,"一带一路"将重新拓展和定义中国未来的发展空间。众多学者对此多有著述,可概括为以下几个方面:

首先,"一带一路"将加速亚洲和亚太经济一体化进程,中国将成为推动世界持续发展的新重心。"一带一路"战略将成为亚洲经济一体化的"两翼",有效连接中亚、西亚、东南亚、南亚、东北亚等地区,显著改善区域内的整体基础设施互联互通状况和营商环境。作为世界经济增长的重要引擎,亚洲已日渐成为经济全球化的中坚力量。"一带一路"战略涵盖亚洲26个国家和地区,拥有44亿人口和20多万亿美元的经济规模。在后国际金融危机时代,作为世界经济增长火车头的中国,将发挥自身的产能优势、技术与资金优势、经验与模式优势、市场与合作优势,通过"一带一路"建设促进亚洲国家分享中国改革发展红利,夯实亚

洲经济一体化的基础,成为推动世界持续发展的新重心。

其次,"一带一路"将打破亚欧大陆长期封闭的状态,中国在推动世界均衡发展的同时将获得新的战略发展空间。亚欧大陆是世界上最大的陆地,面积近 5000 万平方千米,占全球陆地面积的 1/3,东西跨度超过 1 万公里,是世界上最具潜力的经济带。"一带一路"将通过打破亚欧大陆长期封闭的状态,带动内陆国家加快开发开放,实现均衡发展,改变历史上中亚等丝绸之路沿途地带只是作为东西方贸易、文化交流的过道而成为发展洼地的状况,将超越欧美主导全球化造成的贫富差距、地区发展不平衡,形成推动全球均衡发展的新格局。

再次,"一带一路"将打造利益共享的全球价值链,中国将在共同打造全球价值链的过程中获益。当前,世界经济仍处于深度调整期,低增长、低通胀、低需求同高失业、高债务、高泡沫等风险交织,气候变化、能源安全、粮食安全等全球性挑战不断增多,不仅发展中国家需要实现可持续性的经济转型,发达国家也需要促进经济转型。"一带一路"沿海国家多数精于制造业,而内陆国家资源丰富,能源供给充足,庞大的"中国市场"将为沿线国家经济持续增长提供新动力。随着"一带一路"的发展,沿线会形成发达的经济中心、文化中心,通过全方位的国际合作解决自身的问题,更有效地融入全球经济。

最后,"一带一路"将促进人类建设命运共同体,中国将成为推动世界和平发展的重要力量。"一带一路"继承了古丝绸之路开放兼容的历史传统,同时也吸纳了亚洲国家"开放的区域主义"精神,体现了世界各国谋求发展的现实需求。无论从历史还是现实来看,"一带一路"都为人类命运共同体建设提供了重要的路径和战略支撑。"一带一路"不是单一国家的战略,不是把一国利益凌驾于他国利益之上甚至全球利益之上的战略。"一带一路"坚持共商共建、共创共享原则,不搞封闭机制,有意愿的国家和经济体都可参与,成为"一带一路"的支持者、建设者和受益者。"一带一路"将加速人类命运共同体建设,构建各方融合发展的新格局,为各方带来更大发展机遇,共同建造和平、增长、改革、文明的未来世界。

"一带一路"战略是我党十一届三中全会以来,中国对外开放由点到线、由线到面、由面到系统的和平发展战略方针,它将不仅促进经济要素在全球的有序流动和市场的深度融合,而且推进沿线各国的经济政策协调,实现更为和谐的区域经济合作。更为重要的是,"一带一路"战略打开了中国的经贸合作圈、文化合作圈,将大大拓展中国 21 世纪的发展空间。

四、"一带一路"机遇与挑战并存

"一带一路"战略勾画出了中国走向综合性全球大国的路线图,在带给中国和沿线国家重大福利和机遇的同时,在实施过程中也面临诸多挑战,同时也充满了政治风险、经济风险、安全风险、企业经营风险、文化冲突风险。

政治风险。首先,政治体制差异大,一些国家政局不稳。"一带一路"战略涉及 60 多个对象国、40 多亿人口,参与国既有社会主义国家,也有资本主义国家,还有君主制的阿拉伯国家,意识形态上的相互理解不一定成为根本性的障碍,但从历史看确实会成为影响国家间关系的重要因素。其次,沿线的东南亚、南亚、中亚、西亚地区政治形势复杂,政局不稳,对政策的连续性有很大影响。此外,一些国家的政治势力出于自身政治目的,有意煽动"中国威胁论",以阻止或延宕中国战略的实施。再次,大国博弈风险。在"一带一路"的战略布局当中,不同国家基于不同诉求都有其各自的国家战略,这其中甚至还涉及"一带一路"以外的一些国家的战略利益问题。美国、印度、俄罗斯、日本、韩国等与"一带一路"都有一定的竞争关系和利益冲突,如何处理好这些关系事关重大。同时,"一带一路"沿线一些国家其国内始终存在着反华势力,如印度尼西亚、越南等国。随着社交媒体的广泛运用,这些国家的政治越来越受底层民众民粹意识的裹挟,其中一些领导人可能会以中国因素来解释经济失败,以排华的方式来谋求个人政治利益。如果地区安全得不到保证,欧亚地区国家相互之间不能理解,"一带一路"建设就可能付之东流。

经济风险。实施"一带一路"战略存在着众多经济风险或潜在经济风险。首先,经济发展水平不平衡,对接耦合难度大。沿线国家中,一些国家法律较为健全,市场经济程度较高;一些国家较为封闭,主要为传统经济;还有一些国家处于两者之间,这在一定程度上加大了合作的难度和力度。其次,债务违约风险。"一带一路"沿线国的投资环境整体上不如中国与欧美发达国家,部分参与"一带一路"计划的国家存在着巨额的经常项目赤字、较差的经济基本面,这使其成为高风险债务人。第三,项目泡沫化风险。据有关研究,2015 年中国各省"两会"政府工作报告中关于"一带一路"基建投资项目总规模已超过 1 万亿元人民币,涉及项目近 1000 个。如此庞大的投资能否落地,众多项目投资资金从何而来,通过何种方式去融资,如何保证海外投资的安全等,值得警惕。

安全风险。"一带一路"战略面临着巨大的传统安全风险与非传统安全风险。传统安全风险方面,如大国地缘政治的博弈,领土、岛屿争端,区域内个别国家政局动荡,等。非传统安全风险方面,如经济安全、金融安全、恐怖主义威胁、跨国有组织犯罪等。中国"一带一路"战略与美国的全球战略相比,其根本区别在于中国更侧重于经济、文化的交流,而非谋求军事霸权。这也意味着"走出去"的中国企业与公民很多时候缺乏国家直接的强力保护。

企业经营风险。当前,中国在"一带一路"沿线国家的资本输出,基本上是以企业投资海外基础工程建设为主要途径。与高技术含量、高回报率的经济领域相比较,基础建设存在着投入大、周期长、不确定因素较多等问题。在一些比较落后的区域,铁路、港口等基础建设实际上很难在短时期内见到效益,甚至将在很长一段时期内面临亏损运营的局面。另外,由于不熟悉国外商业习惯和法律环境,一些中资企业往往要承担商业风险。大批"走出去"的中小型民营企业既缺乏信贷、保险方面的制度安排,也往往难以得到有关管理部门的政策指引、信息服务,其在"走出去"过程中面临的信息问题、安全问题都十分严峻。

文化冲突风险。"一带一路"沿线文化繁杂多样,民族宗教问题复杂多变。丝路沿线是世界主要宗教基督教、佛教、伊斯兰教、印度教共生共存的地区,历史上的宗教争斗延续至今,使中东、中亚、东南亚等地区的国际恐怖主义、宗教极端主义、民族分裂主义势力和跨国有组织犯罪活动猖獗,地区局势长期动荡不安。同时,宗教问题时常与民族问题交织叠加,既恶化了当地环境,又增加了沿线各国相互合作的难度。

面对"一带一路"的种种风险,我们应树立防范意识,未雨绸缪,做好预案,采取有效措施,积极应对挑战。

五、"丝绸之路通鉴"宗旨与使命

自古以来,我国知识分子就有"为天地立心,为生民立命,为往圣继绝学,为万世开太平"的志向和传统。历史经验告诉我们,知识分子对民族和国家的使命担当,是中华民族实现伟大复兴的希望所在。

2016年5月17日,习近平主席在哲学社会科学工作座谈会上的讲话中指出,当代中国正经历着我国历史上最为广泛而深刻的社会变革,也正在进行着人类历史上最为宏大而独特的实践创新,我们不能辜负了这个时代。习近平主席指出,构建开放型经济新体制,实施总体国家安全观,建设人类命运共同体,推进"一带一路"建设,是党和国家根据新的实践提出的具有原创性、时代性的概念和理论。我国哲学社会科学应该以我们正在做的事情为中心,提炼出有学理性的新理论,概括出有规律性的新实践。

习近平主席的讲话深刻解答了事关我国哲学社会科学长远发展的一系列根本性问题,是指导哲学社会科学工作的纲领性文献,也是发展繁荣哲学社会科学的基本原则和行动指南。围绕国家重大需求,重视应用研究,推进智库建设,着力提升解决重大问题的能力和原创能力,既是陕西师范大学繁荣发展哲学社会科学行动计划(2013—2020 年)的核心部分,也是陕西师范大学"十三五"发展规划的重点内容。

近 10 年来,陕西师范大学在围绕丝绸之路的哲学社会科学研究方面发展迅速,成绩斐然,主要体现在以下几个方面。一是以丝绸之路上的重大理论和现实问题为重点,在不同学科交叉协同的基础上,先后获批并建设了陕西省协同创新研究中心"国际长安学研究院"、陕西省哲学社会科学重点研究基地"一带一路与中亚区域协同创新研究中心"、教育部人文社会科学重点研究基地"西北历史环境变迁和经济社会发展研究院"、陕西省哲学社会科学重点研究基地"中国西部边疆研究院"等一批省部级学术创新平台,已经成为国内外在研究丝绸沿线历史发展与环境变迁、西部国家安全、西部边疆、西北民族与宗教、西夏学、语言学、基础教育发展等重大历史与现实问题的重镇。二是在丝绸之路研究的方面取得了丰硕的成果。早在 2006 年,陕西师范大学就编纂出版了《丝绸之路大辞典》,收录词目 11607 条,总字数达 230 多万,是迄今出版的同类书籍中体系最完整、词目最全面、内容最丰富的一部有关丝绸之路的百科全书,也是一部集学术性、知识性、资料性、实用性为一体的大型工具书。其后,陆续出版了《西北丝绸之路的历史文化研究》《中国丝绸之路经济带生态文明建设评价与路径研究》《丝绸之路经济带建设中的国家形象传播研究》等近百部学术著作,承担国家级、省市级有关丝绸之路的课题 30 余项,获得资助经费 1000 余万元。其中《丝绸之路戏剧文化研究》获得教育部第六届高等学校科学研究优秀成果奖,《推进丝绸之路经济带战略实施和区域合作共赢空间发展战略研究》的调研报告获得陕西省第十二次哲学社会科学一等奖等。三是将丝绸之路研究的成果积极服务于国家战略、经济与文化发展。陕西师范大学提交的《推进丝绸之路经济带战略实施和区域合作共赢空间发展战略研究》《关于丝绸之路经济带建设的问题与挑战》《俄美在乌兹别克斯坦的博弈及其影响》《边疆热点地区城市民族关系发展态势与对策研究》《关于喀什"南达经验"的总结报告》《新疆城市居民的社会交往空间:利益机制与民族关系》得到国家领导人及中办、国办和国家有关部委批示和采纳。四是陕西师范大学首次倡导并共同参与成立了"丝绸之路大学联盟"。积极推进阿富汗、乌兹别克斯坦两个国别研究中心的建设,研究与"新丝绸之路经济带"沿线国家的双边、多边人文交流机制,开展民间人文交流活动。其中,2013 年 9 月,在习近平主席和阿富汗时任总统卡尔扎伊的见证下,陕西师范大学与阿富汗喀布尔大学在人民大会堂签署合作谅解备忘录,较好地服务了国家战略层面上的国际合作与交流。

新的历史时期,陕西师范大学积极响应国家建设"丝绸之路经济带"的战略构想,切实推进陕西省"服务国家发展战略,促进互利共赢"的共建思路,以教育合作与文化交流为重点,与"丝绸之路经济带"沿线国家与地区,不断创新合作、扩大开放、共同发展。

"一带一路"战略是一项长期、复杂而艰巨的系统工程,推进过程中必然面临诸多机遇和挑战,其中的许多问题需要学界、政府、企业界、民间、文化界等的高度重视和思考。古代丝绸之路的起点在西安,陕西师范大学具有独特的地缘优势,也给我们发挥智库功能,服务区域社会发展和国家建设,提供了难得的历史机遇。

有鉴于此,陕西师范大学组织一批专家编纂了"丝绸之路通鉴"丛书。本套丛书以丝绸之路为本体对象,聚焦"一带一路"这一重大现实问题和战略问题。取名"通鉴",则意在借鉴历史,透析现状,着眼未来,贯穿千年时域,探求发展趋势;意在立足中国,深入沿线,胸怀全局,经略万里空间,厘清错综关系;意在研究战略,丰富内涵,解决问题,横跨宏观、中观与微观,打通理论与实践;意在聚焦经贸,关注人文,促进合作,智慧应对世界形势变换,为"一带一路"国家战略的推进提供全领域、全视角、体系化的智力支撑。

期望"丝绸之路通鉴"丛书坚持以下标准:

第一,体现继承性、民族性。丝绸之路是人类文明交融互鉴的珍贵遗产,蕴含着取之不竭、用之不尽的物质财富和精神财富。如习近平主席所说:我们要坚持不忘本来、吸收外来、面向未来。既向内看,深入研究关系国计民生的重大课题,又向外看,积极探索关系人类前途命运的重大问题;既向前看,准确判断中国特色社会主义发展趋势,又向后看,善于继承和弘扬中华优秀传统文化精华。期望本套丛书的出版,能更好地传承丝路文明,促进全新历史条件下丝绸之路的政治与经济、民族与宗教、文化与生活、自然与文脉等等的发展。

第二,体现原创性、时代性。理论的生命力在于创新,理论思维的起点决定着理论创新的结果。本书的课题确定与编撰,均应专注"一带一路"建设的突出矛盾和问题,突出主体性、原创性、时代性,不追随他人亦步亦趋,不迷信权威人云亦云,力争形成一系列原创性成果,解决丝路建设的重大现实问题。

第三,体现系统性、专业性。希望本套书能全方位、全领域、全要素地研究丝路历史、政治、经济、文化、社会、生态等领域,打通传统学科、新兴学科、前沿学科、交叉学科等诸多学科,构建"丝绸之路学"基本蓝图、学理逻辑、主要架构与核心内容,推进具有中国特色的丝路研究学科体系、学术体系、话语体系建设,助力"一带一路"国家战略的实施。

出版本套丛书是一项巨大的系统工程。第一批陆续出版的著作涉及丝绸之路历史、丝绸之路专门史、丝绸之路经济、丝绸之路文化交流等,大致勾勒出了本套丛书的面貌,包括《英雄在线:丝绸之路的开辟者和捍卫者》(朱鸿)、《丝绸之路与文明交往》(李永平)、《丝绸之路最早的东方起点:西汉长安城》(肖爱玲)、《西北丝绸之路上的汉字流传史》(冯雪俊)、《打造丝绸之路经济带上的战略高地》(王琴梅)、《丝绸之路经济带产业集群价值网络的演化与重构》(雷宏振、贾妮莎、兰娟丽等)、《丝绸之路经济带上生物多样性的经济价值识别、展示与捕获研究》(裴辉儒、宋伟)、《文化集聚·文化街区·文化地域:重塑丝绸之路的新起点》(薛东前、马蓓蓓)、《丝绸之路上的遗址美术》(高明、王晓玲、程玉萍、朱生云、李慧国)、《汉唐丝绸之路漆艺文化研究》(胡玉康、潘天波)、《丝绸之路上的体育交流与发展》(黄聪)、《丝绸之路经济带沿线国家体育文化交流问题研究》(史兵、崔乐泉、李重申等)、《天山廊道:清代天山道路交通与驿传研究》(王启明)等。

限于编著者能力与水平,书中难免有疏漏不足之处,恳请各位方家与读者批评指正。

学术研究的意义不仅在于解释现实与反映现实,更在于改造现实与塑造未来。希望本套丛书所有编撰者筚路蓝缕、创榛辟莽,有淡泊名利、耐得住寂寞的定力,有敢立潮头、勇于创新的勇气,有忧国忧民、为民鞠躬的情怀,积极努力,为实现"两个一百年"奋斗目标与实现中华民族伟大复兴的中国梦做出新的贡献!

是为序。

2016 年 9 月 28 日

前　言

　　长期以来,由于产权制度缺损以及价值识别局限,人类在利用各种生态资源的过程中,将大量的生态生物多样性问题排除在经济体系之外,由此产生了在利用各种生态服务价值中的"公共地悲剧",进而造成了规模庞大的生态生物多样性急剧退化问题,以至于枯竭,甚至不可逆转的灭绝与消失。这一严重问题,在20世纪50—60年代的西方发达国家,激起了强烈的社会抗议,引起许多经济学家和生态学者重新考虑传统经济学定义的局限性,从而将环境和生态科学的内容引入经济学研究之中。与此同时,世界各国也开始反思忽视生物多样性的国民经济发展决策失误引起的沉淀成本问题,开始积极修补和改善自身的经济体系,将生物多样性的生态服务价值纳入国民核算体系之中,逐步制定出有利于保护生物多样性的各项制度。生态环境经济学的形成和发展,以及各国生态环境保护政策的相继出台,扩展了生物多样性科学的内容,使人类在生物多样性问题的认识上增添了经济分析这个极为重要的视角,同时也使经济科学和经济制度在更为现实和客观的基础上得到发展,增强了社会现象和人类行为的解释力和执行力,促使人与自然制度关系开始由冲突走向和谐,从而为人类克服环境危机的现实行动提供极大的帮助。

　　伴随着改革开放,我国经济社会发展取得了辉煌成绩,令世界瞩目,但是也不断出现严重的生态问题,尤其是雾霾、沙尘暴、强对流极端天气、干旱、生物多样性退化等问题,日趋严重且不可逆转,已经对我国经济社会发展造成了极大的重创和威胁。为适应全球可持续发展的趋势和中国的可持续发展目标,我国已建立专门负责环境保护的政府机构,近年来也相继出台了一系列有关生态环境保护的政策、法规和措施,加大了环保政策的实施力度,取得了一定的成效。但是,中国生态环境现状极其脆弱,总体形势不容乐观,如果继续沿袭传统的经济增长方式,生态环境将不堪重负,进而影响国民福祉,所以亟待一个切实有效的路径来保护和改善我国的生态环境。

作为生态资源环境的重要组成部分,以及人类生存的基础和基本福祉,生物多样性同样因为人类的活动引致其急剧退化,加之长期以来,人类视其服务为无经济价值的,长期被忽视,造成生物多样性以不可逆转的态势急剧退化。更为不幸的是,气候变迁又进一步加剧了这种价值的迅速退化。由此,生物多样性的经济价值研究已发展成为全球关注的重大问题,尤其在生物多样性十分丰富但极其脆弱的中国丝绸之路带,这项研究尤为迫切。必须重视生物多样性退化的严峻形势,采取相应措施,扭转一切不利于我国生物多样性的行为。有效解决这一问题的关键又在于,认清生物多样性价值被严重忽视的残酷现实,通过价值的识别、展示和捕获等路径,极大化地厘清生物多样性的生态服务价值边界、价值大小,科学选择保护生物多样性的最有效路径。

丝绸之路经济带是我国实现复兴中国梦的必由之路,是促进我国与沿途各国贸易往来的宏伟战略,是造福沿途各国人民的大事业,也是我国经济发展战略的创新合作模式。丝绸之路经济带总人口30多亿,市场规模和潜力独一无二,各国在贸易和投资领域合作潜力巨大。建设丝绸之路经济带,尤其有利于各国求同存异,加强政策沟通和道路联通,完善跨境交通基础设施,逐步形成连接东亚、西亚、南亚的交通运输网络,为各国经济发展和人员往来提供便利;也有利于加强贸易畅通,消除贸易壁垒,降低贸易和投资成本,提高区域经济循环速度和质量,实现互利共赢;更有利于在本币结算方面开展良好合作,在经常项下和资本项下实现本币兑换和结算,大大降低流通成本,增强抵御金融风险能力,提高本地区经济的国际竞争力。丝绸之路经济带建设,必然会加强民心相通,增进相互了解和传统友谊,为开展区域合作奠定坚实的民意基础和社会基础。

丝绸之路经济带建设需要良好的生态环境做保障,但事实是,丝绸之路经济带上的大部分国家地处干旱、半干旱地区,多沙漠、绿洲、戈壁,虽然生物多样性的密集程度较高,但是生态系统十分脆弱,一旦遭受破坏,就会造成生物多样性不可逆转地退化和消亡。如果在丝绸之路经济带的建设中,忽视生物多样性保护和生态环境建设工作,不仅不利于丝绸之路经济带的建设,甚至会因生态环境的破坏给沿途经济社会带来更加严重的灾难,直接威胁沿途人民的生活和生存。因此,丝绸之路经济带上的各国在展开经济合作的同时,亟待加强生态保护合作,形成保护生物多样性的合力,有效解决跨境贸易中的生态保护问题。

综上所述,只有合理地识别生物多样性的自然特征和现状、生物多样性生态服务价值的内涵和价值变迁,运用现有的各种价值评估和核算技术,分析由于人类活动和气候变迁等因素对丝绸之路经济带生物多样性产生的影响,方能有效地评估这种生态服务的经济价值及其因气候变迁产生的生态价值变化,进而将这种价值内嵌于国民经济体系,并采取有效的措施来保护丝绸之路经济带上的生物多样性及其服务功能。基于上述思路,本书运用目前国际流行的生态系统与生物多样性经济学(TEEB)对生物多样性的价值识别、展示、捕获三步骤方法体系,对丝绸之路经济带上生物多样性的经济价值展开相应分析,以期为我国丝绸之路经济带的宏伟战略提供科学的发展依据。

裴辉儒

目　录

第一章　绪论

一、研究背景及研究意义

生物多样性是最公平、最普惠的民生福祉和最基础的生产力。但是,丝绸之路经济带作为我国与经济带上各国展开经济合作与交流的重要纽带,生态极端脆弱,生物多样性保护形势十分严峻。因此,丝绸之路经济带发展的重点虽然是经济,但首先要关注生态。因为,在当前全球气候变化的背景下,丝绸之路经济带国内段、中亚、中东等地区荒漠化、水资源危机日益加剧,已经成为制约国际区域发展与合作的重要生态生物多样性问题。在丝绸之路复兴的进程中,伴随沿线地区人类活动的加剧,将使人地关系更趋紧张,造成的生态环境风险必将明显加大。所以,应该合理控制丝绸之路开发的生态强度,调整空间结构,优化开发格局,保持生态空间山清水秀,在给自然留下更多修复空间的同时,才能有效保障区域经济的协调发展。

尤其是,丝绸之路经济带中国段,集中了《全国生态脆弱区保护规划纲要》中8类生态脆弱区的5种,占《中国生物多样性保护战略与行动计划(2011—2030年)》划定的32个陆地生物多样性优先保护区域中的16个。问题的真正解决,有赖于丝绸之路经济带从"保护生态环境就是保护生产力"的战略高度,"把生物多样性指标纳入经济社会发展评价体系",通过建立"生态环境保护市场化机制"加速生物多样性保护管理体制改革,有效地保护这一生产力。这也是十八届三中全会

《决定》提出的"建设美丽中国,深化生态文明体制改革"的重要内容,也是我国"十三五"规划的重要任务。

目前丝绸之路经济带生物多样性保护管理体制面临的主要问题有:①对气候变迁引起生物多样性丧失的认识不充分;②生物多样性保护与经济发展不匹配;③具体的"生态建设工程"与整个生态系统改善不匹配。体现在决策上则表现为:①重视经济带对经济的影响,忽视对生物多样性的影响;②重视经济发展,忽视生物多样性保护;③生态服务价值没有内化于地方经济体系,企业支付意愿与政府补偿要求相互错位;④重视生态的局部性工程建设,忽视生态整体发展规划。这些问题导致丝绸之路经济带生物多样性保护管理始终处于"局部改善整体恶化"的局面,无法演变为一个自觉自发的过程。理论研究表明:生态脆弱区在保护生物多样性的过程中,只要积极应对"气候变迁+经济社会"造成的双重影响,通过甄别对人类有用且需要保护的生物多样性(价值识别),并将其现期和期权价值体现在经济体系中(价值展示),最终运用激励措施和价格信号等手段保护这些价值(价值捕获),形成政府规制下的适度市场化激励多元化保护框架,就可能延缓气候变迁和以生物多样性保护优化经济增长。本书以此为切入点,紧扣"建设美丽中国,深化生态文明体制改革"主题,从气候变迁入手,探讨丝绸之路经济带生物多样性保护管理的价值识别、展示与捕获,实现合规律性和合目的性的政策体系,这对增强国家和区域生态安全、提高丝绸之路经济带生态服务功能、提升自我发展能力具有重要意义。

二、研究重点

我们认为,生物多样性保护管理体制改革就是渐次形成一个自觉自发的保护过程。通过生态价值的识别、展示和捕获路径研究在气候变迁下生物多样性的改革保护管理体制,就是从理论上理顺特定背景下生态与经济的内生关系,为形成生物多样性自觉自发保护机制提供依据。"人类活动—生物多样性—经济"之间存在结合点和平衡点。本书将人类活动、气候变迁、生物多样性和市场力量等要素统一于经济价值关系之下,提出人类活动、气候变迁缓和、生物多样性丰富、经济发展的合规律性与合目的性的保护管理体制,为实现美丽中国与经济持续发展的"共享共建"以及促进丝绸之路经济带有效合作与发展的目标提供理论支持。与此同时,我们也认为,保护生物多样性就是保护生产力。通过"生态内化为生产力"的改革设计,有利于促进丝绸之路经济带"保护与增长和谐共生"。除此之外,我们还认为,保护管理体制必须兼顾生物多样性的逆向抑制丧失和正向激励,丰富当期和预期价值保护,采取政府规制下的市场化手段。

三、研究基本思路和结构体系

(一)基本研究思路

本书主要以生态系统和生物多样性经济学(TEEB)的价值识别、展示和捕获三步法作为研究基础,拟采用生态系统与生物多样性经济学、生态价值评估理论、复合系统论、数理模型等相结合的分析方法作为主导分析方法,并形成以生态系统与生物多样性经济学、管理学、经济学、社会学等多门学科的"多维理论分析构架"作为基本的分析方法体系。在这个分析体系下,基于生态价值的识别、展示和捕获是基础的分析方法。它统一了生物多样性保护管理网络范式下生物多样性的物质价值、经济价值与保护管理之间的密切关系,并把这种关系置于气候变迁背景下,揭示生物多样性的保护管理与区域经济发展之间的关联性,从而完成理论模型的构建。在实证分析中,将静态和动态分析相结合,运用区域生物多样性测量法、成本收益法和实物期权定价法等数理模型考察丝绸之路经济带生物多样性在人类干预和气候变迁中的现状、价值存量与价值预期,揭示生物多样性服务与区域经济发展的关系,并把握这个"三位一体"关系演进的规律和趋势。通过对这一关系的把握,为丝绸之路经济带上生物多样性保护管理体制改革确定方向、目标和基本内容,从而完成研究目标。

(二)研究内容

本书重点研究以下内容:

①基础背景研究。考察生物多样性保护管理体制的历史经验,剖析国内外理论研究的现状与不足,提出研究的主要问题,提炼生物多样性保护管理的基础概念。

②拓展生物多样性保护管理体制理论体系。基于人类活动、气候变迁、生态脆弱性等问题,将视野扩展到内生经济增长。研究如何通过价值识别、展示和捕获过程将生物多样性保护内化为经济发展体系的有机组成部分,使得生物多样性保护成为一个自觉自发的过程。

③丝绸之路经济带生物多样性的生态特征及其矛盾焦点。受环境、地理、经济社会等因素制约,丝绸之路经济带生物多样性丰富但抗干扰能力差,破坏后难以恢复,在气候变迁中表现出急剧丧失、不可逆的放大特征。

④丝绸之路经济带生物多样性保护管理体制现状。主要分析生物多样性保护管理体制的现状、困境、存在问题的根源以及体制不到位所产生的各种后果。

⑤丝绸之路经济带生物多样性服务价值识别。重点识别与农业、食品安全和人居环境密切关联的生物多样性服务价值。运用区域生物多样性测量法测算丝绸之路经济带在人类活动干扰和气候变迁中生物多样性的物种数量、密度、结构、特有物种比例,分析生物多样性丧失对人类产生的负外部性后果。

⑥丝绸之路经济带生物多样性的价值展示。价值展示便于公众理解生物多样性价值,有利于政府将其纳入国民经济体系之中,并实施有效保护。首先评估生物多样性的服务价值,具体包括:第一,利用

成本收益法评估人类活动、气候变迁造成生物多样性丧失的直接和间接成本，以及改善生物多样性所产生的经济效益；第二，考虑在不确定性条件下，运用生态实物期权定价模型评估生物多样性服务的机会成本和预期收益；第三，评估生物多样性服务的总经济价值。其次，进行制度效果评估，具体包括：第一，生物多样性的保护、修复和替代成本比较；第二，生物多样性保护管理体制效果的经济评估。

四、相关基础理论综述

（一）人类活动对生物多样性产生的影响研究

①生物多样性的可持续问题研究。在人类出现以前，物种灭绝与物种形成一样，是一个自然的过程，两者之间处于一种相对的平衡状态。近百年来，随着人口的增长和人类活动的加剧，物种灭绝的速度大大地加快了，尤其是伴随着工业化，世界各国都遭受了不同程度的生物多样性退化问题。经过学者长期研究，认为主要由以下原因造成了生物多样性的退化：人口迅猛增加对自然生态系统及生存其中的生物物种产生了最直接的威胁；环境污染加剧，影响到生态系统各个层次的结构、功能和动态，进而导致生态系统退化；受利益的驱使，许多人对生物资源展开了掠夺式的开发利用，乱砍滥伐、乱捕滥杀，导致某些物种灭绝；外来物种的入侵扰乱了生态平衡的过程。任何地区的生态平衡和生物多样性是经过了几十亿年演化的结果，这种平衡一旦打乱，就会失去控制从而造成危害。

针对上述原因，学者开始思考可持续问题。他们基于效率理论和伦理因素分析了人类活动对生物多样性的影响，并进而提出相关的估价方法，设计出相应的保护决策。这些理论主要包括：其一，基于生物多样性的静态和动态最优原则对生物多样性的资源利用展开研究。其中，戴维·皮尔斯（Pearce）认为，贴现率直接影响人们对收入和成本的预期。其二，基于环境资本提出弱持续度、强持续度和环境的可持续性等概念。根据哈特卫克规则（Hartwick Rule），如果将所有从稀缺性资源的使用中获得的稀缺性租金以资本形式投资，则资源配置的结果会使社会在弱持续度上发展。一般而言，并非所有有效率的资源配置都具有可持续性，而且并非所有可持续的资源配置方式都是具有效率的，只有同时具备可持续性和效率性的资源配置才能同时增进当代人和后代人的福利。在假定人造资本和自然资本可以完全替代的情况下，皮尔斯和阿特金森（Pearce and Atkinson，1993）提出了弱可持续性指标（PAM）。其三，戴利和科布（Daley and Cobb，1989）提出的生物多样性的可持续经济福利指数（ISEW）。其四，通过能量计算和动态仿真模型，把稳态经济思想拓展到可持续发展模型中。也有人提出，使用地理信息系统（GIS）与专家系统，帮助政策制定者们找到合适的、可以促进可持续发展的管理战略。

②产权问题研究。新制度主义者认为经济社会发展中的外部性导致生物多样性问题的出现，而产权制度缺损又是导致外部性问题的根源。因此，一个社会可以通过建立合理的资源产权制度来从根本上解决生物多样性问题。根据财产权利界定以及特定社会政治文化因素，西方学者在水权制度、林地产权制度、农地制度、保护区、生物多样性热点地区等生物多样性生态服务的产权制度方面进行了有益的探索和实证研究。

英国学者戴维·皮尔斯等认为，土地的拥有者或使用者的土地所有权一旦得到保障，就会对价格刺激做出积极的反应，反之，就会出现财产权失效或体制失效的现象。在这一研究领域，布罗姆利（Bromley）和塞尔诺（Cerneau）区分了四种财产制度，分别是：政府财产、私人财产、公共财产、自由财产。前两种情况下资源的所有权和使用权可通过所有人与使用人之间的承租协议方式实现分离。公共财产指集体拥有而被私人占用的财产制度，集体中个人拥有权利和责任，当然这种责任和权利不一定平等。万初普（Ciriacy Wantrup）和毕晓普

（Bishop）等人强调公共财产制度不是土地过度使用的单一原因。正如朗格（Lunge）研究的那样，集体中所有个人都独立行动使自己利益最大化的假设是不恰当的。显然，公共财产制度能够并且确实显示了持续存在的能力和良好的环境管理能力。然而，它们也像其他财产制度那样容易受到外部压力的干扰而偏离方向，公共财产制度需要建立在一种强有力的集体行动理论之上。有些学者强调，混淆公共财产与自由进入，从而假定在公共财产制度上可能看到"公共地悲剧"是一个重大错误。如果这个集体不能加强自己的权利来排除外人，那么情况可能是这样的。私有化能够为改善土地和资源提供不断的刺激，但它也与最优资源退化和拥有者之间外部性的存在相一致。由于自由进入被定义为没有财产的状况，那里授权从来不存在，或者以前的权利不能或已无法得到加强，那么"公共地悲剧"就有可能发生。

除此之外，美国学者埃莉诺·奥斯特罗姆（Elinor Ostrom）在《公共事物的治理之道》一书中，提出了公共池塘资源概念，认为公共池塘资源是一种人们共同使用整个资源系统但分别享用资源单位的公共资源。她通过大量的实证案例研究，提出了自主组织和治理公共事物的制度理论，从而将集体行动理论拓展到企业理论和国家理论，尤其是，为面临公共选择悲剧的人们开辟了新的研究思路，从而为增进人类福利提供了自主治理的资源产权制度基础。

到了20世纪80年代，水资源在许多国家日益稀缺，对水资源的分配问题成为世界各国学者和政府部门关注的焦点之一，所以构建水权交易市场成为迫切需要解决的重大问题，于是学者开始对水资源产权进行系统的研究，研究内容主要包括水权制度的构建和制度绩效的分析。但是，由于人们的水权观念取决于一系列的正式制度和非正式制度安排，从而水资源可能存在私人物品、公共物品和社区共用物品等形态，所以直到目前为止，我们对水权尚未获得统一的界定。一般认为，水权的界定应包括拥有者、数量、可靠性、可交易性和质量等方面。排污权是一种特殊的财产权利,它是对环境容量这一稀缺资源的明确界定和分配。排污权的分配及允许其交易,大大减少了生物多样性决策的执行成本,同时,生物多样性问题使用中的"产权拥挤"问题也得到了解决,使用者在追求自身利益最大化的同时,也将使整个社会的利益实现最大化,使环境容量资源得到高效配置。因此,排污权交易是未来生物多样性决策发展的主要方向,目前尚有许多国家在向用水单位和部门征收排污税。

③对生态服务价值评估研究。价值评估是环境经济学的传统研究方向,目前这方面的研究仍在不断完善。资源的价值包括使用价值和非使用价值两个部分。目前国外用来计量"非市场"物品价值的方法分为两种。一个是或有权法。该方法的精髓是从可以观察到的市场行为来估计非市场物品的内在价值。例如,娱乐价值可通过娱乐支出显示出来,位置价值可通过财产价值显示出来。所用的方法包括娱乐定价法、旅行费用法、成本核算法。另一个是直接方法,用直接提问来得出以下两方面的估计:为避免失去或获得舒适而"意愿支付"的费用,为了失去舒适或一些权利而"甘愿接受"的赔偿。例如,评估生物多样性对房屋价格的影响,乡村环境、洁净的空气、进入林地的通道等;同时娱乐定价法还能估计可量化变动成本对价格的影响,如房屋年龄、浴室数目等等。这个方法有时可以估计受这些特征影响的商品和资产的环境价值。然而,就目前的研究水平而言,娱乐定价法只具有有限适用性,旅行费用法也只适用于对娱乐性的游览地的估价而用途有限。所以这些方法不可避免地导致方法论上的困难,虽然它有助于估计旅游资源对游客的暗含价值,但却遗漏了旅游资源对于不是游客的大量人群的选择自由和存在价值。或有估价是实验经济学的重要方法,对行为和价值的估计是通过诱导出应答者对假定问题的反应得到的。因此或有估价是试图估计不能从市场行为中得出的价值的有用程序,而且目前还不存在问卷试验不能试图评估的问题。或有估

价试验的设计对结果的有用性至关重要。人们普遍认识到,应答者的回答包含偏爱成分。而且,或有估价试验需要进行仔细的抽样才能把初步试验结果上升为整个人群的价值取向。不过,它是一种有高度灵活性和多种用途的工具。

④基于市场的环境管理政策工具研究。基于市场的政策工具,就是通过市场信号刺激人的行为动机来约束人们的行为。这些政策工具,如可交易许可证制度、污染收费、押金返还、资源租赁、碳信用、碳交易、绿色证券制度等,都以"利用市场力量"为显著特征。如果这些政策得到很好的设计和执行,那么厂商(或私人)在追求各自利益的过程中,就必然会考虑环境成本,由被动接受环境保护的行政指令,变为主动承担环境保护的企业责任,与此同时,还可以同时实现生态环境保护政策目标,取得良好的集体(社会)效益。基于市场的政策工具超越传统的"命令—控制"方法的两个最为显著的特征是:低成本高效率和技术革新扩散的持续激励。从理论上来说,设计适当并得以实施的基于市场的政策工具能以最低的社会成本实现预期的治污目标。此时,治污成本最低的厂商被激励去进行最大数量的治污工作。市场导向型的政策工具不像统一的排放标准那样使厂商的污染水平均等,而是力求使各个厂商治污的边际成本相等。政策制定者在选择各种政策工具时所坚持的原则是,以最低的成本实现既定的环境管制目标。排污权交易制度是近一二十年发展起来的保护生物多样性、促进可持续发展的市场制度,它由美国在 20 世纪 70 年代末首创。排污权交易主要是通过建立合法的污染物排放权利,并允许这种权利像商品那样买入和卖出来进行污染排放控制。基本操作思路是:政府机构评估出使一定区域内满足环境要求的污染物最大排放量,并将最大允许排放量分割成若干规定的排放量,即若干排污权,政府可以用不同的方式分配这些权利,如政府可以销售、出租、拍卖或馈赠等,并通过建立排污权交易市场使这种权利进行合法有偿的交易。排污权交易是在某

一区域内根据环境纳污能力,在实行总量控制的前提下,利用市场机制进行的数量调节,体现出较强的公平性和效率性,有助于经济与环境的协调发展。排污权交易制度具有以下特点:①能促使生物多样性问题的产权关系明晰;②具有良好的激励效果;③可降低污染防治的交易成本。值得强调的是,各种政策工具之间可能存在一定的交互作用。例如,通过单一的谈判或税收政策可以实现社会的最优污染水平。然而,如果在政府征收了一笔税收之后,污染受害者与污染者成功地进行了谈判,此时的污染可能就会处于一个次优的低水平上。

⑤生态生物多样性问题的数量模型研究。首先,是环境库兹涅茨曲线(EKC)。倒 U 型的环境库兹涅茨曲线 1994 年由塞尔登(Selden)和桑(Song)两位学者提出。EKC 表明:环境恶化与人均 GDP 在经济发展的起步阶段呈正向变化关系,当人均 GDP 达到一定水平后,二者表现为反向变化关系。国外研究文献指出,除了人均 GDP 外,尚存在其他导致环境库兹涅茨曲线向下倾斜的因素。澳大利亚学者麦格纳尼(Elisabetta Magnani)在对环境库兹涅茨曲线进行实证研究的基础上,着重分析污染削减政策的决定因子,提出环境质量与经济发展之间的关系取决于收入分配函数而非其均值的观点。如果多数人投票机制发生作用,那么收入分配参数将通过影响对于环境改善的支付意愿,进而决定污染削减水平。环境库兹涅茨曲线详见图1.1。

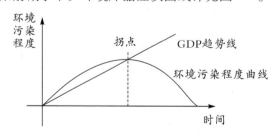

图 1.1 环境库兹涅茨曲线

麦格纳尼认为,环境库兹涅茨曲线并非经济发展的必然路径,而是一种政策引致的结果。非经济因素如政治制度、文化价值观念、民族性格等都会导致不同的环境经济政策。在特定的投票制度下,收入分配函数中的各个参数对公共政策决策至关重要。如果多数人投票机制发挥作用,那么经济增长将通过影响主要投票人的环境支付意愿而影响公共政策决策过程。一般情况下,相对收入和总体环境改善之间的相互关系取决于三个方面:污染行为的收益和成本的分配状况、各个收入阶层在政策制定者效用函数中的权重以及财富象征效应和消费中的攀比效应。麦格纳尼的分析实现了环境库兹涅茨曲线与传统库兹涅茨曲线在形式与内容上的统一。

⑥生物多样性问题的可计算的一般均衡(CGE)模型。国外学者也经常用一般均衡分析方法对生物多样性绩效进行模拟分析。生态一般均衡分析以瓦尔拉斯一般均衡理论为基础,根据生产与生态环境退化的相互作用推导而来,具有下述特点:第一,价格是模型的内生变量,并由市场所决定;第二,模型以瓦尔拉斯一般均衡理论为基础,以产品市场和生产要素市场由于价值的调整而实现均衡时的经济状况为分析背景;第三,模型中的供给函数和需求函数由生产者的利润最大化行为和消费者的效用最大化行为推导而来;第四,一般均衡模型通常是多部门和非线性的,内含资源约束,更接近于现实。自20世纪80年代后期以来,一般均衡方法开始应用于对生物多样性问题的分析上,日益显示出其在生物多样性决策模拟上的优势。中国的生物多样性退化伴随着经济的发展日益严重,因此中国生物多样性问题成为国际上CGE模型分析的一个焦点。其中,静态一般均衡模型就将各种与生物多样性有关的生产活动整合进模型中。它的模型增加了对生物多样性与生产活动的连接关系、生态控制活动和生物多样性决策变量的描述,并构造了一个包含生物多样性账户的社会核算矩阵作为模型的数据基础。模型的生产模块采用柯布－道格拉斯函数,使用资本和劳动力两类基本要素,模块的生产函数中未包含环境退化带来的负面影响因素。模型包含了一些主要的有关环境的要素:生产部门中

增加生物多样性的行为和成本、生态税(如生产部门的排污税)、增加生物多样性补贴、独立的生物多样性投资和投资需求、不同的生态保护指标。在该模型特有的污染模块下定义环境投资需求、生态税、生态补偿和生物多样性增值成本等。全球变暖问题是一般均衡模型开发的另一个重点。二氧化碳排放是导致全球变暖的主要原因,也是造成生物多样性退化的最主要诱因。国外有关生物多样性的一般均衡模型数不胜数。由于一般均衡模型无法描述生产技术的选择,而结合了 Markel 线性规划模型后,就可以在给定线性目标函数和线性约束的条件下选择最优的技术。这个模型着重考察生物多样性结构,在生产函数的投入要素中,除了通常的资本和劳动力外,还包含了能源与生物多样性投入的合成要素。

⑦越境生态生物多样性问题研究。一个国家排放的废物会影响到其他国家,成为越境污染,如酸雨和海洋、国际湖泊、河流的污染等。同样,一个国家的生物多样性退化、物种入侵也可能影响另一个国家的利益。这种越境问题至少需要双边谈判或多边合作来解决。一般根据外部性原理划分国际生物多样性问题是很有效的。外部性有单向和交互两种基本形式。在单向外部性中,一个实体损害了另一个实体;在交互外部性中,由于生态资源共享,损害也是相互的。在这种情况下,一个国家把资源利用的成本加给了另一个国家,反之亦然,共有的外部性成了一个公共财产问题。比如大气、海洋、原始森林,通常被视为全球共有资源,更接近于开放性资源。目前对这些公共资源的利用显然超过了其在经济上的应有水平,有时候还超过了生态承载能力。实施可持续的一体化生物多样性管理模式,能够平衡人类需求与生态环境之间的关系,也能够促进流域内或紧密相连的一定区域内生物多样性的可持续高效利用。要做到这一点,人们必须充分考虑一定流域内生物多样性的各种竞争性用途,如生产原料、碳封存、休闲娱乐、教育等,并对各种用途的效果进行估算,综合权衡,以保证相关区

域内经济与生态目标的协调。

⑧全球化贸易背景下的生物多样性问题研究。国际贸易与生物多样性可持续性之间的关系目前也开始受到广泛关注。因为,发展中国家的出口主要依赖于与生物多样性密切相关的初级产品的出口,尤其是在农作物的出口中,贸易条件将决定这些国家的种植面积和品种。如果这种受影响的作物有害于当地环境,那么增加出口数量或改变产品品种,将可能使出口国的土壤受到直接的损害,这种危害对边远地区土壤的损害可能更大。即使有些农作物有益于环境,人们也会努力砍伐灌木以扩大对边远土地的耕作,而森林的砍伐又加剧了对土壤的侵蚀。因此,如何在自由贸易的大趋势下使资源与环境得到持续利用成为新的研究热点。国外有关研究文献认为,发展中国家的农业市场化可能对环境带来正面的和负面的影响,这取决于具体国家所采取的宏观和微观经济政策。

经济全球化和农业市场化对发展中国家的整个农业产业链带来直接影响,进一步影响到发展中国家的生物多样性状况。市场化导致农业产业链中下游产业的集约度日益提高,这对农业生物多样性造成更大的压力。市场化促进了发展中国家农业产业链条的延伸和农产品加工业的发展,这对野生物种和当地生境产生影响。技术条件的不同导致能源结构变化,也会对生物多样性产生影响。另一方面,经济全球化导致生产资源得以在全球范围内进行配置,发展中国家逐步放弃完全自给型的农业生产模式(尤其在粮食方面),农业生产结构的调整趋于合理化,这将减弱传统农业灌溉区的土地退化,对生物多样性产生积极影响。然而,目前仍较缺乏这方面的实证研究。随着全球经济一体化的推进,生物多样性问题越来越受到各国和有关国际组织的重视。尽管在多边贸易体制下讨论生物多样性问题的历史并不长,但世界各国对该问题的关注程度日益加深,生物多样性问题正日益显示出其重要性和敏感性。联合国中有关生物多样性问题的 TEEB 讨论也越来越引人注目。

发达国家由于受环境利益集团(如环保组织、环境研究机构和非政府组织等)的压力日益加大,大都希望讨论贸易与生物多样性问题,并制定有关规则;而发展中国家则担心对生物多样性问题的过多关注可能会抑制贸易的发展,它们尤其惧怕向发达国家出口的产品会因更高的生态标准而被附加上许多"绿色条件"。

⑨环境非政府组织的发展研究。这是一种与传统模式有别的可持续发展组织模式。无论在主观还是客观上,非政府组织都推动着经济主体结构、秩序模式、制度规范和决策程序的变革,为生物多样性的利用和保护在制度和机制层面注入了新的活力。全球生物多样性问题的出现对世界各国都有挑战性,其影响是不分国界的,不受国家主权的影响,因而这样一个问题的解决具有全球公益性。而在一个由主权国家占主导地位的世界里,各国由于受国家私利的影响难免会为这一问题的解决设置障碍,这就为环境非政府组织的兴起提供了契机。由于非政府组织不代表某一国家的特殊利益,因此能够比较客观地对某一生物多样性问题做出评价,在推动生物多样性问题的解决方面可能发挥特殊的作用。环境非政府组织的活动方式多种多样:可以通过自己的研究,依靠自身科技的优势对生物多样性问题进行精确的研究、预测;通过散发出版物等形式来影响公众意识和政府决策;可以直接在公众中宣传保护环境的重要性,以提高公众的环境意识;可以通过游说政府,促使政府做出有利于环境的决策;也可以渗透到联合国体系当中,参与组织国际会议,督促和监督国际条约的实施并协调各国之间的关系;等等。

生物多样性可持续管理需要整合一系列行为人和利益相关者的价值和利益。这些行为人和利益相关者可能来自当地、地区、国家或国际各个层次,这就需要一个可以容纳各个层次利益相关者的参与机制。贫困阶层通常在当地的生物多样性方面具有最直接的利益,然而,他们通常在政治和经济方面被其他的利益集团边缘化,因此针对他们的参与机制显得尤为重要。当各个利益相关者都参与问题的解决时,提出的方案在长期内更具有效性。如果没有一定的参与机制,人们被排除在决策过程之外,一些重要的信息也就同时被排斥了,而这些信息对当地权力结构和当地知识的积累非常重要。在世界各地活跃着许多民间环保团体,他们为公众在生产、消费行为以外提供了一个新的渠道来表达对于环境的立场和关心。民间环保团体在提高公众环境意识、参与解决生物多样性问题中占有举足轻重的地位。他们是公众环保权益的最直接代表,因此其行为有别于政府行为和商业行为。作为公众的环境权益代表,他们为公众提供信息,进行技术监督,倡导绿色生产和消费模式;作为与其他利益相关者谈判的载体,非政府组织对于构建多方制衡的生物多样性管理体制发挥着积极的作用。发展中国家民间环保团体的发展和壮大首先需要得到制度上的保障,然后再在此基础上进一步探索民间环保团体的具体运作模式,加强非政府组织自身的能力建设。

⑩生物多样性捕获中利益相关者的行为研究。经济社会中的信息不对称和不完全信息使得价格制度常常不是实现合作和解决冲突的最有效安排。非价格制度,即参与人之间行为的相互作用是解决个人理性和集体理性之间冲突的办法之一。生物多样性问题中的利益相关者分析主要涉及利益相关者的特征行为分析(目标函数和策略空间)、组织框架、各利益集团的环境参与机制、利益相关者对生物多样性问题政策工具的反应和相应的分配效应,以及利益相关者的权利保障和冲突解决机制的建立等。这些研究需要应用交易成本经济学、博弈论和信息经济学的理论和方法。国外学者研究了不确定情况下生物多样性决策选择中的逆向选择、道德风险和信息提供等问题。在生态多样性的管制实践中,对一方(委托人,即环境管制当局)的支付取决于另一方(代理人)的行为,但代理人的行为无法被低成本地观察或

监测到,此时就可能出现委托代理中的隐藏信息和隐藏行为问题。对于隐藏行为问题,政策制定者必须设计一种可行的合约来激励代理人的行为以达到预期绩效。从理论上说,这个问题可以应用作物分成模型的原理把代理人的收益与行为结果联系起来而得以解决。但在现实情况下,管制当局普遍缺乏相关的信息,他们无法准确估计厂商的生产函数以及居民的效用函数,不确定性也难以消除。然而,管制机构仍然可以获取一些有用的信息,如事后的反馈、来自行业内部和第三方(如消费者)的信息等,并利用这些信息来矫正污染者的行为。如果厂商认为,他们能够影响环境保护机构的评估,那么厂商就存在低估治污成本以获取更低税率的激励;但如果厂商没有完成预定的污染削减量,他们将会遭到制裁。但是这种情景的假定前提是存在信息反馈,而且管制当局与厂商存在长期的关系。再加上信息流动客观上存在不对称性,所以设计复杂的政策工具迫使厂商提供其真实信息是相当必要的。

(二)气候变迁条件下生物多样性的经济价值研究

1. 国外相关研究

国外自 20 世纪 80 年代开始运用生物物理方法研究气候变迁中的生物多样性问题,其中,生态脆弱区的生物多样性保护是研究热点(Myers,1988)。早期研究集中于气候变迁对降水和积雪厚度等生态系统的影响。20 世纪 90 年代,研究从不同区位空间、生态结构、时间跨度、生态系统层次、保护手段等视角,深入探索气候变迁与生物多样性的辩证关系以及生物多样性保护问题。理论演进至今,已经取得了如下贡献:①认识到温室气体排放加剧了气候变迁(IPCC,2001),从而引起生境破碎,造成生物多样性结构与功能改变,令生物多样性丧失并滑向不可恢复的临界点(Hannah,2002;IPCC,2007;CBD,2010;OIE,2011);②揭示了生物多样性持续丧失会逆向加剧气候变迁(Houghton,2005),改善生物多样性是双赢路径(Lehmann,2009);③

通过指标评估、模型模拟和情景分析等方法,建立了以"驱动力—压力—状态—影响—响应"为框架的生态价值评价体系;④提出在生物"热点地区"建立优先保护区(WWF,1997)和利用生物"碳封存"和"碳捕捉"等措施缓解气候变迁(CBD,2009)。存在的不足是:很少考虑到多种气候变化对生物多样性的叠加后果,较少涉及生物多样性与人类福祉之间的经济判断,相应保护对策缺乏有效的经济手段。

20世纪90年代,新古典经济学对生物多样性的保护管理问题进行了较深入的研究。他们的研究特点有:①从研究目的看,主要是基于偏好方法为可持续发展决策提供价值判断和理论指导。②从研究重点看,注重生物多样性的经济成本效益、服务价值、补偿对策和保护对策的效果评价,也十分重视气候变迁引起的经济损失(Richard Tol,2002),但对气候变迁中的生物多样性保护管理问题关注不够。③从研究趋势看,生态系统和生物多样性经济学正在演变为一支独立的学科。尤其是,TEEB的生态价值的识别、展示和捕获三步法备受关注。这种方法首先通过甄别哪些生态服务有用且具有保护价值,然后通过评估展示生态服务的经济价值,最后通过激励措施和价格信号将生态价值纳入决策之中,实现了生态价值体现和保护管理的有机统一。④从研究应用看,通过大量的实证分析(Charles,1989;Turner,1995;Moons,1999),提出适度管制下的市场化保护思路(Harvey,2010),并就保护对策的实施效果做经济评估(Schroeder,2010)。

生态脆弱区的生物多样性问题也受到广泛关注,但是,整个体系依然纷繁复杂,观点纷呈。①从保护管理的逻辑前提看,存在"福利均衡""不确定性""外部性""不可逆性""社会公正""产权交易"等研究视角的纷争;②从关注重点看,生态经济学派注重价格或成本替代分析,认为包括生物多样性在内的生态价值总量可以超过GDP(Constanza,1998)。环境经济学派则坚持在GDP框架内,使用支付意愿和边际分析等方法计算生态价值(Pearce,1998)。期权价值论者认为重视不确定性的生态预期价值较容易避免决策的不可逆性(Pindyck,2000)。伦理经济学派强调了保护的伦理判断(Haneman,1989)。

2. 国内相关研究

国内对气候变迁的研究较早,竺可桢(1972)、张德二(1980)、张先恭(1984)、于希贤(1995)、王绍武(2004)、葛全胜(2009)等做了突出贡献。20世纪90年代,气候变迁中的生物多样性保护问题成为研究热点,特别是中国在缔结《生物多样性公约》后,有关专家和学者进行了有益的探讨。如:①研究气候变迁与生物多样性关系的代表有吴榜华(1997)、周秋麟(1998)、许小峰(2004)、郑国光(2009)、陈宝红(2009)、王伟光(2010)等;②研究生物多样性内涵的代表有王献溥(1988)、马克平(1993)、蒋志刚(1997)、傅伯杰(2001)、宋丁全(2004)、王伯荪(2005)、邓洪平(2008)等;③研究生态价值评估的有李金昌(1988)、张帆(1998)、薛达元(1999)、欧阳志云(1999)、徐嵩龄(2001)、宗跃光(2000)、谢高地(2001)、张颖(2001)、熊黑钢(2006)等;④研究生物多样性经济评估的有张峥(1999)、吴火和(2006)、白顺江(2006)、万本太(2007)等;⑤研究生态保护的有叶文虎(1998)、杜万平(2001)、毛显强(2002)、杜振华(2004)、曹明德(2004)、吴晓青(2006)、葛颜祥(2007)、孔凡斌(2007)、杨云彦(2008)、丁任重(2009)、马建章(2012)等。具体来说,国内主要研究了下列问题:①关于气候变迁对生物多样性的影响。认识到气候变迁已成为影响中国生物多样性丧失的主要因素,尤其对农业造成显著影响,威胁到国家粮食安全。②关于生物多样性的现状。认识到生物多样性十分丰富,但是因为过度消耗而面临耗竭,因为市场力量和气候变迁而加速丧失和结构失衡。③关于生物多样性的价值。认识到生物多样性是人类赖以生存的基础、国家生态安全的基石和生产力。提出将生物多样性纳入经济评价体系以防止生物多样性丧失。④关于生物多样性的保护。从技术性角度提出就地保护、迁地保护、基因库、繁殖基地等对策,但是对生态保护建设工程仍存在激烈争论。从经济体制角度提出以外部性和产权为理论基础的处罚、税收、许可证、资源租等政府规制保护管理机制,以及以信用和不确定性为前提的债券、碳汇、期权交易等市场交易激励机制,提出同时改善气候变迁与生物多样性的双赢模式。⑤关于研究的区域。生态脆弱区的生物多样性研究受到广泛关注,但还有待于在气候变迁背景下构建一个生态服务价值内嵌于经济体系,兼顾当前与期权价值的一体化生物多样性保护管理理论框架,为决策实践提供合理的理论指导。

综上所述,国内外学术界已经对气候变迁与生物多样性的密切关系、气候变迁对生物多样性丧失的影响以及生物多样性的价值评估、价值补偿和保护等问题进行了初步的研究。但是,在系统性、全面性和学科协同性方面亟待加强,尤其是在气候变迁中的生态脆弱区,如何实现生物多样性的价值识别、展示和捕获等三位一体的保护管理体制是亟待解决的实际问题。

(三)生态系统与生物多样性经济学的理论体系

1. 生态系统与生物多样性经济学的演进

在 2007 年 3 月 G8 + 5 国家波茨坦环境部长会议上,德国提出一项关于"全球生物多样性丧失的经济意义"的提议,并将其作为《波茨坦倡议》的一部分。2007 年 6 月在海利根达姆的 G8 + 5 峰会上,该提议获得通过并开启"生态系统与生物多样性经济学"研究计划。TEEB 从诞生到现在,大致经历了三个阶段:第一阶段从 TEEB 诞生到 2008 年 5 月,这一阶段主要成果是在《生物多样性公约》第 9 次缔约方大会上发布中期报告,为后续研究奠定理论基础,并积极开发合适的能够估计和量化生态系统与生物多样性退化的方法。第二阶段自 2009 年 9 月到 2010 年 10 月,主要完成了生态与经济基础报告(简称 TEEB D0)和国家及国际政策决策者(TEEB D1)、本地和区域管理者(TEEB D2)、企业(TEEB D3)、消费者与大众(TEEB D4)等四份最终用户报告,发表了《气候变化问题最新进展新情况》报告,强调了自然资本投资内在的货币价值,在《生物多样性公约》第 10 次缔约方大会上发布了完整的 TEEB 报告。这一阶段的研究开始将生态和经济整合到不同生态服务评估中,为各类生态服务推荐合适的价值评估方法,让国家、企业和个人了解生物多样性减少的代价以及避免损失发生的成本与效益,从风险管理、机会成本、商业影响等角度为改善生物多样性的各类经济活动提供咨询和工具,为国际、区域和地方各级决策者制定行动指南。第三阶段自 2010 年 10 月至今,主要为 TEEB 推广阶段。目前,TEEB 已逐渐被许多国家接受并开始在世界范围内推广,已有德国、荷兰、英国、捷克、西班牙等国启动了 TEEB 国家进程。

　　2. 生态系统与生物多样性经济学的研究体系

　　TEEB 研究为传统的生物多样性保护提供了新的思路和理论依据、方法、技术和标准体系。其研究目的在于:考虑如何将生态与环境整合到不同情境下的生态系统服务评估中,为各类情景分析提供合适的价值评估方法;通过估算生物多样性减少的经济代价和避免损失发生的成本与收益,设计符合国际、区域和地方各级决策者的行动指南,以实现可持续发展和保护生态系统与生物多样性的目的;从风险管理、商业影响力等角度,为改善生物多样性的经济活动提供领先的信息和工具;帮助人类认识人类活动与生物多样性的双向影响,最终实现保护生态系统和生物多样性的目标。TEEB 的主要研究内容包括:开始反思生态系统和生物多样性对人类的经济价值以及人类活动对生物多样性的严重威胁,认识到当前生态补偿不足现状,考虑反映生物多样性保护的优先事项;通过研究贫困与生态系统破坏和生物多样性丧失的关系,揭示出贫困是导致忽视生物多样性的主要原因;通过研究生物多样性与经济社会的关系,建立各种估计生态系统与生物多样性生态服务价值的经济方法,用以衡量生态系统服务的成本与收益;将生物多样性保护视为自然资本投资,并在此基础上考察生物多样性的风险成本、保护成本与效益问题,从全球、国家、企业角度提出相应指导建议;开始关注伦理和公平、自然过程、人类行为的风险、不确定性等问题,以及气候变化对生物多样性的影响;建立包含物理、定性、定量和货币等四位一体的金字塔式生态系统经济评估体系;探索生物多样性保护的新市场和新政策,主张生态保护益处分享;提出改革对环境有害的补贴、通过生态补偿和市场机制来奖励生态保护行为等对策建议。

针对上述研究内容,TEEB 创造性地建立了一个包含价值识别、展示与捕获等三个步骤,将生态系统和生物多样性生态服务价值有机地融合于经济体系的分析框架。目前正在被国际社会认可和采纳。在 TEEB 中,第一步价值识别是基于对人类的有用性经济价值判断,确定生态系统、物种和生态多样性等层面的服务价值范围;第二步价值展示是基于经济价值角度,使用经验分析方法判断生物多样性服务的经济价值的存量与流量变化,以便为支持决策者保护生物多样性的服务提供科学的参考依据;第三步价值捕获是决策者根据前两个步骤的分析结果,利用经济激励措施和价格杠杆,引导社会各个层面自觉地保护生物多样性。在三个步骤之中,价值识别是基础和导向标,具有奠基和引领后者的功能,强调了生物多样性服务价值的经济属性,突出了市场调节的作用。已有的研究显示,由于生物多样性结构复杂、非市场化程度极高、公共产品属性突出、受外部影响因素的不确定性,TEEB 目前尚无法做到在全球范围内全面识别生物多样性生态服务的经济价值,即使在一国范围内的全面分析也相当困难,但在识别特定外因条件下特殊区域内的生物多样性的单个或几个生态服务价值时,效果比较理想。TEEB 的三个步骤框架通过经济学方法评估并量化生态系统和生物多样性的经济价值,有助于决策者及其他人士(如企业)做出正确决策。TEEB 主张通过激励措施和价格信号,将生态系统的价值纳入决策之中,有机地统一了生态补偿、环境补贴、税收减免、环保产品和生态市场等保护决策,兼顾了保护行为和可持续发展的统一。

　　分析人类活动和气候变迁条件下我国丝绸之路经济带多样性服务价值的识别问题就是对 TEEB 研究成功经验的传承,也是对其研究内容和视野的进一步深入拓展。TEEB 的价值识别对生态保护发挥着重要的铺垫作用(见图 1.2)。价值识别既要识别生物多样性为人类提供哪些经济价值,还要考虑人类活动和气候变迁引起哪些经济价值发生了变化,究竟发生了什么性质的变化。在此工作基础上,价值展示才能根据价值识别的结果,利用各种评估方法评估生物多样性的价值数量变化;价值捕获才能依据价值识别和展示评估结果,有针对性地展开各种正向激励和逆向抑制保护决策,有效保护生物多样性。由此可见,价值识别具有开源引流的基石作用。

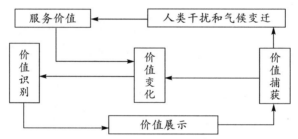

图 1.2　生物多样性价值识别的功能

　　根据 TEEB 价值体系,价值识别包含两个层面。首先是从生物特性角度,识别生物多样性为人类提供了哪些生态服务,并厘清某些外部因素对生物多样性生态服务变迁所产生的影响;其次是从经济价值角度识别哪些生态服务可以被纳入到经济体系之中,这些经济价值因外部条件发生变迁将发生什么变化。在气候变迁条件下,我们首先要识别生物多样性的生态服务功能以及气候变迁对这些生态服务产生的影响,然后识别生物多样性的经济价值构成以及气候变迁对其产生的影响。中国丝绸之路经济带的生物多样性也相应围绕着这两个方面展开。

第二章　生物多样性经济价值的理论框架

一、生物多样性生态服务的内在价值机理

（一）生物多样性的定义与分类

1. 生物多样性的定义

生物多样性是生物（动物、植物、微生物）与环境形成的生态复合体以及与此相关的各种生态过程的总和。生物多样性是人类赖以生存的条件，是经济社会可持续发展的基础，是生态安全和粮食安全的保障。人类的发展离不开自然界中各种各样的生物资源及其服务功能。生物多样性对于保持水土、调节气候、维持生态平衡、稳定环境具有关键性作用，表现为经济效益、生态效益和社会效益三者的高度统一。同时，生物多样性还为人类提供了适应未来区域和全球变化的各种机会。可以说，保护生物多样性就等于保护人类生存和社会发展的基石，保护人类文化多样性基础。因此，生物多样性的研究和保护已经成为世界各国普遍重视的一个问题。

"生物多样性"一词最早是由费希尔和威廉姆斯（Fisher，Williams，1943）在研究昆虫物种多度关系时提出的。不同学者所下的定义是不同的。例如诺斯（Norse et al.，1986）认为，生物多样性体现在多个层次上。而威尔森（Wilson）等人认为，生物多样性就是生命形式的多样性（Wilson & Peter，1988；Wilson，1992）。国内学者也对这一概念做了

高度概括,其中,蒋志刚等(1997)认为,生物多样性是生物及其环境形成的生态复合体以及与此相关的各种生态过程的综合,包括动物、植物、微生物和它们所拥有的基因以及它们与其生存环境形成的复杂的生态系统。孙儒泳(2001)认为,生物多样性一般是指地球上生命的所有变异。1992年,联合国环境规划署(UNEP)在其关于全球生物多样性的巨著《全球生物多样性评估》(GAB)中将生物多样性定义为"生物和它们组成的系统的总体多样性和变异性"。这一定义比许多学者给出的不同表述更为简单和明确。

2.生物多样性的分类

生物多样性包括物种多样性、遗传(基因)多样性、生态系统多样性和景观生物多样性四个层次。具体分析如下:

物种的多样性是生物多样性的关键,它既体现了生物与生物之间及生物与环境之间的复杂关系,又体现了生物资源的丰富性。物种是生物分类的基本单位,是进化的单元,是生物系统上的基本环节。物种概念一直是学者讨论的焦点问题,有代表性的观点包括:迈尔(1953)认为,物种是能够(或可能)相互培育的、拥有自然种群的与其他类群存在着生殖隔离的类群;陈世骧(1978)认为,物种是繁殖单元,由连续且间断的居群组成。一般认为,一个物种必须同时具备三个条件:即具有相对稳定而一致的形态学特征,以便与其他物种相区别;以种群的形式生活在一定的空间内,占据着一定的地理分布区,并在该区域内生存和繁衍后代;每个物种具有特定的遗传基因库,同种的不同个体之间可以互相配对和繁殖后代,不同种的个体之间存在着生殖隔离,不能配育或即使杂交也不能产生有繁殖能力的后代。

据统计,世界上有200多万种生物,这些形形色色的生物物种构成了生物物种的多样性。物种多样性包括两个方面:其一是指一定区域内的物种丰富程度,可称为区域物种多样性;其二是指生态学方面的物种分布的均匀程度,可称为生态多样性或群落物种多样性(蒋志刚等,1997)。物种多样性是衡量一定地区生物多样性的一个客观指标。区域物种多样性的测量有以下三个指标:物种总数(特定区域内所拥有的特定类群的物种数目)、物种密度(单位面积内的特定类群的物种数目)、特有种比例(在一定区域内某个特定类群特有种占该地区物种总数的比例)。

遗传多样性是生物多样性的重要组成部分。广义的遗传多样性是指地球上生物所携带的各种遗传信息的总和。这些遗传信息储存在生物个体的基因之中。因此,遗传多样性也就是生物的遗传基因的多样性。一个物种所包含的基因越丰富,它对环境的适应能力越强。基因的多样性是生命进化和物种分化的基础。狭义的遗传多样性主要是指生物种内基因的变化,包括种内显著不同的种群之间以及同一种群内的遗传变异(世界资源研究所,1992)。此外,遗传多样性表现在分子、细胞、个体等多个层次上。在生物的长期演化过程中,遗传物质的改变(或突变)是产生遗传多样性的根本原因。遗传物质的突变主要有两种类型,即染色体数目和结构的变化以及基因位点内部核苷酸的变化。前者称为染色体的畸变,后者称为基因突变。此外,基因重组也可以导致生物产生遗传变异。

生态系统是各种生物与其周围环境所构成的自然综合体。所有的物种都是生态系统的组成部分。在生态系统之中,不仅各个物种之间相互依赖彼此制约,而且生物与其周围的各种环境因子也是相互作用的。从结构上看,生态系统主要由生产者、消费者、分解者构成。生态系统的功能是对地球上的各种化学元素进行循环和维持能量在各组成分之间的正常流动。生态系统的多样性主要是指地球上生态系统组成、功能的多样性以及各种生态过程的多样性,包括生境的多样性、生物群落和生态过程的多样化等多个方面。其中,生境的多样性是生态系统多样性形成的基础,生物群落的多样化可以反映生态系统类型的多样性。

景观多样性是生物多样性的第四个层次。景观是一种大尺度的空间,是由一些相互作用的景观要素组成的具有高度空间异质性的区域。景观要素是组成景观的基本单元,相当于一个生态系统。景观多样性是指由不同类型的景观要素或生态系统构成的景观在空间结构、功能机制和时间动态方面的多样化程度。遗传多样性是物种多样性和生态系统多样性的基础(施立明等,1993;葛颂等,1994),或者说遗传多样性是生物多样性的内在形式。

(二)生物多样性的现状

大约在 35 亿年前,地球上出现了原核生物。最早的原核生物可能是异养生物。在南非的岩石中所发现的化石表明,距今 31—34 亿年前蓝藻类(蓝细菌)开始形成。蓝藻是能够进行光合作用的原核生物。大约在 20 亿年前,光合作用所释放出来的氧使大气层中开始含有氧气,这可能会导致许多厌氧生物的灭亡,但甲烷细菌以及它们的近缘种类仍然在无氧的环境中存留至今。蓝藻和其他原核生物占优势的时代大约历时 20 亿年。在距今大约 5 亿 9000 万年前,类型丰富多样的无脊椎动物的出现标志着寒武纪的开始。在这个时期,以三叶虫为代表的节肢动物门以及腕足动物门、软体动物门、多孔动物门、棘皮动物门的许多纲开始形成。这些门类存留至今,仍然有一些种类生存下来。在距今 5.1 亿年前的海相沉积中,发现了最早的脊椎动物的遗迹——甲胄鱼外甲的碎片。在寒武纪时,所有动物的门都已经形成了。经历几十亿年的发展进化,形成了当今世界形形色色的生物类群。据统计地球有 500—5000 万种生物,被人们记录的约 170 万种,其中微生物约 10 万种、植物 30 万种、动物 130 万种(Wilsion,1985;Tangley,1986;Shen,1987)。每年都有不少生物新种被发现,也有许多生物被毁灭。

中国是世界上生物多样性最为丰富的国家之一,拥有高等植物 34984 种,居世界第 3 位;脊椎动物 6445 种,占世界总种数的13.7%;

已查明真菌种类约 1 万种,占世界总种数的 14%;据不完全统计,有栽培作物 1339 种,家养动物品种 576 个(环境保护部等,2011)。此外,中国还拥有森林、灌丛、草甸、草原、荒漠和湿地等陆地生态系统以及黄海、东海、南海和黑潮流域大海洋生态系统,包括 10 个植被型组、29 个植被型和 560 余个群系(吴征镒,1980;国家林业局,2009),《中国植被图》记录了全国 11 个植被类型组、55 个植被型和 960 个植被群系和亚群系。虽然中国生物多样性保护工作起步较晚,但在近 20 多年,生物多样性保护工作引起了党中央、国务院的高度重视,在国家相关政策指引和社会各界的大力支持下,经过各政府部门的共同努力,中国生物多样性保护事业取得了长足发展。

在生物科学诸多的分支中,保护生物多样性是生物科学最紧迫的任务之一,也是全球生物学界共同关心的焦点问题之一。在过去的两亿年中,每 100 年自然界有 4 种植物、90 种脊椎动物从地球上消失。随着人类活动的加剧和技术手段的更新,开发和利用生物资源的效率大大提高,物种灭绝的速度也大为加快,20 世纪每两年就有一个物种灭绝。过去的物种灭绝大都是自然灾害造成的,当代则多是由人为破坏造成的,许多物种尚未被认识、未被定名就消失了,大量的基因丢失,生态系统面积锐减。如果不立即采取有效措施,人类固有的生活方式就难以维持,子孙后代的正常生活也无法维持。中国是生物多样性最丰富的国家之一,同时又是生物多样性受到最严重威胁的国家之一。在《濒危野生动植物种国际贸易公约》中列出的 640 种世界濒危物种中,中国有 156 种名列榜上,占 24.4%,形势十分严峻。因此,生物多样性的研究、保护和持续、合理利用都亟待加强,刻不容缓。据可靠数据说明,每天有 100 多种生物在地球上灭绝,很多生物在没有被人类认识前就消亡了,这对人类而言无疑是一种悲哀和灾难。保护生物多样性的行动势在必行,迫在眉睫。

据国外的科学家估计,物种丧失的速度比人类干预以前的自然灭绝速度要快 1000 倍。据联合国环境计划署估计,在未来的 20—30 年之中,地球总生物多样性的 25% 将处于灭绝的危险之中。在 1990—2020 年之间,因砍伐森林而损失的物种,可能要占世界物种总数的 5%—25%,即每年损失 15000—50000 个物种,或每天损失 40—140 个物种。在 IUCN 2009 年公布的红色名录中,2008 年全世界有 2496 种动物、8457 种植物受到灭绝威胁。

生物多样性的严峻性主要又表现为这几个方面的问题:动物的灭绝速率正在呈上升趋势。过去 400 年里,全世界共灭绝了 58 种哺乳动物,但是 20 世纪内地球上就灭绝了 23 种哺乳动物。哺乳动物在 17 世纪时,每 5 年有一种灭绝,到 20 世纪则平均每两年就有一种动物灭绝。在世界上 9000 多种鸟类中,1978 年以前仅有 290 种鸟类不同程度地受到灭绝的威胁,而现在这个数字则上升到 1000 多种,大约占鸟类总数的 11%。近年来,随着对两栖动物与爬行动物了解的深入,人们发现两栖动物与爬行动物已经是生物类群中最为濒危的类群。受威胁的两栖动物占已研究过的两栖动物的 32%,受威胁的爬行动物占已研究过的爬行动物的 61%。尽管现有关于海洋和淡水生物物种的灭绝信息非常有限,然而,来自北美的初步证据表明在淡水环境中发生了较多的灭绝,而海洋生物物种比原来想象的耐受威胁的能力差。已知的约 27 万种高等植物中,有 12.5% 的种类被认为濒临灭绝。这些植物归属于 369 个科,分布于世界 200 个国家或地区。大量已知具有药用价值的植物种类正濒临消失,如红豆杉科植物 75% 的种类都是重要的抗癌药物资源,但它们正受到灭绝的威胁;阿司匹林提取于柳科植物,但该科植物 12% 的种类正受到灭绝的威胁。

(三)引致生物多样性生态服务功能退化的原因

1. 人类活动的影响

①人口激增。人口与消费,例如农业、伐木搬运业、渔业、工业和化石燃料的使用、城市化、公路建设及国际贸易等的兴起,导致了生境

破碎化、退化、丧失;资源过度开发、入侵种疾病和气候变化等因素相互作用增强,更是加速了生物多样性的丧失,包括物种和种群的灭绝、生态系统退化、基因多样性流失和进化潜力丧失、生态系统服务功能丧失,甚至是人类社会支撑系统流失。

②过度开发。动物的皮毛从远古时代就给人类遮风避雨,在现代社会也装饰着我们的生活,如皮包、皮鞋、裘皮大衣、皮毛围巾等。可是动植物在带给人类美好生活的同时,也面临着灭顶之灾。人们在利益的驱动下,不计后果地采伐植物、屠杀动物,导致这些生物数量急剧下降,濒临灭绝。持续不断的森林采伐,吞噬着原本不多的原始热带雨林。湿地也因为人类过度的建筑和农垦活动而萎缩。而对有利用价值的植物、动物的需求已经导致很多物种濒危,如天麻、冬虫夏草、虎骨等。野生老虎的数量从100年前的10万头急剧下降至今天的不足5000头;人迹罕见的亚马孙河流域中,野生动物的种群数量在重度捕猎的区域平均降低了81%;由于过度捕获和利用,很多看似保护完好的森林中,野生动物的数量极为稀少,这样的森林被称为空森林。

③生境丧失和破碎化。生境丧失的原因包括森林砍伐、农业开垦、水和空气污染等导致适宜于野生动物栖息的场所面积大大缩减,从而直接导致物种地区性灭绝或者数量急剧下降。生境的丧失导致野生动物大块连续的栖息地被分割成多个片断,这种破碎化导致了以下情况:首先,破碎化的生境具有更长的边缘与人类环境接壤,人类、杂草和家养动物(如家猫、家狗和山羊等等)能够更容易地进入森林,不仅导致边缘区生境的退化,还大大增加对生境内部地区的侵扰。其次,有些动物需要轮流利用不同区域的食物资源,有些需要多种生境以满足不同生活时期或者日常生活的不同需要。例如草食动物需要不断迁徙以获得足够的资源,并避免对某一块区域资源的过度利用。但是当生境被隔离后,动物只能留在原地,不仅因为过度利用导致生境退化,还会因为资源匮乏而降低繁殖或导致死亡。最后,各个片断

之间野生动物种群无法正常迁移和交流，长期下去，这种状况导致小种群遗传多样性水平下降，出现近交衰退等一系列问题，最后的结果可能是地区性的种群灭绝。野生动物扩散能力的降低，也会对植物扩散产生影响，因为动物的活动会帮助植物传播种子和花粉。植物状况受到影响，自然会反过来作用于野生动物。

④单一利用。生物多样性给人类提供了食物来源，但是由于市场消费的大量需求和自然灾害的增多，为了保证高产，农民倾向于选择单一、耐病毒的作物，这样就会局限于一些品种而放弃其他的种子资源。例如在印度尼西亚，超过 150 种稻米已经在过去的 15 年里灭绝了。更多的是，世界范围内我们正在吃着同种的动物。474 种家畜品种已经变得稀少，617 种从 1892 年起不断灭绝。

⑤城市化对生物多样性的影响。城市化可以改善人类的生活环境，例如平整土地、修建水利设施、绿化环境等措施，使得环境向着有利于提高人们生活水平和促进社会发展的方向转变。城市是不同功能区相互镶嵌形成的复杂的复合系统，如此才能支持城市对巨大的物流、能流和信息流等多种流的需求，由此也决定了特殊的城市生境特征（李俊生、高吉喜，2005）。城市化进程中，适合野生生物居住的自然环境被破坏，取而代之的是高楼大厦、公路等设施，使野生生物的生活环境减少，并且使环境呈现出岛屿状的格局，同时城市数量不断上升，城市和城市之间用公路或铁路连接，一定程度上影响了生物的迁徙和繁殖，从而抑制了种群间的基因交流，长时间后就会形成新物种。城市化会产生大量的生活垃圾及生活废水。人们会将生活垃圾废弃在山上，时间久后生活垃圾中的重金属污染物会随着地下径流流到水中，这会直接或间接影响水生生物，长此以往重金属会在其他生物体中富集。生活废水富营养化，造成大量藻类繁殖，影响水生生物。与远郊区相比，中心城区失去了 88% 的物种，物种多样性下降了 78%。远郊区的本土植物属于 45 个科，科数大于城区物种。城区物种多属

于禾本科、藜科等耐践踏耐土壤紧实度的物种,城区和郊区大部分物种相同,但是远郊区差异较大。土壤总氮有机质电导率是影响物种城市化分布的主要因素(彭宇、刘雪华,2012)。

⑥外来物种入侵。物种入侵导致生物灭绝同样发生在动物中。有人统计,在热带太平洋海岛上,由于老鼠的入侵导致了岛上大量的本土物种灭绝。在55种热带太平洋海岛特有生物中有30种因此灭绝;在10种蜥蜴中,因此灭绝的达7种。例如凤眼莲原产于巴西,20世纪初作为一种观赏植物引入中国,由于它旺盛的生命力,在中国南方的湖、塘、河流中迅速发展、蔓延,它吸附重金属等有毒物质,死亡后沉入水底,并腐烂发臭,从而导致许多水生物种灭绝。

⑦意识淡薄。由于教育和宣传不够,生物多样性对于人类的重要性长期受到忽视。如果大部分人类缺乏这方面的教育和认识,对生物多样性的重要性缺乏了解和认识,便会对生物多样性保护工作极为不利。

2. 气候变迁的影响

引起气候系统变化的原因有多种,概括起来可分成自然的气候波动与人类活动的影响两大类。前者包括太阳辐射的变化、火山爆发等;后者包括人类燃烧化石燃料以及毁林引起的大气中温室气体浓度的增加,硫化物气溶胶浓度的变化,陆面覆盖和土地利用的变化,等等。

①气候变迁对生物多样性的影响。臭氧层的破坏使更多的紫外辐射到达地球表面,损坏活性组织。大气中的臭氧层总量减少1%,到达地面的太阳紫外线就会增加2%。一方面直接危害人体健康,另一方面对生态环境和农、林、牧、渔业造成严重的破坏。全球变暖将导致地球上的动植物大量灭绝。尽管人类可能最终逃过这一劫,但地球上有一半的物种将会消亡。例如,由于大气中二氧化碳排放量急剧上升,使桉树叶变质,考拉生存受到威胁。根据科学家对近百年地面测试资料的分析发现,自1860年有气象观测记录以来,全球平均温度上

升了0.6℃。最近100年的温度是过去1000年中最暖的,90年代是20世纪最暖的10年。20世纪北半球温度的增幅是过去1000年中最大的。我国近百年的气候变化趋势与全球气候变化的总趋势基本一致,气温上升了0.4—0.5℃,略低于全球平均气温的0.6℃。

当前的全球气候变迁特征具体表现为:第一,全球气候日益变暖很可能是在自然变化趋冷的背景下由人类活动的显著影响而出现的反自然变化趋势(见图2.1)。[1]从空间分布看,北半球增温比南半球明显,高纬度比低纬度明显。第二,冰川加剧融化,海平面逐步上升。据IPCC评估报告《气候变化2013:自然科学基础》显示,1901—2010年,全球平均海平面上升19厘米,过去10年间,冰川融化速度比20世纪90年代加快了数倍。第三,全球年降水量增加,但不同区域降水格局变化不同。在20世纪,北半球中高纬度陆地的降水量每10年增加了0.5%—1.0%,热带陆地每10年增加0.2%—0.3%,亚热带陆地每10年减少0.3%左右。南半球的广大地区则没有发现系统性变化。第四,自然灾害频发。世界上主要自然灾害的90%来自洪水、热带气旋、干旱和地震四种危险,而气候就占了三种。1980—2012年间,全球发生各类重大自然灾害事件约21000起,而大部分是气候变迁造成的。

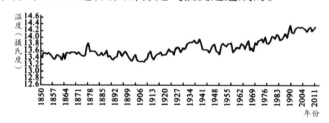

图2.1　1850—2013年全球地表气温温度

数据来源:根据世界气象组织(WMO)和政府间气候变化专门委员会(IPCC)的相关数据整理获得。

气候变迁已经严重影响到了生物多样性,主要包括:首先,气候变暖造成物种灭绝加剧。自1800年全球气候变暖以来,全球动物灭绝速度日益加剧且快于自然演化过程(见图2.2、2.3)。据估计,目前世

界平均每天有一个物种消失,物种灭绝速率是自然灭绝速度的 1000
倍。[2]每天几乎有 140 种无脊椎动物灭绝。每年至少有 1 种鸟或哺乳
动物或植物灭绝。有人估计,当地球平均温度升高 6℃时,地球上将有
90%以上的物种消失。如果未来全球平均升温幅度超过 3.5℃(相对
于 1980—1999 年),则有高达 40%—70%的物种可能灭绝。(IPCC,
2007)

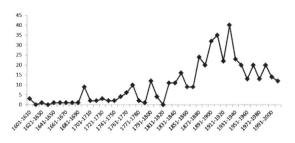

图 2.2　1600—2012 年已灭绝的动物情况

资料来源:根据国际自然及自然资源保护联盟(IUCN)《世界濒危动物红皮
书》相关数据整理。

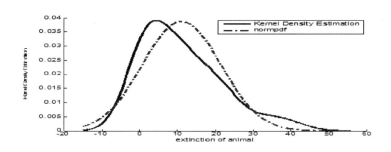

图 2.3　1600—2012 年已灭绝动物的核密度函数

　　其次,气候变暖影响物种分布。气候变迁打破了物种分布具有的
内在稳定性,具体表现为:气温变化引起物种迁移、生物入侵危害以及
流行疾病的空间位移。[3]气候变迁也引起了物种入侵,对入侵地生物
多样性构成极大的威胁(IPCC,2002),导致植物病害分布范围改变,
使植物病害增加,使害虫对天敌的脆弱性增加,这些生态问题将引起

与生态服务密切相关的产业受到巨大的经济损失,尤其会影响到农、林、牧、副业等产业产品质量,从而增加这些产业的生产成本。

再次,气候变化不仅改变物候期,而且会影响地区产业结构和居民生活。目前,全球大约有80%物种的物候期每10年提前或延后2.3—5.1天,一些迁徙鸟类正在改变旅行日程从而改变一些地区旅游业格局,而带菌生物的传染病传播爆发和寄生虫生长速度加快将对人类健康带来严峻威胁。(IPCC,2007)这些生态问题必然会改变部分地区与生态有关的产业结构,增加居民的经济负担。

最后,全球气候变暖尤其会对农作物产生严重影响。全球变暖和降雨量的变化影响到农作物的生长发育,大气 CO_2 浓度影响农作物的光合作用。全球变暖也加重了病虫害对农业生产的危害程度,涉及全球粮食安全问题。特别是像我国丝绸之路经济带这样的处于干旱、半干旱、半湿润地区和缺乏应对手段的欠发达地区,将面临更加严峻的挑战。从气候对粮食的影响看,气候变迁对占全球粮食产量85%以上的小麦、玉米、稻米产生了深远影响。自1960年以来,伴随着气候变暖,全球三大粮食产量增幅也有明显的下降趋势(见图2.4)。

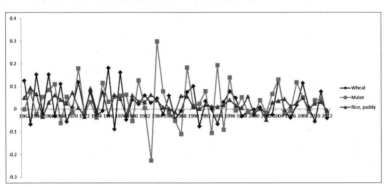

图2.4 1960—2012年世界三大主要粮食产量的增长率

资料来源:通过归并和整理世界粮农组织(FAO)网站各国粮食产量数据获得。

我们以 Y_1、Y_2、Y_3 分别代表小麦、玉米、水稻等粮食产量,以 X_1 代表全球气温,X_2 代表全球 CO_2 排放量(气温和 CO_2 排放量数据来自美国国家海洋和大气管理局网站),建立粮食产量与气候的非线性回归模型,来进一步验证气候变化与农作物之间是否存在明确关联性。估计结果如表2.1。

表2.1 气候变迁与粮食产量的相关性分析

	Y_1	Y_2	Y_3
C	-412.692**	-876.881*	-927.631**
X_1	438.519***	132.531**	127.356**
X_2	11.226**	-1.135***	-1.1333**
可决系数	0.9551	0.9236	0.9257
DW 值	1.8721	1.8692	1.7369
F 统计量	1235.63798	1327.31576	1152.3316

注:*、**、***分别表示在10%、5%、1%置信水平下,估计参数值显著不等于零。

模型估计结果显示,全球小麦产量与全球大气平均温度正相关,与全球 CO_2 浓度正相关;气温的升高对全球小麦生产起到了极大的促进作用,CO_2 排放浓度加大,也有利于小麦的整体生产。全球玉米产量与大气平均温度正相关,与 CO_2 浓度负相关。根据预测,玉米的产量在未来10年内呈增长趋势,但有趋于减缓的趋势。全球稻米产量与大气平均温度正相关,与全球 CO_2 浓度负相关。但是全球稻米产量增长速度正在逐渐增加,主要原因是水稻种植从低纬度向高纬度推移,这种变迁必然会影响到世界粮食生产的经济布局。

生物多样性与气候变迁是相互影响的,所以气候变迁也引起生物多样性对气候变迁的逆向作用,这种影响有正有负。例如,森林资源的碳封存和碳捕捉对温室气体具有良好的固碳作用,但是过度砍伐森林同样会造成 CO_2 增加。另外,生物多样性结构也会影响气候变迁。因此,气候变暖对其自身具有双重的加速作用。

此外,酸雨也是造成生物多样性退化的主要原因之一。被大气中存在的酸性气体污染,pH 值小于 5.6 的降水叫酸雨。目前,全世界酸雨危害非常严重。美国五大湖地区工业污染造成的酸雨,对美国和加拿大边境地区的森林和野生生物的严重破坏和损害,成为美加双边关系的难题。西欧酸雨对北欧的危害,已经成为欧洲一个重大的生物多样性问题。我国的酸雨状况也令人担忧。在 20 世纪 80 年代,中国的酸雨主要发生在以重庆、贵阳和柳州为代表的西南地区,酸雨区的面积约为 170 万 km²。到 20 世纪 90 年代中期,酸雨已发展到长江以南、青藏高原以东以及四川盆地的广大地区。酸雨的面积扩大了 100 多万 km²。以长沙、赣州、南昌、怀化为代表的华中酸雨区现在已成为全国酸雨污染最严重的地区,其中心区年平均降水 pH 值低于 4.0,酸雨频率高达 90% 以上,已到了"逢雨必酸"的程度。以南京、上海、杭州、福州和厦门为代表的华东沿海地区也成为我国主要的酸雨地区。可见,我国酸雨的发展速度十分惊人,目前仍呈逐年加重的趋势。

酸雨主要破坏森林和水域,造成土壤酸化肥力减退、河湖酸化影响水生生物的生长和繁殖。酸雨渗入地下,使地下水酸化,污染地下水。此外,酸雨还会腐蚀建筑物和金属材料。酸雨的主要成分是二氧化硫和氮氧化物,主要是人为地向大气中排放大量酸性物质造成的。我国的酸雨主要是因大量燃烧含硫量高的煤而形成的。此外,各种机动车排放的尾气也是形成酸雨的重要原因。

大气无国界,防治酸雨是一个国际性的生物多样性问题,不能依靠一个国家单独解决,必须共同采取对策,减少硫氧化物和氮氧化物的排放量。联合国多次召开国际会议讨论酸雨问题,许多国家把控制酸雨列为重大科研项目,全世界已有 40 多个国家通过限制汽车排污减轻有关污染。1993 年在印度召开的无害环境生物技术应用国际合作会议上,专家们提出了利用生物技术预防、阻止和逆转环境恶化,增强自然资源的持续发展和应用,保持环境完整性和生态平衡的措施。专家认为,利用生物技术治理环境具有巨大的潜力。

②气候变迁对我国生物多样性生态服务的影响。气候变迁同样成为我国生物多样性丧失的最突出因素。首先,气候变迁引起中国大量物种灭绝。《国家重点保护野生动物名录》和《中国珍稀濒危保护植物名录》列入的濒危动物达到 258 种,濒危植物有 188 种,生物多样性优先保护区域已扩大到 35 个。之所以造成如此多的濒危物种,气候变迁就是一个主因。其次,气候变迁导致物种分布空域发生变化,加重了生物多样性的保护成本。最后,气候变迁也影响到我国农林牧业生产的空间分布。近些年,我国气温呈现升高趋势,有利于北方秋播和临冬播种的作物生长发育。伴随着气温升高,我国冬小麦的种植面积从南向北逐步扩大,由北纬 36°扩展到北纬 39°。未来 50 年,我国冬小麦安全种植北界将由目前的长城线逐渐向北约跨 3 个纬度,一年一熟制向北推移 200—300km,一年二熟和一年三熟制将向北推移 500km 左右。但是气候变迁也让我国水灾和旱灾频繁,病虫害频发,经济损失巨大。据《中国统计年鉴》数据统计,1951—2013 年全国农业年均受灾面积达到总播种面积的 31%左右,其中水、旱灾受灾面积合计占到总受灾面积的 79.8%,病虫害损失为农业总产值的 20%—25%。

二、生物多样性生态服务价值的识别基础

(一)生物多样性生态服务价值识别的路径选择

生物多样性的特殊性决定了它的生态服务价值大部分通过非市场渠道和物理时空转换来体现,只有极少部分可以通过市场直接体现;加之当前的我们识别和估计手段水平局限,决定了我们当前无法一次性全面识别所有让人类受益的生物多样性生态服务价值。因此,如何提高生物多样性生态服务价值识别总体水平是一个十分关键的工作。根据环境经济

学生态价值理论,一般可以借助物理、定量和定性分析、货币显化等手段来识别生物多样性的生态服务价值。这一识别体系被称作生物多样性生态服务价值识别金字塔(见图2.5)。基本原理是:假定生物多样性总体价值为一个四边形,具体又被分为非指定识别价值和指定识别价值两部分。金字塔之外的部分属于非指定识别价值,包括有价值但还没被识别、价值甚微或有用但非稀缺的服务;金字塔内的生物多样性服务价值主要是与人类密切相关、被广泛认知、价值重大和十分稀缺的生物多样性生态服务。我们一般分析金字塔内部的价值。在金字塔内部,由于大量的生物多样性是非市场化的,所以首先要通过物理形态分析存在哪些是有益的生态服务,然后通过定性和定量分析、货币分析等有序推进路径识别其服务价值。在 TEEB 框架中,价值识别主要是定性分析生态服务的价值内涵以及在外因条件下的价值变迁,而定量和货币分析则属于价值展示阶段。所以,这里主要依据 TEEB 框架,分析丝绸之路经济带生物多样性生态服务价值内涵,以及在气候变迁条件下,这些生态服务价值发生了什么变化。

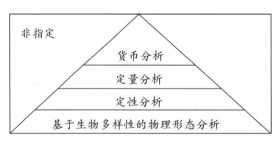

图2.5 生物多样性价值识别金字塔

早期研究中,生物多样性的经济服务价值主要限定于资源环境的供给价值评估范畴,包括物量变化和经济服务价值研究两个方面。伴随着人类过度利用生物资源,引致大量生物资源退化和消失,生物多样性生态服务价值问题才引起各方重视,并逐渐上升为一门独立的新兴学科。气候变迁引起的生物多样性退化问题又进一步促进了这一研究走向深入,日益丰富了对生物多样性生态服务价值内涵的探讨。在诸多研究成果中,联合国环境署总价值体系和 TEEB 的价值框架体系颇具代表性和权威性。

(二)生物多样性生态服务价值识别的主要体系

1.联合国环境规划署的总价值识别体系

联合国环境规划署根据《生物多样性国情研究指南》(1993),将生物多样性价值划分为五类,即直接价值、间接价值、期权价值(或选择价值)、遗传价值、存在价值。直接价值就是具有直接使用价值的产品、加工品和服务,包括显著实物性质和无显著实物性质的直接价值。间接价值是指以水土保持、净化环境等形式向人类提供间接服务的价值。期权价值又叫选择价值,为潜在的使用价值,反映的是人们对物种存在的同情和责任。遗传价值是为后代保留直接价值和间接价值的价值,如生境。存在价值是确保能够持续延续的价值,具体包括私人募捐、政府投资等。笔者认为,根据生物多样性服务目标和途径,其价值应该包括市场价值和非市场价值两大类型和四个层面(见图 2.6)。

首先,市场价值包括直接价值和间接价值。①直接价值可以直接体现在经济体系之中,具体又分为真实价值和虚拟价值。真实价值通过生物多样性的市场交易体现,包括生产性使用价值和消费性利用价值。虚拟价值无法直接通过当前市场体现,主要通过期权价值体现。②间接价值也分为真实价值和虚拟价值。其真实价值主要考虑生物多样性丧失的破坏成本,如吸收和分解污染物造成的生物多样性丧失。虚拟价值则主要包括生物多样性的修复价值、规避(或避讳)成本、重置成本等。修复价值指生物多样性在保护土壤、调节气候、稳定水文方面体现的价值。规避成本是针对物种灭绝进行的物种保护、生态保护区、濒临灭绝物种遗传基因保护工程所产生的费用。重置成本主要是对已经遭受破坏的生态系统进行修复的价值,包括生物多样性自我修复、人工修复等。

其次,非市场价值是不能通过市场直接体现的价值部分,属于偏好性价值,具体包括显示性偏好价值和描述性偏好价值。显示性偏好价值可以通过具体形式表现出来,具体包括享乐和旅游成本;描述性偏好价值虽然不能直接产生使用价值,但是在保护者和居民的意愿中,却能带来心理上的满足感和荣誉感。这些价值在不同的群体中又具有不同的价值判断标准,无法直接估计其价值,只有通过或然法则进行评估。这一部分价值又包括两部分,第一部分有或然行为、选择模式、联合选择价值等;第二部分包括联合价值,具体又包括支付意愿(WTA)和接受意愿(WTP)两部分价值。这两部分价值又各自包括二元价值和开放价值,前者是观点相互对立的群体间,在生物多样性保护过程中产生的对立成本,后者是面对公众的开放式价值。

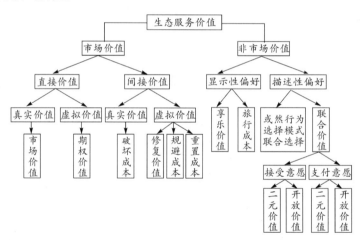

图2.6　生物多样性生态服务价值内涵

该体系对生物多样性问题的评估做出了很大的贡献,到目前为止依然被广泛应用于生态环境的价值评估。2001 年,联合国环境署、联合世界卫生组织和世界银行等用该体系首次对全球生态系统进行了多层次综合评估。但是,该体系局限于生态系统服务对人类的供给服务识别认知,存在无法全面识别生物多样性生态服务价值的不足。

2. TEEB 价值识别体系

TEEB 创造性地提出了一个评估生态系统服务和生物多样性价值框架,主要依据生物多样性生态服务价值的识别、展示和捕获三个步骤,推动政府、企业和个人等各个层面在决策过程中,综合考虑生态系统服务和生物多样性的价值,最终实现保护和可持续利用生物多样性的目的。TEEB 兼顾了实现保护行为和可持续发展的统一,通过经济学方法评估并量化生态系统和生物多样性的经济价值,有助于决策者及其他人士(如企业)做出正确决策,主张通过激励措施和价格信号,将生态系统的价值纳入决策之中,有机地统一了生态补偿、环境补贴、税收减免、环保产品和生态市场等保护决策。

在气候变迁条件下,TEEB 的价值识别对生态保护发挥着重要的铺垫作用(见图 2.7)。价值识别既要识别生物多样性为人类提供了哪些生态服务,还要考虑气候变迁引起了哪些服务价值发生变化,究竟发生了什么性质的变化。在此工作基础上,价值展示才能根据价值识别的结果,利用各种评估方法评估生物多样性的价值数量变化,价值捕获才能依据价值识别和展示评估结果,有针对性地展开各种正向激励和逆向抑制保护决策,有效保护生物多样性。由此可见,价值识别具有开源引流的基石作用。

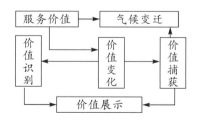

图 2.7 在气候变迁条件下生物多样性价值识别的功能

根据 TEEB 分类,生物多样性各种服务价值包括供给、文化、调节、生境。供给一般包括食物、原材料、新鲜水、医药资源,文化包括娱乐消遣、旅游观光、精神体验、审美欣赏,调节包括当地气候和空气质量、碳捕集与封存、极端气候、土壤侵蚀与肥力、废水处理、授粉、生态控制,生境包括物种丰裕度、遗传多样性。由于生物多样性的服务跨越了不同的生物层面、地缘政治维度、价值评估机构,受到经济机制、政策和市场的影响,不可能建立一个万能的包罗万象的模型来评估这一价值。所以必须规范生物多样性价值的研究框架,建立包含正规体系(如法律、税收、保险和市场规则)和非正规体系(如习性、消费和观念)的评估框架。因此,价值就是规则和类型的集合点。

三、生物多样性生态服务价值展示体系设计

生物多样性价值展示的建立是生物多样性价值捕获的关键。从 20 世纪 90 年代起国际上开始逐步重视生物多样性评价指标的研究。理德等(Reid,1993)提出了一套由 20 多个指标组成的指标体系,旨在建立地方、国家、区域和全球水平生物多样性现状评价的框架。2007 年正式启动的"2010 生物多样性指标伙伴关系"拟建立的综合指标体系,除了包括目前已有的一些重要指标外,还将添加一些新的指标,如为保护生物多样性而对森林、农田和渔场实施管理的程度等。

20 世纪 90 年代起我国也开始研究生物多样性的评价指标,张峥等(1999)提出了湿地生态系统评价指标体系,曾志新等(1999)初步研究了生物多样性评价指标体系,从遗传多样性、物种多样性和生态系统多样性三个层次选取评价指标。吴火和(2006)在总结前人研究的基础上提出了生物多样性价值评估生物资产类价值、生态资产类价值和社会资产类价值的三个评价标准,并在此基础上提出了十三个评价指标。万本太

(2007)在对基本概念认真分析的基础上根据科学性、代表性和使用性的原则,提出了生物多样性综合评价的五个指标,即物种丰富度、生态系统类型多样性、植被垂直带谱的完整性、物种特有性和外来物种入侵度。

OECD(1996)将评估方法分为三类,即实际市场价格法(市场分析)、替代市场法(TCM、HD、PC)和模拟市场法(CVM、CRM、ICM)。以上三种方法可以分别针对生物多样性价值的不同方面进行评估,并都具有不同的适用范围。

(一)市场价格法

市场价格法是研究生物多样性提供的商品和服务在市场上交易所产生的货币价值的方法,如野生动植物产品和旅游服务产品以及虽没有费用支出但有市场价格的产品和服务等的生物多样性经济价值的评估。例如没有市场交换而直接消耗的产品,可按市场价格来确定它们的经济价值。

市场价格法包括市场价值法和费用支出法。费用支出法是从消费者的角度来评价生物多样性的经济价值,以人们对生物多样性生态服务功能的支出费用来表示其经济价值。例如,对于森林自然景观的游憩效益,可以用游憩者支出的费用总和(包括往返交通费、餐饮费、住宿费、门票费、设施使用费、摄影费以及购买纪念品和土特产等的费用)作为森林游憩的直接经济价值。

理论上,市场价格法是一种合理方法,也是目前评估生物多样性直接价值应用最广泛的评价方法。但由于生物多样性功能、价值种类繁多,国外环境经济学家还发展了其他评估方法。市场价格法适用于具有市场价格的服务或产品使用价值的评估,如各种野生动植物产品的价值、自然景观的游憩价值等。

（二）替代市场法

替代市场法是间接运用市场价格来评估生物多样性价值的方法,其原理主要是根据人们赋予环境质量的价值,即通过他们为优质环境物品享受或者是为防止环境质量的退化所愿意支付的价格来推断。该方法采用先定量评价某种生态功能的效果,然后以这些效果的市场替代物的市场价格为依据来评估其经济价值。旅行费用法(TCM)、享乐价值法(HP)、规避损害法(AB-DE)、预防疾病费用法、生产力价值变化法等均属于替代市场法,并在生物多样性经济价值的评估中得到广泛应用。(Braden、Kolstad,1991;Bockstael,1995;Bateman&Willis,1996)

在实际评价中,替代市场法通常有两类评价过程,一是理论效果评价法,分为三步:首先,计算某种生物多样性功能的定量值,如涵养水源的量、CO_2 固定量、农作物增产量;其次,确定生态功能的"影子价格",如涵养水源的定价可根据水库工程的蓄水成本,固定 CO_2 的定价可以根据 CO_2 的市场价格;最后,计算其总经济价值。二是环境损失评价法。这一方法与环境效果评价法类似。

替代市场法适用于不具有市场价格的生物多样性使用价值的评估,如保水保土、固定 CO_2 释放 O_2 等各种服务功能的评估。

（三）模拟市场法

对于公共商品而言,由于没有市场交换和市场价格,因而支付意愿的两个部分(实际支出和消费者剩余)都不能求出,也就无法通过市场交换和市场价格进行评估。西方经济学发展了假设市场法,即直接询问人们对某种公共商品的支付意愿,以获得公共商品的价值,这就是条件价值法(CVM)。条件价值法适用于缺乏实际市场和替代市场交换商品的价值评估,是公共商品价值评估的一种特有的重要方法,它能评估生物多样性的各种经济价值。条件价值法属于模拟市场技术方法,它的核心是直接调查人们对生物多样性保护的支付意愿或接受补偿意愿,并以支付意愿和净支付意愿或接受补偿意愿和净接受补偿意愿来表达生物多样性的经济价值。

条件价值法(Bateman&Willis,1996)在生物多样性的经济价值评估中得到了广泛的应用,尤其是对非使用价值的评估。但条件价值法同时也受到不同方面的冲击,主要集中在它的理论与有效性等方面。(Bishop、Champ、Mullarkey,1995;Randall,1998)对条件价值法的理论和应用的有效性问题,许多学者认为,CVM 用个人意愿偏好的直接调查法易出现搭便车行为,被调查对象有意夸大或减小支付意愿,因而难以显示真实的支付意愿,生物多样性的货币价值也就难以评估。(Green D,et al,1998)

模拟市场主要用于生物多样性非使用价值的评估,如存在价值、选择价值等。

近年来,条件价值法主要集中在运用条件和有效范围等方面的研究。由于条件价值法的关键是支付意愿的确定,因此,许多学者围绕如何揭示支付意愿调查的程序、方法、问卷设计等一系列问题,进行了大量的研究。米歇尔和卡森(Mitchell、Carson,1998)等认为 CVM 在实际应用中存在各种偏差,主要包括策略性偏差、起点偏差、局部和整体偏差、抽样范围偏差、样本设计和执行偏差、假想偏差、推理偏差等。皮尔斯(Pearce,1989)和世界银行的研究表明,CVM 偏差在 60% 范围内的变化均是合理的和可信的。美国国家海洋和气象管理局(NOAA)专家组认为,CVM 产生的偏差可以采取对应的方法和技术来消除或减小,建议尽可能采用直接调查法代替电话调查和邮件调查,以获得更可靠和更多的调查结果,在调查问题回答上采用选择"是"或"否"的二分法,避免和减少歧义的产生,在调查问题的设计上应尽量避免有相互影响的多个问题出现。(XU Song-ling,2001;Arrow. K. J,1993)

上述三大类方法中,市场价格法和模拟市场法属于直接评价技术,替代市场法为间接评价技术。市场价格法根据对市场行为的观察,要求被评估对象有明确的市场价格。该方法简单方便,缺点是只能估算有市场价格的直接实物的使用价值。模拟市场法根据经济学的效用理论,通过导出消费者的 WTP 或 WTA 确定评价对象的补偿变差或等价变差,从而估算出评价对象的价值。虽然 CVM 研究在实践中仍存在许多问题和争论,但由于它是生物多样性经济价值重要组成部分——存在价值的唯一评估方法,仍受到了许多学者和政府的推崇。替代市场法特别适合于评估非实物直接价值和间接价值,但该方法在使用过程中也存在一些问题。如 TCM 方法为了研究的方便,有许多人为规定的假设条件。总之,虽然各种方法评估的结果认为生物多样性有非常重要的社会经济价值,但根据这些方法的研究未能评估生物多样性效益的全部范围。因此,生物多样性经济价值的评估只给未知的生物多样性价值提供了一个不完整的、底线的估计值。表2.2从适用范围与条件、主要优点及方法使用中的局限性几个方面对生物多样性经济价值评估的主要方法进行了比较。

表2.2 生物多样性经济价值评估方法的比较

方法	适用范围与条件	优点	局限
市场价格法	有市场价格的物品	简便易行,结果较客观	只能评估直接实物使用价值;低估存在消费者剩余的物品的价值
TCM	适用于生物多样性保护区的旅游价值的评估	比较成熟	忽略了时间价值、非使用者和非当地效益,存在取样偏差,对游客的多目标游览的估计不足
替代市场法	要求被评估对象有市场替代物	评估间接价值	难以找到能完全替代环境服务的物品

方法	适用范围与条件	优点	局限
模拟市场法	CVM 研究要求样本人群具有代表性,对所调查的问题感兴趣并且有一定的了解;要有充足的资金、人力和时间	评估非使用价值	存在信息偏差、战略偏差等偏差,WTP 与 WTA 不一致,确定相关群体的困难性,价格与范围的敏感性,评估结果的可信度变化幅度大

资料来源:徐慧、彭补拙,《国外生物多样性经济价值评估研究进展》,《资源科学》,2003 年第 25 卷第 4 期,第 102—109 页。

四、生物多样性价值捕获所要采取的举措

保护生物多样性的内在动力是,人类面对生物多样性退化倒逼,开始超越传统工业文明"征服自然"的狂妄理念,准备"安抚自然"。因而,充分认识生态服务价值,采取合理的措施保护生物多样性,是历史赋予我们的神圣使命。但是,许多生态服务价值具有公共产品属性,被长期排除在国民经济体系之外,故而需要采取特定的方式,加以识别、展示和捕获。

保护生物多样性是保护自然、保护地球的一个重要组成部分。《我们被掠夺的星球》一书中提出地球上不能没有森林、草地、土壤、水分和动物,如果缺少其中任何一种,地球将死亡,会变得像月亮一样。20 世纪 60 年代开始,国际上出现了关心人类环境的热潮。1980 年联合国环境规划署、国际自然与自然资源保护联盟、世界自然基金会共同制定了《世界自然保护纲要》,重视保护与发展之间不可分割的联系,强调持续性发展的必要性。自然资源保护联盟在 1984—1989 年起草并修改的《生物多样性公约》于 1992 年 6 月在巴西里约热内卢召开的联合国环境与发展大会上通过。该公约是生物多样性保护和持续利用进程中具有划时代意义的文件。会上有 150 多个国家的首脑在公约上签了字,并于 1993 年 12 月 29

日起正式生效。此后许多国际组织从事生物多样性研究,举行各种学术会议,建立全球或区域性监测网络,发展形成新的学科"保护生物学""濒危物种生殖生物学""濒危物种群体遗传学""濒危物种群体生态遗传学"等等。目前生物多样性保护主要包括管制型和市场化捕获举措。

(一)管制型捕获举措

1. 建设自然保护区,完善保护制度

中国政府阶段性地制定、发布和实施了一系列的保护行政规划,如《中国生物多样性保护战略与行动计划》《中国 21 世纪议程》《中国自然保护区发展规划纲要》《全国生态环境建设规划》《全国生态环境保护纲要》《全国生物物种资源保护与利用规划纲要》《国家环境保护"十一五"规划》《全国生态功能区划》《全国野生动植物保护和自然保护区建设工程总体规划》《全国林业自然保护区发展规划》《中国农业部门生物多样性保护行动计划》《中国湿地保护行动计划》《全国湿地保护工程规划》《全国海洋功能区划》等等。这些保护规划从不同的角度,针对不同的对象提出了保护目标、方法和保障措施。这些规划的实施和不断推进,对于加强生物多样性的研究和保护工作起到了积极的作用。

近年来,中国政府实施了天然林资源保护、退耕还林、野生动植物保护和自然保护区建设等六大林业重点工程,开展了大规模植树造林,加强了森林资源管理,森林资源保持了持续增长。中国已成为世界上森林资源增长最快的国家,对于修复和保护中国的生物多样性资源起到了积极的作用。

自然保护区是指对有代表性的自然生态系统、珍稀濒危野生动植物物种的天然集中分布、有特殊意义的自然遗迹等保护对象所在的陆地、陆地水域或海域,依法划出一定面积予以特殊保护和管理的区域。中国自然保护区分国家级自然保护区和地方级自然保护区,地方级又包括省、市、县三级自然保护区。此外,由于建立的目的、要求和本身所具备的条件不同,而有多种类型。按照保护的主要对象来划分,自然保护区可以分为生态系统类型保护区、生物物种保护区和自然遗迹保护区三类;按照保护区的性质来划分,自然保护区可以分为科研保护区、国家公园(风景名胜区)、管理区和资源管理保护区四类。不管保护区的类型如何,其总体要求是以保护为主,在不影响保护的前提下,把科学研究、教育、生产和旅游等活动有机地结合起来,使其生态、社会和经济效益都得到充分展示。到 2006 年年底,已建立各级自然保护区 2349 处,其面积约占国土面积的15%,其中 30 处国家级自然保护区已被联合国教科文组织的"人与生物圈计划"列为国际生物圈保护区。截至 2010 年 2 月,我国国家级生态保护区达到 329 个。

按保护对象和目的不同,一般可将自然保护区分为六种类型。

①以保护完整的综合自然生态系统为目的的自然保护区。例如以保护温带山地生态系统及自然景观为主的长白山自然保护区,以保护亚热带生态系统为主的武夷山自然保护区,以保护热带自然生态系统的云南西双版纳自然保护区。

②以保护某些珍贵动物资源为主的自然保护区。例如四川卧龙和王朗等自然保护区以保护大熊猫为主,黑龙江扎龙和吉林向海等自然保护区以保护丹顶鹤为主,四川铁布自然保护区以保护梅花鹿为主。

③以保护珍稀孑遗植物及特有植被类型为目的的自然保护区。例如广西花坪自然保护区以保护银杉和亚热带常绿阔叶林为主,黑龙江丰林自然保护区及凉水自然保护区以保护红松林为主,福建万木林自然保护区则主要保护亚热带常绿阔叶林。

④以保护自然风景为主的自然保护区和国家公园。例如四川九寨沟自然保护区、江西庐山自然保护区等。

⑤以保护特有的地质剖面及特殊地貌类型为主的自然保护区。例如以保护火山遗迹和自然景观为主的黑龙江五大连池自然保护区,保护珍贵地质剖面的天津蓟县地质剖面自然保护区,保护重要化石产地的山东临朐山旺古生物化石保护区。

⑥以保护沿海自然环境及自然资源为主要目的的自然保护区。主要有台湾的淡水河口保护区,海南的东寨港保护区和清澜港保护区,广西山口国家红树林生态自然保护区(保护海涂上特有的红树林)等。

中国的自然保护区可分为三大类。

①生态系统类。保护的是典型地带的生态系统。例如,广东鼎湖山自然保护区,保护对象为亚热带常绿阔叶林;甘肃连古城自然保护区,保护对象为沙生植物群落;吉林查干湖自然保护区,保护对象为湖泊生态系统。

②野生生物类。保护的是珍稀的野生动植物。例如,黑龙江扎龙自然保护区,保护以丹顶鹤为主的珍贵水禽;福建文昌鱼自然保护区,保护对象是文昌鱼;广西上岳自然保护区,保护对象是金花茶。

③自然遗迹类。主要保护的是有科研、教育、旅游价值的化石和孢粉产地、火山口、岩溶地貌、地质剖面等。例如,山东的山旺自然保护区,保护对象是生物化石产地;湖南张家界森林公园,保护对象是砂岩峰林风景区;黑龙江五大连池自然保护区,保护对象是火山地质地貌。

2. 防治外来入侵物种

外来物种入侵不仅对当地生物构成威胁,同时对经济和人体健康带来不可估量的损失。中国分别在 2003 年和 2010 年分两批发布中国外来入侵物种名单,共 35 个物种。中国 34 个省市自治区全部受到影响,以西南和沿海地区最为严重。外来物种入侵途径主要是人为引进、黏在旅游者身上带入或自然传播。据农业部的初步统计,截至 2012 年中国有 400多种外来入侵物种。外来入侵物种危及本地物种生存,破坏生态系统,每年造成直接经济损失高达 1200 亿元。在国际自然保护联盟公布的最具危害性的 100 种外来入侵物种中,中国有 50 多种,其中危害最严重的有11 种,这 11 种外来入侵物种每年给我国造成大约 600 亿元的损失。据调查,国际自然资源保护联盟公布的 100 种破坏力最强的外来入侵物种中,约有一半侵入了中国。与此相一致的是,在《濒危野生动植物国际公约》

列出的 640 种世界濒危物种中,有 156 种在中国。

因此一些国家对此进行了立法。如美国先后颁布或修订了《野生动物保护法》《外来有害生物预防和控制法》《联邦有害杂草法》等。目前主要包括以下措施:

①人工防治。依靠人力,捕捉外来害虫或拔除外来植物。人工防治适宜于那些刚刚传入、定居,还没有大面积扩散的入侵物种。人工防治有害动植物后如不妥善处理动植物残株(体,如卵),它们可能成为新的传播源,客观上加速了外来生物的扩散。

②机械去除。利用专门设计制造的机械设备防治有害植物。机械防除有害植物对环境安全,短时间内也可迅速杀灭一定范围内的外来植物。除技术问题外,机械防除后如不妥善处理有害植物残株,这些残株依靠无性繁殖有可能成为新的传播源。通过物理学的各种途径防治也可控制外来有害生物,如用火烧控制有害植物、黑光灯诱捕有害昆虫等。

③替代控制。替代控制主要是根据植物群落演替的自身规律用有经济或生态价值的本地植物取代外来入侵植物。它的优点在于:替代控制植物一旦定植便长期控制入侵植物,不必连年防治;替代植物能保持水土,改良土壤,涵养水源,提高环境质量;替代植物有直接经济价值,能在短期内收回栽植成本,长期获益;替代植物可使荒芜土地变成经济用地,提高土地利用率。替代控制的不足在于:对环境的要求较高,很多生境并不适宜人工种植植物,同时人工种植本地植物恢复自然生态环境涉及的生态学因素很多,实际操作起来有一定的难度。研究利用替代植物控制外来有害植物。

④生物防治。生物防治是指从外来有害生物的原产地引进食性专一的天敌将有害生物的种群密度控制在生态和经济危害水平之下,类似于生态系统的自我调节。生物防治方法的基本原理是依据有害生物—天敌的生态平衡理论,在有害生物的传入地通过引入原产地的天敌因子重新建立有害生物—天敌之间的相互调节、相互制约机制,恢复和保持这种生

态平衡。因此生物防治可以取得利用生物多样性保护生物多样性的结果。生物防治的一般工作程序包括：在原产地考察、采集天敌，天敌的安全性评价，引入与检疫，天敌的生物生态学特性研究，天敌的释放与效果评价。但是，引进天敌防治外来有害生物也具有一定的生态风险性，释放天敌前如不经过谨慎的、科学的风险分析，引进的天敌很可能成为新的外来入侵生物，从而带来引狼入室的后果。

⑤综合治理。将生物、化学、机械、人工、替代等单项技术融合起来，发挥各自优势，弥补各自不足，达到综合控制入侵生物的目的，这就是综合治理技术。综合治理是将各种技术有机融合，彼此相互协调，相互促进。经济性综合治理技术体系以生物防治为主，在释放天敌后，天敌可自我繁殖，建立种群，在达到一定数量后基本上不再需要人工增殖，因此具有一次投资、长期见效的优势，防治成本相对较低。

3. 建设生态示范区

生态示范区建设的根本目的，是实现区域经济社会的可持续发展：一方面要求大力发展经济社会，以满足广大人民不断提高的物质文化生活的需要；另一方面要求合理开发利用资源，积极保护生态环境，保护人类赖以生存和发展的物质基础，最终实现经济社会与生态环境的协调发展，走可持续发展的道路。以我国为例，截至 2003 年底，国家环保总局共批准八批全国生态示范区建设试点 484 个，颁布了《生态县、生态市、生态省建设指标(试行)》，加强了生态系列创建活动的指导和管理力度。

生态建设要求具备三个基本环节：一是按照生态学和生态经济学原理，制定建设规划，这是一个生态环境保护与社会经济发展相互协调的规划，对区域发展具有重要指导意义；二是规划由当地人大审议通过，或以当地党委、政府决议的形式确定下来，使之具有法律和行政的约束力，保证生态建设融入当地经济社会的整体发展中；三是在统一规划的前提下，将建设目标和任务分解到各政府部门，使之与部门的工作有机结合起来，由此，使环境保护得到加强，并有效地落实到各项工作之中。

从保护生物多样性的角度出发,生态示范区包括:农业型、旅游型、生态恢复型等形态。主要类型如下:

①农业型生态示范区。生态农业始终是生态示范区的重要内容。早在 20 世纪 80 年代初,我们在总结国内外农业发展经验教训的基础上就提出了"建设有中国特色的生态农业"的发展思路,并开展了大量生态农业理论研究和试点示范工作,以发展大农业为出发点,按照整体协调的原则,实行农、林、牧、副、渔统筹规划,协调发展,并使各业互相支持,相得益彰,从而实现农业持续、快速、健康发展。至 2000 年,我国已有 8 个生态农业村被授予"全球环境五百佳"的称号。

②旅游型生态示范区。生态旅游是以良好的自然生态为资源,以旅游为龙头产业,带动其他行业和生态保护的协调发展。旅游生态示范区主要以合理开发旅游资源,有效防止生态破坏和旅游污染为主要内容,通过风景旅游区的发展建设,促进当地生态建设和社会经济的发展,使该区域成为环境优美、舒适、安全的风景旅游区。

③生态恢复型生态示范区。有计划地恢复和治理已破坏的生态环境是生态示范区建设的另一重要内容。由于历史原因,人口猛增、过度开发利用自然资源,致使我国一些地区森林草原植被破坏,水土流失加剧,土地沙化退化,环境污染严重。目前,我国应以矿区开发造成的破坏和环境污染严重地区为主,因地制宜地进行恢复建设。生态恢复型生态示范区的主要任务是,在矿区污染治理和土地复垦的基础上,开展生态景观建设,发展生态经济,保护生物多样性,实现区域自然资源开发与生态建设协调发展。以重要湿地及其生物多样性保护和重要湿地的恢复建设为主要内容,建立平原湿地保护示范区、高原湿地保护示范区、湖泊湿地保护示范区、海滨湿地保护示范区和西北内陆湿地保护示范区等,实现湿地保护与区域经济的持续发展。以水土流失、土地沙化、草场退化、土壤盐渍化的综合治理和脱贫致富为主要内容,在一些主要的流域、农牧交错区、水源地建立生态建设示范区。

4. 国家间的合作与行动

在生物多样性问题上,世界各国的共识是生物多样性问题不是局部的、地区的问题,而是全球性的问题。联合国有关组织、世界科学界和各国政府部门认为国际合作是推进生物多样性保护的重要方面。为了更好地保护生物多样性,应积极地开展国际合作,并制订相关的实施计划与细则,在必要的情况下制定相关行政法规或法律。

5. 宣传生物多样性的保护

保护生物多样性,需要人们共同的努力。就生物多样性的可持续发展这一社会问题来说,除发展外,更多地应加强民众教育,广泛、通俗、持之以恒地开展与环境相关的文化教育、法律宣传,培育本地化的亲生态人口。利用当地文化、习俗、传统、信仰、宗教和习惯中的环保意识和思想进行宣传教育。

已有的理论研究和社会实践证明,基于市场化的捕获方案,比通过管制更能有效地实现保护目标。所以,提出生态服务价值捕获市场化的主张,意在尊重生物多样性内在价值属性,强化价值捕获市场化对生态多样性保护的根本作用。

(二)市场化的捕获举措

1. 价值捕获市场化的演化、动机及目标

生态服务价值捕获市场化,是人类借助市场手段,对生物多样性进行综合保护的过程,也是恢复生态服务价值在经济体系中应有的价值地位,以及实现人与自然和谐发展的最优化路径。生态服务价值捕获市场化蕴含了三层含义:其一,生物多样性对人类具有"天赋"的服务价值,但大部分却是非市场化的,极易造成人类"生态无价值"的认识误区,所以需要通过特殊的甄别手段,将其内生于国民经济体系,有效恢复生物多样性的生态服务与生俱来的价值地位;其二,生物多样性的生态服务价值存在大小差异,需要借助生态经济估价技术加以展示;其三,市场调节是目前最有效率的市场经济机制,唯有借助价格导向的价值捕获,才能最大化地将生态服务价值内嵌于经济体系之中,实现对生物多样性最有效率的保护。这三层含义整合了生物多样性生态服务价值如何识别、估价、保护的问题,所以又可以归纳为:借助价值识别和展示,将人类忽视已久的生态服务价值纳入经济体系之中;通过市场化的价值捕获,抑制生物多样性恶化的趋势,渐次地形成有利于保护和改善生物多样性、增进生态与人类和谐发展的良性机制。

生态服务价值捕获市场化,不仅颠覆了生态服务价值不易借助市场实现价值交换的传统认识,而且集生态价值识别、展示和捕获于一体,真正实现了生物多样性保护所有环节的有效整合,尤其是以价格为杠杆的价值捕获,极大地提高了生物多样性的保护效率,也日益成为各国选择保护生物多样性的最有效路径。生态服务价值捕获市场化之所以能够获得如此巨大的成功,关键在于,它经历了一个由"生态有价""市场化"等正确逻辑思维引导的理论演变;它是由工业化倒逼生态恶化之后,催生出的保护生物多样性的内在动力;它合理地提出了以经济价值为核心、市场为导向的保护目标。

(1)价值捕获的演化

生物多样性的价值捕获市场化,也是一个成功经验与历史教训交织推进的产物,经历了漫长的从资源无价到价值发现认知,由法律监管到市场引导的演化过程。

首先,生态价值认知的演化。在生态退化出现危机之前,经济增长被作为至善信仰,生物多样性则被视为人类的免费道具,受到掠夺式开发。当生物多样性的退化逐渐成为制约经济增长的瓶颈时,人们才意识到生态服务的内在价值,开始谋求保护生物多样性。但是就如何保护的问题,也经历了曲折的认识历程。20世纪初,人们认为保护仅仅是纯技术保护,从而掀起了技术保护的第一次浪潮。但是后来发现,制度保护比技术保护更重要,从而在20世纪70年代,开始了立法保护的第二次浪潮。然而制度暴露出的弊端,也让人们进一步认识到,生物多样性价值服务具有显而易见的经济价值,于是从 20 世纪 90 年代起,人们对生态价值的重视,终于从生态奇想的边缘渐渐发展为生态时尚的主流正道,从而掀起价值捕获的第三次浪潮。伴随着生物多样性保护走过的四十多年,生态服务价值捕获方式经历不断调整与改善,逐渐形成了联合国的总价值和 TEEB 的生物多样性服务价值两大代表性体系,无疑令生物多样性退化的不可预见性有所减少。然而,相关研究的覆盖范围并不均衡,尤其在非使用价值方面,仅能做近似估计。所以,针对生物多样性价值的研究还有漫长的路要走。

其次,价值捕捉方式的演化。人类在生物多样性保护的路径选择中,经历了由技术保护到价值捕获的曲折历程。20 世纪 70 年代,由于是科学界和法律界人士最早提出保护生物多样性的倡议,所以,政府一开始就推崇由科学家和律师建议的"指挥和控制"来设定生物多样性保护路径。由此产生了以执行标准为基础,以限额要求和技术修复为主的规制与科技保护机制,其中比较著名的是 Hines 的政治行为和法律行为捕获以及史密斯和舍博斯通等基于公投、教育、法律、说服等手段的捕获。作为由经济学家提出的、通过市场机制和经济激励手段捕获生态服务价值的主张,在那个时代,就如荒野之声无人问津。直至 20 世纪 80 年代,人们才普遍认识到生态服务的经济价值,政府才开始重视以市场为导向的价值捕获措施,并努力使之成为保护生物多样性的主流模式。时至今日,市场化所具有的优良经济效率血统,已经使价值捕获市场化成为生物多样性保护政策的主流,所以,也必将是未来保护生物多样性的主流。

(2)内在动力

经济增长造成的生态恶化和资源刚性约束,倒逼人类社会开始探索生态保护的现代运行机制,希望既能保护自然,又能恢复自然。由此,如何保护生物多样性就成了生态文明建设的关键问题,相应地,如何捕获生态服务价值,也就成了保护生物多样性进程的重要组成部分。尽管,我们目前仅仅发掘了生态服务价值的极少部分,还缺乏有效的价值捕获手段,但是,要真正大力推进生态文明建设,就必须从市场价值这一最有效的手段来保护生物多样性。

回顾历史,很容易发现,生态环境的刚性约束以及经济扩张、工业化、城市化进程,是造成生物多样性恶化的主要原因。中国的跨越式发展,不仅极大改善了国内物质生活水平,也为世界提供了物美价廉的商品和服务。中国在科技、教育、文化等领域取得的前所未有的进步,更令世界叹为观止。然而,快速发展也付出了沉重的生态代价:肆虐的干旱、雾霾、沙尘暴等气候变迁开始成为生态恶化的罪魁祸首;迅速膨胀的城市化造成物种消失;过度开垦土地引起生境破碎,动物流离失所;随处可见的大气、水和土壤污染都对生物的生存产生了致命威胁;大量使用化肥、农药、塑料薄膜严重影响了农产品产量和品质,加剧了益虫益鸟的灭绝。

如此严峻的生态问题,不仅令生态服务功能大量丧失,更让生物多样性面临不可逆转的险境,成为国家经济发展的刚性阀值。虽然中国政府已经着手进行了相应的保护,大多数国民也愿意做很多事情来保护生物多样性,对此也愿意投入相当支付溢价,但是经济发展与生态恶化的背离缺口仍然在持续撕裂。这充分表明,已有的措施还不足以有效地保护生物多样性,国民对生态保护和污染问题的认识水平很低,需要重新审视和重构更有效的保护体系。若要从根本上解决问题,就要坚持打蛇打七寸,工欲善其事必先利其器,即抓住问题要害,找到最有效的解决方式。显然,价值捕获市场化能够满足这些基本要件,属于解决生物多样性保护问题的全新思路。因为,价值捕获市场化抓住了生态服务具有价值这一核心,覆盖了价值认知、识别、捕获的全过程,尤其是导入了市场化这一最有效的资源配置利器,从而全面拓展了生物多样性保护的能力,也有利于加快我国生态文明建设。所以,生态服务价值捕获市场化,就成了我们磨刀砍柴的强劲动力。

（3）总体目标

推进价值捕获市场化不单纯是为了实现生态服务价值商品化,更主要的是,恢复生态服务与生俱来的价值属性,构筑人与生态和谐共处的友好型社会。因此,生态服务价值捕获市场化总体目标是:如何将生态服务价值统一于国民经济体系范畴之内,从而产生预防生态恶化、纠正经济发展对生物多样性的负外部性问题的逆向抑制,形成有利于经济与生态和谐发展的正向牵引力,最终全面改善人类福祉。这一目标又分为理论和实践两个方面。

①理论目标。生物多样性是人类社会存在和发展的前提。生物多样性恶化,必然对生态服务与经济发展产生难以逆转的损失。从理论上看,因为生态服务价值的资源供给约束刚性、产权不清晰和没有市场化,引起了交换主体之间的不均衡,造成作为弱势一方的生物多样性急剧退化。要解决这一矛盾,就要从产权和价格理论方面,发现影响消费行为和资源配置的有效途径。为此,生态服务价值捕获市场化就要实现:以生物多样性为研究对象,以生态服务价值为研究核心,以市场化捕获为突破口,从中提炼出集生态服务价值的识别、展示和捕获于一体,能够产生逆向抑制生态恶化、正向激励人与生态和谐的方法论体系,从而形成保护生物多样性的认知视角、理论基础和方法建议。

②实践目标。生态服务价值捕获市场化,是借助经济体系的价值判断,找到将生态服务价值内嵌于经济体系的路径,引导人类正视生物多样性的服务价值,利用市场的调节模式,实现生态服务价值的供求均衡,从而抑制生物多样性继续退化,优化生境,改善生态服务质量,最终建立起生态友好型的人类文明社会。从操作方式上看,就是针对生物多样性的稀缺性和有用性,界定生态服务价值范畴和数量,将生态服务价值纳入到国民收入账户和企业会计成本核算系统,通过价格信号调节方式,实现保护生物多样性、改善生态服务数量和质量的林达尔均衡。就我国生物多样性保护而言,主要是借助生态服务价值捕获市场化,保护生物多样性的防风固沙、土壤保育、水资源调控、固碳、生物多样性保育、景观游憩等功能。

2.生态服务价值捕获市场化的内容

根据 TEEB 的生物多样性价值评估和保护框架,价值捕获由价值识别、展示和捕获三个步骤构成。其中,价值识别是基础和导向标,价值展示是识别价值的量化,也是实施价值捕获的前提,价值捕获是实现保护的最终保障。价值捕获又包括规制和市场调节两种方式,而市场化是最有效的方式。然而,并不是所有生物多样性都需要市场化。所以,判断能否市场化的关键在于这项生态服务是否有价值,价值贡献有多大,能否交易,如何交易才最有效。总之,生态服务价值捕获市场化内容主要包括:首先识别哪些生态服务对人类具有十分重要的价值,亟待保护,然后要通过一定的价值评估方法展示这些生态服务价值的大小,判断其是否值得捕获,最后在市场化的价值捕获阶段达到有效保护的目的。

(1)价值识别

价值识别是基于对人类的有用性经济价值判断,确定生态系统、物种和生态多样性等层面的服务价值范围。它是生物多样性价值捕获市场化的基础。生物多样性的价值识别内涵十分丰富,目前最主要的价值识别体系包括:联合国环境规划署的总价值体系和 TEEB 框架体系下的生物多样性服务价值体系。

联合国环境规划署根据《生物多样性国情研究指南》(1993),将生物多样性价值划分为五类,即直接价值、间接价值、期权价值(或选择价值)、遗传价值、存在价值。直接价值就是具有直接使用价值的产品、加工品和服务,包括显著实物性质和无显著实物性质的直接价值。间接价值是指以水土保持、净化环境等形式向人类提供间接服务的价值。期权价值又叫选择价值,为潜在的使用价值,反映的是人们对物种存在的同情和责任。遗传价值是为后代保留直接价值和间接价值的价值,如生境。存在价值是确保能够持续延续的价值,具体包括私人募捐、政府投资等。这五类价值的总和就是总价值。当然对于特定的项目,对于某些个体,这五类价值的一部分或全部可能为零。

根据 TEEB 分类,生态服务价值包括供给、文化、调节、生境等价值。其中,供给价值包括食物、原材料、新鲜水等;文化价值包括娱乐消遣、旅游观光、精神体验、审美欣赏等;调节价值包括气候和空气调节、环境改善、非消耗服务、生态控制而产生的经济成本,比如空气净化、预防物种入侵、碳捕集与封存、建立生态保护区等成本费用;生境价值包括物种丰裕度、遗传多样性所产生的价值变化量。生态服务价值识别结构具体又包括水平、时间、垂直三个方面。水平结构包括物种丰裕度、隐蔽场所、生境选择所产生的经济福利;时间结构包括生物周期循环引起的价值变迁和生物多样性的期权价值等;垂直结构包括对遗传多样性、基因保护等所支付的成本和费用。

此外,联合国千年生态系统评估(MA)根据生态功能,把生物多样性的服务价值划分为:供给、调节、文化和支持服务价值。尽管有如此多的价值识别体系,但是,由于生态服务丰富多元,而且跨越了不同的生物层面、地缘政治维度、价值评估机构,受到经济机制、政策和市场的影响,所以生态服务价值识别仍然是十分具有挑战性的研究。

(2)价值展示

价值展示是使用价值评估方法显化生态服务价值的存量与流量变化,以便将生态服务价值纳入经济体系,为决策者价值捕获提供科学的参考依据。展示生态服务价值,也会使整个企业和个人为之震惊,从而暂停对生物多样性的破坏。

在最初的价值展示中,环境经济学将生态服务价值视为正常的效用函数因变量,认为只要通过成本效益分析,估计出生态服务效用函数,就可以展示生态服务价值。比如 Pearce 的经济评价法、Richard 的复合分析法等。然而,问题在于生态成本不属于企业会计账户,被排除在产品价格之外,所以无法获得损耗信息,也就无法确定生态服务市场价格。

为此,学者们进行了一些修正:其一是以环境税费替代生态服务价值,然而,这个值与生态服务价值差距较大,存在价值偏离的风险。其二是设定生态服务数量边界,以数量交易定价生态服务价值;但是,这种方法忽视了生态损失,也不能保证代际公平。其三是借助消费者剩余来展示生态服务价值。希克斯认为,消费剩余变化可以被看作是某种效用变化的货币量,即希克斯货币量。其中,补偿变差和等价变差就是与生态服务价值密切关联的希克斯货币量。补偿变差是指当价格下降时,使个人效用保持在最初效用水平下的货币收入变化量;等价变差是使个人效用保持在价格下降之后的效用水平上的货币收入变化量。由于价格变化会产生替代效益和收入效应,通过补偿变差会消除价格变化引起的这两个效应,所以,如果一旦确定了补偿变差和等价变差,就可以得到生态服务价值的货币估计量。但也产生了两个问题:应该使用补偿变差还是等价变差;如果只能得到边际消费者剩余,它与补偿变差和等价变差之间的差距有多大。对于第一个问题,使用补偿变差或等价变差取决于分析的情况与目的;第二个问题的答案相差不大。因为边际消费者剩余取决于收入效应大小,所以在大部分情况下,它与补偿变差和等价变差的误差都很低。如果需求弹性为零,那么边际消费者剩余、支付意愿和受偿意愿之间的值就完全相等。

当我们迈过这个技术障碍之后,又不幸地发现,大部分生态服务为公共产品,因而就不能通过成本收益分析准确估计生态服务价值。由此出现了生态服务价值展示的另一种思路,或有权估计法。这种方法可以通过直接询问被调查对象的支付意愿和受偿意愿,来估计生态服务价值,从而避开了边际消费者剩余的估计问题。目前这一类展示主要包括:旅行费用法、条件价值估计法、享受定价法等直接和简捷方法。

①旅行费用法(TCM)属于间接展示。它根据旅游者所花费的旅行费用推断生态服务价值。具体方法是:TCM假定旅游距离和行程决定景点人数,旅行费用和门票价格决定旅行成本,然后通过估计价格变化与旅游人数的对应关系,推算每个景点门票价格为零的情况下的旅游人数,以及期望人数为零的情况下,景点的最高门票价格,再计算出旅行者的消费

者剩余,最后估计出生态服务价值。TCM 一般采用普通最小二乘法,有可能导致参数估计有偏的问题,需要通过极大似然估计来纠正这个偏差。另外,该方法只能用于使用价值而不能用于非使用价值展示。

②条件价值估计法(CVM)属于直接展示。它包括支付意愿和受偿意愿两种方式。该方法通过向相关群体提出假设方案,直接询问被调查对象的支付意愿和受偿意愿,从而推断生态服务价值。CVM 可以直接获得效用变化的正确货币估计量,既适用于使用价值,又适用于非使用价值。但是也存在技术偏差问题。第一类偏差是调查对象不了解分析人员的意图;第二类偏差是调查对象知道分析人员的意图,但给出不真实的答案。前者可以通过优化设计和告知背景信息加以克服,后者主要通过询问调查对象的税收等其他问题加以克服。除此之外,在非使用价值问题上,该方法还面临内容有效性、解释有效性、标准有效性的问题。研究表明,支付意愿比受偿意愿更能保证内容有效性、解释有效性和标准有效性,完全可以获得有用的信息,因此,支付意愿方法在当下十分流行。

③享乐定价法是一种间接定价法。该方法基于弱互补性和显示偏好假设,利用游憩地的营业属性、旅游率和旅游成本等数据,评价游憩地的生态服务价值。基本原理是,针对无法交易的生物多样性,可以根据显示偏好实验,分析人们支付游憩地的意愿价格与游憩地资产价格的正相关性,找到享受不同生态服务而产生的差价,最后确定各种生态服务价值。该方法估算的系统误差较小,但是,也存在数据需要量大、要求游憩地运作良好和透明度高、忽略生态非使用价值等不足,所以会低估生态服务总体价值。

上述分析表明,价值展示对生态服务价值捕获市场化十分重要,但是,生物多样性服务价值评估涉及经济学与生态学多个学科,学科的有机结合和集成创新,是世界公认的研究难题和热点,所以各种价值展示方法各有利弊,还不完善,还需要深入解决许多问题。从未来理论发展趋势看,要相应强化价值评估的时空尺度转变、动态模拟、完善评估指标体系等。

注 释:

[1]当前的气候变暖并不是自然史上最暖的时期,但是自工业化以来,由于人类活动导致全球气候日益变暖已基本达成共识。山地隆升导致有机碳的埋藏,能除去大气中的CO_2,所以学者认为,从20世纪80年代末以来,山地隆升和温室气体被认为是晚新生代以来气候变化最主要的两个因素。

[2]地球经历了六次物种大灭绝。第一次发生在距今4.4亿年前的奥陶纪末期,约有85%的物种灭绝。第二次发生在距今约3.65亿年前的泥盆纪后期,海洋生物遭到重创。第三次发生在距今约2.5亿年前的二叠纪末期,是地球史上最大最严重的一次,估计有96%的物种灭绝,其中90%的海洋生物和70%的陆地脊椎动物灭绝。第四次发生在1.85亿年前,80%的爬行动物灭绝。第五次发生在6500万年前的白垩纪,恐龙灭绝。有科学家估计,如果没有人类的干扰,在过去的2亿年中,平均大约每100年有90种脊椎动物灭绝,平均每27年有1个高等植物灭绝。现在进行之中的是第六次物种大灭绝,人类已成为罪魁祸首。因为人类的干扰,鸟类和哺乳类动物灭绝的速度提高了100倍到1000倍。工业化革命以来,世界上有1/4的哺乳动物、1200多种鸟类以及3万多种植物面临灭绝危险。

[3]蝴蝶相关研究参见:Parmesan C., Ryholmn, Stefanescu C., et al. Poleward shifts in geographical range of butterfly species associated with regional warming. Nature, 1999(399):579 - 58;鸟类研究参见:Thoms C. D., Lennon J. J., Birds extend their range northwards[J]. Nature, 1999(399):213。哺乳动物研究参见:Hersteinsson P., Macdonald D. W., Interspecific competition and the geographical distribution of red and arctic foxes vulpe vulpes and alopex lagopus. Oikos, 1992,(64):505 - 515。

第三章 丝绸之路经济带生物多样性现状与特征

一、丝绸之路经济带的发展与现状

(一)丝绸之路的历史

"丝绸之路"一词简称"丝路",最早来自于德国地理学家费迪南·冯·李希霍芬(F. von Richthofen)1877 年出版的《中国》一书,一般指西汉(前 202—8 年)时,由张骞出使西域开辟的以长安(今陕西西安)为起点,经关中平原、河西走廊、塔里木盆地,到锡尔河与乌浒河之间的中亚河中地区、大伊朗,并联结地中海各国的陆上通道。古希腊、古罗马人称中国为赛里斯国,称中国人为赛里斯人。所谓"赛里斯"即"丝绸"之意。这条具有历史意义的国际通道,五彩丝绸、中国瓷器和香料络绎于途,为古代东西方之间经济、文化交流做出了重要贡献,作为经济全球化的早期版本,被誉为全球最重要的商贸大动脉。其基本走向定于两汉时期,包括南道、中道、北道三条路线。丝绸之路是历史上横贯欧亚大陆的贸易交通线,促进了欧亚非各国和中国的友好往来。丝绸之路跨越历史两千多年,涉及陆路与海路,所以按历史分为先秦、汉唐、宋元、明清四个时期,按线路有陆上丝路与海上丝路之别(见图 3.1)。

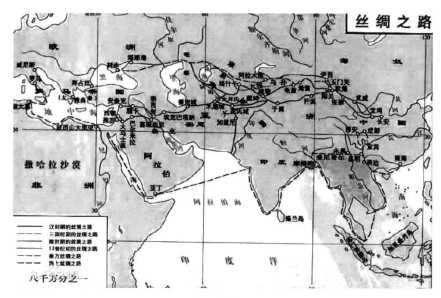

图 3.1　中国古代丝绸之路图

1. 丝绸之路的开辟

建元二年(前 139 年),张骞带一百多名随从从长安出发,第一次出使西域。张骞一行在途中被匈奴俘虏,遭到长达十余年的软禁。他们逃脱后历尽艰辛又继续西行,先后到达大宛国、大月氏、大夏。在大夏市场上,张骞看到了大月氏的毛毡、大秦国的海西布,尤其是汉朝四川的邛竹杖和蜀布。他由此推知从蜀地有路可通身毒、大夏。公元前 126 年,张骞几经周折返回长安,出发时的一百多人仅剩张骞和堂邑父了。史书上把张骞的首次西行誉为"凿空",即空前的探险。这是历史上中国政府派往西域的第一个使团。

公元前 119 年,张骞时任中郎将,第二次出使西域,经四年时间,他和他的副使先后到达乌孙国、大宛、康居、大月氏、大夏、安息、身毒等国。自从张骞第一次出使西域各国,向汉武帝报告关于西域的详细形势后,汉朝控制西域的目的,由最早的制御匈奴,变成了"广地万里,重九译,威德遍于四海"。为了促进西域与长安的交流,汉武帝招募了大量身份低微的商人,利用政府配给的货物,到西域各国经商。这些

65

具有冒险精神的商人后来大部分成了富商巨贾,从而吸引了更多人从事丝绸之路上的贸易活动,极大地推动了中原与西域之间的物质文化交流,同时汉朝在收取关税方面取得了巨大利润。出于对匈奴不断骚扰与丝路上强盗横行的状况考虑,为加强对西域的控制,公元前 101年,汉武帝在轮台(今轮台县东南)和渠犁(今库尔勒市西南)设立了使者校尉,管理西域的屯田事务。这是西汉政府在西域第一次设置官职。自此以后,西汉政府就在西域建立了根据地。汉宣帝神爵二年(前 60 年),设立了汉朝对西域的直接管辖机构——西域都护府。以汉朝在西域设立官员为标志,丝绸之路这条东西方交流之路开始进入繁荣的时代。天凤三年(16 年),西域诸国断绝了与新莽政权的联系,丝绸之路中断。

公元 73 年,东汉时的班超又重新打通隔绝了 58 年的丝绸之路,并将这条路线首次延伸到了欧洲(杨希义,2011)。公元 97 年,班超曾派副使甘英出使大秦国(罗马帝国),一直到达条支海(今波斯湾),临大海欲渡,由于安息海商的婉言阻拦,未能实现,但这是首次突破安息国的阻拦,将丝绸之路从亚洲延伸到了欧洲,再次打通了已经衰落的丝绸之路。[1]

与此同时,罗马帝国也首次顺着丝路来到当时的东都洛阳。公元100 年,罗马帝国属下的蒙奇兜讷(今译为马其顿)地区遣使到东汉首都洛阳,向汉和帝进献礼物。汉和帝厚待两国使者,赐给两国国王代表最高荣誉的紫绶金印[2],表示了邦交上的极大诚意。这也是罗马帝国与中国通使交往的最早记载(杨共乐,2007)。

公元 166 年,古罗马大秦王安敦派使者来洛阳,朝见汉桓帝,标志着中西方文化交往的开始,东西方两大帝国外交关系正式建立。这条路线首次正式打通并延伸到了欧洲。罗马帝国也首次顺着丝路来到当时东汉首都。这不但是欧洲和中国的首次交往,也是 21 世纪初完整的丝绸之路路线。

2. 魏晋时期的丝绸之路

魏晋南北朝时期,在中国与西亚诸国直接交往断绝了很长一段时间后,丝绸之路开始不断发展,主要有西北丝绸之路(又叫绿洲丝绸之路或沙漠丝绸之路)、西南丝绸之路(又叫永昌丝绸之路)和海上丝绸之路三条。北魏文成帝太安元年(455年),波斯与北魏王朝展开贸易往来上的直接联系,直到522年。《魏书》本纪记载了10个波斯使团,前五次应当是到了北魏都城平城(今山西大同),为中国带来了玻璃制品工艺,后五次到达的则是493年迁都后的洛阳(荣新江,2002)。《洛阳伽蓝记》记载了当时丝绸之路上来往的商贩的繁盛情况:自葱以西,直到罗马,百国千城,莫不欢附。商胡贩客,日奔塞下。北魏王朝还在洛阳城南的伊洛之间设四夷馆、四夷里招待丝路客商。[3]波斯的使者也顺着丝绸之路深入到南朝。中大通二年(530年),波斯国遣使献佛牙。五年(533年)八月,遣使献方物。大同元年(535年)四月又献方物。波斯之通使南朝,走的是西域经吐谷浑境而南下益州(今四川境内)再顺长江而下到建康(今江苏、南京)的道路。

这一时期,中西之间的交流主要体现在政治、经济、文化三方面。这种交流,在政治上,促进了东西方之间的联系与交流;在经济上,促进了双方之间经济贸易、生产技术的交流;在文化上,促进了中国佛教的兴盛和礼乐文化的发展。

3. 隋唐时期的丝绸之路

隋炀帝大业年间,遣使侍御史韦节、司隶从事杜行满出使西域各国,展开了与西域的联系和交往[4],扩大了隋对西域的了解,打破了中原地区与西域的长期隔绝状态。隋朝中期,张掖成为当时中西贸易中心,西域诸国都在张掖与中国互市,兴盛时有40多个西域国家的商人集中在这里经商。为了增进对西域的了解,扩大与西域诸国的贸易活动,隋炀帝遣裴矩往张掖主持互市。裴矩对西域的经营,保证了丝绸之路的畅通,"西域诸蕃,往来相继"。中原地区与西域各国重新加强了经济贸易方面的往来。难能可贵的是,裴矩还撰写完成了《西域图记》(三卷),记录了通往西域的三条最主要的道路,比之《魏书·西域传》所记更加具体。[5]隋炀帝时期,西域30余国频至中原"朝贡"。西域诸国商胡也纷纷来长安、洛阳等地经商。炀帝在大兴(今陕西西安)建国门外设立四方馆,以待四方使客,各掌其方国及互市事。[6]

唐代的丝绸之路发展到了一个新时期。尤其是随着隋唐大运河投入航运,极大地加强了江南富庶区与中原地区的联系,南方的丝绸、瓷器、茶叶等商品源源不断地通过大运河运送到洛阳、长安两京并通过丝绸之路远销西方。唐与中亚诸国的联系不断增强,贞观十四年(640年),粟特人将制造葡萄酒的技术传入中国,大批犹太商人涌入中国,丝路上的通使及商业往来活跃起来(王志艳,2007)。

自唐朝初期,政府就一直致力于实行关中本位政策的丝绸之路经济带国内段的开发。西域各国国王都曾派人或亲自到大唐,表示归附,因此唐初很快恢复了丝路交通。而唐王朝则被称为当时世界第一发达强盛国家,经济文化发展水平都居世界前列。这样,东西方开始通过丝绸之路,以大食帝国为桥梁,官方、民间都进行了全面友好的交往。受到这条复兴了的贸易路线巨大影响的国家还有日本。8世纪日本遣唐使节带着很多西域文物回到日本首都奈良。这些宝贵的古代文物现在仍在奈良正仓院保存着。日本最大的宗教——佛教也是通过丝绸之路传来的。唐代丝绸之路的畅通繁荣,也进一步促进了东西方思想文化交流,对社会和民族意识形态发展,产生了很多积极深远的影响。

唐代安史之乱后的数百年间,北方地区战火纷飞,为丝绸之路贸易提供直接服务的黄河流域丝绸生产几乎陷于停顿。同时,丝绸之路经济带国内段各民族政权的分裂、对立,也使丝绸之路贸易安全难以保障,丝绸之路因此逐渐衰落。

4. 宋金时期的丝绸之路

进入宋代,由于北有辽、金,西南有西夏、大理、吐蕃,东有高丽等少数民族分别统治,丝绸等边贸通商,都是在分界处设置榷场,进行有控制的物资交换,所以陆上丝路渐趋衰微,对外贸易以海上丝路为主。宋朝先后在广州、临安府(杭州)、庆元府(明州,今浙江宁波)、泉州、密州板桥镇(今山东胶州营海镇)、华亭县(今上海松江区)、镇江府、平江府(今江协苏州)、温州、江阴郡(今江苏江阴)、澉浦镇(今浙江海盐)、嘉兴府和上海镇(今上海市区)等地设立市舶司专门管理海外贸易,其中以广州、泉州和明州最大。泉州在南宋后期更一跃成为世界第一大港和海上丝绸之路的起点。当时的广州是世界上最大的港口之一,史称"万国衣冠,络绎不绝"。

为了保护外商的财产权,宋朝政府还规定,外商若在中国居住已经五代,就可以把家财运回本国。甚至向外商开放仕途,经商有成绩的外商,可以由宋朝政府授予官职。特别值得一提的是,宋朝还建立海难拯救制度,规定在中国海域,外国商船如发生沉没等事故,由中国官方予以拯救;如外商遇难,其所打捞的货物可以由其亲属招保认还。

宋元时期的海外贸易又以民间贸易为主体,官营购销只是民营外贸的延伸。在国家的鼓励和保护之下,宋朝的海外贸易越来越兴旺。南宋绍兴末年(1162 年),仅广州、泉州和两浙三个市舶司的关税收入就达到了 200 多万贯,而宋朝仅仅对进口商品征收 7%—10% 的低关税。优惠的政策催生了巨大的民间商业资本。如洪迈在《夷坚支志》中就写道:"临安人王彦太,家甚富,有华室。颐指如意忽议航南海,营舶货。……温州巨商张愿,世为海贾。……泉州杨客,为海贾十余年,致货二万万……度今有四十万缗。"宋绍兴年间,泉州商人一次竟"夜以小舟载铜钱十万缗入洋"。

5. 蒙元时期的丝绸之路

在蒙元时期,蒙古国经过三次西征及南征后,使欧亚广大地域范围内国际商队长途贩运活动再度兴盛起来。当时中国与南洋和波斯湾地区有六条定期航线,这些航线都集中在广州,其中最著名的一条航线叫"广州通海夷道",广州起航,越南海、印度洋、波斯湾、东非和欧洲,途经100多个国家和地区,全长共14000公里,是当时世界上最长的国际航线。

元代中期,中西丝绸之路贸易曾一度活跃。从东亚到西亚钦察道—敦煌、哈密、别失八里(吉木萨尔)、土库曼、克里米亚半岛;波斯道—敦煌、罗布泊、天山南路、大不里士到土耳其,驿道纵横交错,马可·波罗就在这个时候由这些驿道来到中国,这是丝绸之路的又一个繁荣时期。但好景不长,到15世纪初,察合台后王势力进一步分裂,新疆和中亚地区各自割据,不相统属。同时,为了推行伊斯兰教并控制丝绸之路的咽喉要道,察合台后王与明朝争夺哈密,这场战争前后进行了130余年(孙占鳌,2014),最终加速了丝绸之路的衰落。

在蒙元时期,由于蒙古的西征和对中亚、西亚广大地区的直接统治,使东西驿路通畅,许多欧洲使者、教士和商人,都沿此路东来中国,丝路再次繁荣一时。蒙古帝国摧毁了以往在丝绸之路上的大量关卡和腐朽统治,令丝绸之路通行比以往任何朝代都要方便。但元代丝绸之路交往的主要目的发生了明显的变化,大多是以宗教信仰及其他文化交流为使命,而不再是以商人为主导,这也从侧面反映了西北丝绸之路贸易的衰落。

6. 明清及近代丝绸之路的衰落

明、清两朝,随着中央政权的海禁、闭关锁国等政策的实施,南海安全隐患逐渐显现,陆上和海上丝绸之路也逐渐衰落。在明清时期,广州成为中国唯一对外开放的贸易大港。广州的海上丝绸之路贸易比唐、宋两代获得更大的发展,形成了空前的全球性大循环贸易,并一直延续至鸦片战争前夕而不衰。鸦片战争后,中国海权丧失,沿海口岸被迫开放,成为西方倾销商品的市场。从此,海上丝路一蹶不振,进入了衰落期。这种状况贯穿整个民国时期,直至新中国成立前夕。

（二）丝绸之路的路线

按照学者观点,丝绸之路有狭义和广义之分,狭义上的丝绸之路仅仅指陆上丝绸之路,广义上的丝绸之路应该包括陆上和海上丝绸之路。

1. 陆上丝绸之路

丝绸之路,在新疆按其路线分为南、中、北三道。1877年德国地理学家李希霍芬所指的是中国与河间地区以及中国与印度之间,以丝绸贸易为媒介的这条西域交通路线。所谓西域则泛指古玉门关和古阳关以西至地中海沿岸的广大地区。陆上丝路因地理走向不一,又分为北方丝路与南方丝路。陆上丝路所经地区的地理景观差异很大,人们又把它细分为草原森林丝路、高山峡谷丝路和沙漠绿洲丝路。

（1）北方丝绸之路

这条道路,由汉都城长安出发,经过河西走廊,然后分为两条路线:一条由阳关,经鄯善,沿昆仑山北麓西行,过莎车,西逾葱岭,出大月氏,至安息,西通犁靬,或由大月氏南入身毒;另一条出玉门关,经车师前国,沿天山南麓西行,出疏勒,西逾葱岭,过大宛,至康居、奄蔡（西汉时游牧于康居西北即咸海、里海北部草原,东汉时属康居）。两路在西亚辐射抵地中海沿岸国家。沙漠绿洲丝路是北方丝路的主干道,全长7000多公里,分东、中、西三段。

东段自长安至敦煌,较之中西段相对稳定,但长安、洛阳以西又分三线:北线由长安/洛阳,沿渭河至虢县（今陕西宝鸡）,过汧县（今陕西陇县）,越六盘山固原和海原,沿祖厉河,在靖远渡黄河至姑臧（今甘肃武威）,路程较短,沿途供给条件差,是早期的路线。南线由长安/洛阳,沿渭河过陇关、上邽（今甘肃天水）、狄道（今甘肃临洮）、枹罕（今甘肃临夏）,由永靖渡黄河,穿西宁,越大斗拔谷（今扁都口）至张掖。中线与南线在上邽分道,过陇山,至金城郡（今甘肃兰州）,渡黄河,溯庄浪河,翻乌鞘岭至姑臧。南线补给条件虽好,但绕道较长,因此中线后来成为主要干线。南北中三线会合后,由张掖经酒泉、瓜州至敦煌。

中段自敦煌至葱岭(今帕米尔高原)或怛罗斯(今哈萨克斯坦的江布尔城)。自玉门关、阳关出西域有两条道:从鄯善,傍南山北,波河西行,至莎车为南道,南道西逾葱岭则出大月氏、安息;自车师前王庭(今新疆吐鲁番),随北山,波河西行至疏勒(今新疆喀什)为北道,北道西逾葱岭则出大宛、康居、奄蔡。北道上有两条重要岔道:一是由焉耆西南行,穿塔克拉玛干沙漠至南道的于阗;一是从龟兹(今新疆库车)西行过姑墨(今新疆阿克苏)、温宿(今新疆乌什),翻拔达岭(今新疆别里山口),经赤谷城(今新疆乌孙首府),西行至怛罗斯。由于南北两道在白龙堆、哈拉顺和塔克拉玛干大沙漠穿行,条件恶劣,道路艰难。东汉时在北道之北另开一道,隋唐时成为一条重要通道,称新北道。原来的汉北道改称中道。新北道由敦煌西北行,经伊吾(今新疆哈密)、蒲类海(今新疆巴里坤湖)、北庭(今新疆吉木萨尔)、轮台、弓月城(今新疆霍城)、碎叶(今吉尔吉斯斯坦托克玛克)至怛罗斯。

西段自葱岭(或怛罗斯)至罗马。丝路西段涉及范围较广,包括中亚、南亚、西亚和欧洲,历史上的国家众多,民族关系复杂,因而路线常有变化,大体可分为南、中、北三道:南道由葱岭西行,越兴都库什山至阿富汗喀布尔后分两路,一线西行至赫拉特,与经兰氏城而来的中道相会,再西行穿巴格达、大马士革,抵地中海东岸西顿或贝鲁特,由海路转至罗马;另一线从白沙瓦南下抵南亚。中道(汉北道)越葱岭至兰氏城西北行,一条与南道会,一条过德黑兰与南道会。北新道也分两支,一经钹汗(今乌兹别克斯坦费尔干纳)、康(今乌兹别克斯坦撒马尔罕)、安(今乌兹别克斯坦布哈拉)至木鹿与中道会西行;一经怛罗斯,沿锡尔河西北行,绕过咸海、里海北岸,至亚速海东岸的塔那,由水路转刻赤,抵君士坦丁堡(今土耳其伊斯坦布尔)。

（2）南方丝绸之路

除了上文所述的丝绸之路之外，中国还有一条南方陆上丝路，即蜀—身毒道，因穿行于横断山区，又称高山峡谷丝路。大约公元前4世纪，中原群雄割据，蜀地（今川西平原）与身毒间开辟了一条丝路，延续两个多世纪尚未被中原人所知，所以有人称它为秘密丝路。直至张骞出使西域，在大夏发现蜀布、邛竹杖系由身毒转贩而来，他向汉武帝报告后，元狩元年（前122年）汉武帝派张骞打通蜀—身毒道。先后从犍为（今四川宜宾）派人分五路寻迹。一路出駹（今四川茂县），二路出徙（今四川天全），三路出莋（今四川汉源），四路出邛（今四川西昌），五路出僰（今宜宾西南）。使者分别在氐、莋、昆明受阻。汉武帝为征服西南夷，在长安西南凿周长40里昆明池，习水军以征伐，后由郭昌率数万巴蜀兵平定西南夷，并分土置郡县。

2. 海上丝绸之路

海上丝绸之路，是古代中国与世界其他地区之间海上交通的路线，该路主要以南海为中心，所以又称南海丝绸之路。海上丝路起于秦汉，兴于隋唐，盛于宋元，明初达到顶峰，明中叶因海禁而衰落。海上丝路的重要起点有泉州、番禺（今广东广州）、明州、扬州、登州（今山东蓬莱）、刘家港等。规模最大的港口是广州和泉州。广州从秦汉直到唐宋一直是中国最大的商港。明清实行海禁，广州又成为中国唯一对外开放的港口。中国著名的陶瓷，一般经由这条海上交通路线销往各国，西方的香药也通过这条路线输入中国，一些学者因此也称这条海上交通路线为陶瓷之路或香瓷之路。

历代海上丝路，亦可分三大航线：西洋航线由中国沿海港至南亚、阿拉伯和东非沿海诸国，是海上丝绸之路的主线；东洋航线由中国沿海港至朝鲜、日本；南洋航线由中国沿海港至东南亚诸国。关于汉代丝绸之路的南海航线，《汉书·地理志》记载汉武帝派遣的使者和应募的商人出海贸易的航程说：自日南（今越南中部）或徐闻（今属广东）、合浦(今属广西)乘船出海,顺中南半岛东岸南行,经五个月抵达湄公河三角洲的都元(今越南南部的迪石);复沿中南半岛的西岸北行,经四个月航抵湄南河口的邑卢(今泰国之佛统);自此南下沿马来半岛东岸,经二十余日驶抵谌离(今泰国之巴蜀),在此弃船登岸,横越地峡,步行十余日,抵达夫首都卢(今缅甸之丹那沙林);再登船向西航行于印度洋,经两个多月到达黄支国(今印度东南海岸之康契普腊姆)。回国时,由黄支南下至已不程国(今斯里兰卡),然后向东直航,经八个月驶抵马六甲海峡,泊于皮宗(今新加坡西面之皮散岛),最后再航行两个多月,由皮宗驶达日南郡的象林县境(今越南维川县南)。

(三)丝绸之路的现状

两条丝绸之路,一个靠陆,一个向海,所经国家和地区达到 30 多个,涵盖人口占世界的 70% 左右,能源储量约占世界的 75%,GDP 总和占到世界的 55%,且沿线各国的经济互补性强,合作潜力巨大。

在这条逾 7000 公里的长路上,丝绸与同样原产中国的瓷器一样,成为当时东亚强盛文明的象征。各国元首及贵族曾一度以穿着用腓尼基红染过的中国丝绸、家中使用瓷器为富有荣耀的象征。此外,阿富汗的青金石也随着商队的行进不断流入欧亚各地。这种远早于丝绸的贸易品在欧亚大陆的广泛传播为带动欧亚贸易交流做出了贡献。这种珍贵的商品曾是两河流域各国财富的象征。当青金石流传到印度后,被那里的佛教徒供奉为佛教七宝之一,令青金石增添了悠远的宗教色彩。目前,中国是中亚国家主要的贸易伙伴,2014 年中国是哈萨克斯坦、土库曼斯坦第一大出口市场,是吉尔吉斯斯坦、塔吉克斯坦最大进口来源地。

通过对外贸易,中亚国家可逐步形成基于本国比较优势的产业。吉尔吉斯斯坦早在 19 世纪 60 年代就建立了纺织工厂,纺织业也曾是该国最发达的轻工业。随着苏联的解体,吉尔吉斯斯坦的纺织工业受到严重打击。随着与中国贸易的发展,吉尔吉斯斯坦服装业又逐渐发展起来。目前,服装业占吉尔吉斯斯坦轻工业的很大比例,仅在比什凯克就有 1200 万名从业工人、7 万家企业。这些企业普遍规模很小,往往只有十几名工人,但吉尔吉斯斯坦生产的服装不仅出口哈萨克斯坦、俄罗斯等周边国家,甚至以"吉尔吉斯斯坦制造"的标识出口美国。究其发展的根本原因,就是从中国进口服装原料和配件,利用本国劳动力加工为成品后出口。

中国与中亚国家的经济合作中能源合作是重点也是亮点。2013年中国从哈萨克斯坦进口原油 1198 万 t,其中主要靠中哈石油管道输送。中、哈、乌、土四国天然气管道线早已正常运营,年输送天然气已达到 241 亿 m^3。中国已经是土库曼斯坦最大的天然气出口市场。目前 C 线正在加紧建设,即将投入使用;D 线也在规划和建设之中。从土库曼斯坦进口的天然气有一部分也供应新疆,为改善新疆大气环境做出了贡献。中哈石油管道和中国—中亚天然气管道的修建,一方面对中国能源进口多元化、保障能源安全、改善能源消费结构发挥了重要作用,另一方面对哈、土两国能源出口多元化、获得稳定并不断增加外汇收入、增强国家实力、提高人民生活水平发挥了重要作用。对乌兹别克斯坦来说,也可以把本国丰富的天然气通过管道出口到中国,每年还能获得稳定的天然气过境费。C 线将从乌兹别克斯坦通过塔吉克斯坦和吉尔吉斯斯坦进入中国,两国也可以因此获得一定收入。总之,中国与中亚国家之间地下、地面、空中交通运输网络已经初步形成,这在中国与周边国家合作中是前所未有的。这为丝绸之路经济带建设奠定了基础,创造了条件。

19 世纪末至 20 世纪初大批西方、日本的学者和探险家连续到中国新疆、甘肃等地进行考察,发现了古代中国与亚、非、欧各国交往的许多遗址和遗物,他们在相关著作中广泛使用"丝绸之路"这一名称,并把古代中西方文化交流所能达到的地区都包括在丝绸之路的范围之内,这不仅使丝绸之路的概念更加深入人心,也进一步扩大了它的空间和内涵,极大地丰富了丝绸之路的内容。目前"丝绸之路"一词已为学界普遍接受。由陆上丝绸之路又衍生出了诸如海上丝绸之路、瓷器之路、草原之路、沙漠之路等诸多名称,应该说丝绸之路已经远远超越了"路"的地理学范畴。同时,随着中西关系史研究的深入,丝绸之路也开始被人们看作是东西方政治、经济、文化交流的桥梁。于是丝绸之路几乎成为中外文化交流的代名词。

20世纪50年代以来世界各国、各地区间的交流往来进一步加强,人们因而越来越注意各国人民历史上的联系,丝绸之路的研究获得空前的活力。1986年联合国把丝绸之路研究作为"世界文化发展十年"三大计划中的第一项内容,并将其列为重大科研攻关项目。1987年,在巴黎举行的联合国教科文组织第24次全球大会上,启动了主题为"对话之路"的丝绸之路研究计划。1988年,作为对联合国"世界文化发展十年"计划的响应,联合国教科文组织又启动了丝绸之路总体研究计划。在这一计划下联合国教科文组织举行了五次国际性重大学术考察:西安—喀什荒漠路线考察,尼斯—大阪海洋路线考察,中亚草原路线考察,对蒙古国游牧路线的考察,对尼泊尔佛教路线的考察。这些考察以及举行学术会议等活动,大大拓展了丝绸之路研究的领域,促进了丝绸之路沿线地区不同文化之间的对话和理解,搭建了和平与宽容的文化桥梁。21世纪以来,随着全球化进程的迅速发展,丝绸之路不再仅限于研究古代丝绸贸易和交通路线,而成为研究古代整个东西方之间的交流活动,包括政治、经济、文化、艺术、宗教和科学技术等。2014年6月22日在卡塔尔多哈进行的第38届世界遗产大会宣布,中、哈、吉三国联合申报的古丝绸之路东段"丝绸之路:长安—天山廊道的路网"成功申报世界文化遗产,成为首例跨国合作、成功申遗的项目。

当前丝绸之路经济带正处于战略构想阶段,它涉及的范围大、国家众多,国家之间在政治、经济、文化、社会等方面差异较大,这都给丝绸之路经济带的建设带来了很大的困难。在这种情况下,丝绸之路经济带的建设亟须沿线国家的相互理解和共同参与。因此,我们必须认真研究和思考丝绸之路的历史文化意义,充分利用这一丰富的历史文化遗产,秉承文化先行的理念,让参与国家了解并接受这一理念,只有这样,丝绸之路经济带的构想才更具可行性。

丝绸之路经济带集中体现了中国政府在坚持全球经济开放、自由、合作主旨下促进世界经济繁荣的新理念,也揭示了中国和中亚经济与能源合作进程中如何惠及其他区域、带动相关区域经济一体化进程的新思路,更是中国站在全球经济繁荣的战略高度推进中国与中亚合作跨区域效应的新举措。如果中国提出的丝绸之路经济带得以构建实现,那么以俄罗斯主导的欧亚经济联盟和以中国主导的丝绸之路经济带设想将分别成为双方向中亚地区进一步施加影响力的两条主力臂。

二、丝绸之路经济带的提出

(一)历史背景

丝绸之路本来是西汉时张骞出使西域开辟的以长安为起点,经关中平原、河西走廊、塔里木盆地,到锡尔河与乌浒河之间的中亚河中地区、大伊朗,并联结地中海各国的陆上通道。在这条具有历史意义的国际通道上,五彩丝绸、中国瓷器和香料络绎于途,为古代东西方之间的经济、文化交流做出了重要贡献。作为经济全球化的早期版本,这条贸易通道被誉为全球最重要的商贸大动脉。自古就是东西方文化、科技交流和经贸合作的通道和桥梁,现代更是连接亚、欧、非大陆的战略大通道,其所在各国在生态环境保护、资源可持续利用、经济贸易、文化旅游等方面的国际合作愿望非常强烈。

经过岁月变迁,到了21世纪初,贸易和投资在古丝绸之路经济带示意图上再度活跃。中亚各国希望与中国扩展合作领域,在交通、邮电、纺织、食品、制药、化工、农产品加工、消费品生产、机械制造等行业对其进行投资,并在农业、沙漠治理、太阳能、环境保护等方面进行合作,为这块沃土注入"肥料"和"生机"。中国一些有识之士也不断呼吁,在现代交通、资讯飞速发展和全球化发展背景下,促进丝绸之路沿线区域经贸各领域的发展合作,既是对历史文化的传承,也是对该区域蕴藏的巨大潜力的开发。

丝绸之路经济带建设至少要实现习近平主席所说的"五通"目标,即政策沟通、道路联通、贸易畅通、货币流通、民心相通。试想"五通"若能实现,在亚、欧、非三大洲即使不是全部国家也是在相当多的国家做到交通通信互联互通、贸易和投资自由便利、货币自由流通、人员彼此友好往来,这将是何等美好的景象。做到这一点,各国之间不仅贸易额会大幅度提升,政治不信任会有效化解,而且通过互通有无、互惠互利,达到双赢多赢、共同发展。

不过,由于这个战略构想涉及众多国家,而各国的国情又不尽相同,每个国家都有自己的诉求和利益。虽然说该战略构想总体上符合各国的利益,但也会有局部难以契合。目前来看,欢迎和赞同声音多于怀疑和反对声音,这就为丝绸之路经济带建设创造了有利的前提和良好的民意基础。

(二)现实背景

随着以中俄等"金砖国家"为代表的新兴经济体崛起和哈萨克斯坦等转型国家经济实力不断提升,出现了世界政治多极化、经济多元化的发展势头。中亚国家独立后经过多年的发展,经济实力和地区影响力出现明显差异。随着美国重返亚太以及俄罗斯欧亚战略的提出,中亚国家对自身的亚洲国家定位和欧亚通道的认识越发清晰,各国选择区域合作机制的自主性加强。后金融危机使得中亚各国从排斥一体化到接受一体化,希望与周边国家抱团取暖、共谋发展,这给中亚区域一体化带来了新的契机。

为削弱新兴市场国家对国际经济秩序的影响力,区域贸易自由化已逐渐成为欧美传统经济力量平衡全球贸易格局的政策工具,一场全球贸易体系的重大变革正在发生,其中区域贸易自由化是主要倾向,自由贸易区战略是重要内容。例如美国力推《跨太平洋战略经济伙伴关系协议》(TPP),逐步将经济合作触角伸向亚洲地区;欧盟在加速内部经济一体化的同时,将自由贸易区战略作为其全球贸易的主要平台,与美国合作主导《跨大西洋贸易与投资伙伴协议》(TTIP);日本则推出了完整的自由贸易区战略,在亚洲广泛地实行自由贸易协定。区域贸易自由化发展的过程,也是国际贸易新规则形成的过程。对中国而言,最重要的是如何推动新规则向更符合自身意愿的方向演化。然而这些新规则往往由发达国家提出,更多反映了发达国家的利益诉求。如果这些规则最终主导了全球经济合作的新秩序,有可能会导致全球政治经济发展出现新的不平衡。在俄罗斯力推欧亚经济联盟,在西方国家主导的和战略"中国除外"的影响下,中国在国际贸易新规则的制定中有被孤立和边缘化的危险。对此,中国需要制定整体战略规划,积极应对区域贸易自由化带来的机遇和挑战。

面对全球贸易体系大变革中的机遇和挑战,中国应该考虑构建以本国为主导的区域性贸易组织,提高发展中国家在全球贸易体系变革中的影响力。当前全球自由贸易区合作呈现跨区域、多层次、宽领域、高标准等一系列发展新特点。面对日益复杂的国际贸易格局,中国需要制定更为清晰和具体的自贸建设规划。

(三)丝绸之路经济带的提出

美国 2010 年提出从北非一直到亚太地区的非稳定弧论述,其主要理念是要制造"可控制的混乱",包括叙利亚、伊拉克、阿富汗及目前已经延伸到的乌克兰。这个非稳定弧接下来并不排除向中国方向扩展。普京自 2011 年连任后,推动欧亚一体化已成为俄罗斯当下主要的地缘政治战略目标。俄罗斯推动欧亚一体化的主要目的是利用欧亚经济联盟丰富的能源和矿产资源优势,建立一个以俄罗斯为中心的强大联盟,以此来平衡西方和中国在中亚地区的影响力。这是

2013 年中国提出丝绸之路经济带理论的大背景。

2013 年 9 月 7 日，习近平主席在哈萨克斯坦纳扎尔巴耶夫大学做重要演讲，提出共同建设丝绸之路经济带，习近平首次提出建设丝绸之路经济带倡议时，就建议从"政策沟通、道路联通、贸易畅通、货币流通、民心相通"五个方面来着手。同年 10 月 3 日，习近平主席在印度尼西亚国会发表重要演讲时表示，中国愿同东盟国家共同建设 21 世纪海上丝绸之路。

这是一项造福沿途各国人民的大事业。这是我国在当今复杂多变的国际地缘政治经济格局中，顺应国际潮流，面向未来，为全面扩大我国对外开放，加强我国同中亚、中东、欧洲、北非和南亚、东南亚国际经济贸易合作，构建国际政治经济新秩序，造福沿线各国人民，推动世界经济繁荣所做的重大战略部署。

丝绸之路经济带，是中国与西亚各国之间形成的一个经济合作区域，大致在古丝绸之路范围之上。包括西北陕西、甘肃、青海、宁夏、新疆等五省区，西南重庆、四川、云南、广西等四省市区。覆盖 40 多个国家，总人口超过 44 亿，经济总量超过 21 万亿美元，分别占世界的 63% 和 29%，拥有巨大的资源和市场，是世界跨度最大、覆盖面最广的新兴经济带。21 世纪海上丝绸之路则囊括上海、江苏、浙江、福建、广东、海南等东部沿海六个省市及最新扩围的山东省。此外，黑龙江、辽宁、河南和湖北也明确表态，积极融入"一带一路"建设。

新丝绸之路经济带，东边牵着亚太经济圈，西边系着发达的欧洲经济圈，被认为是"世界上最长、最具有发展潜力的经济大走廊"。中国创造性地提出这个战略构想，很大程度上是出于对更远的未来国际形势发展前景的提前预测，也是出于为本国打造新的发展战略的一种考虑。建设丝绸之路经济带倡议的初衷，一是希望发掘古丝绸之路特有的价值和理念，在全球化的今天，实现各国的共同发展、共同繁荣；二是充分兼顾了国际、国内两方面的战略需求。国内来看，是统筹中西部地区实现跨越式发展和寻求全方位开放格局的需要;国际因素是将在空间上形成串联中外的轴线,成为促进中国与周边国家和地区互惠互利、交流合作的纽带。

从国内来看,建设丝绸之路经济带是国内经济稳增长的一个强有力着力点,填补丝绸之路经济带经济发展不平衡的短板。丝绸之路经济带的建设构想将丝绸之路经济带推送到对外开放的前沿,将极大地拓展我国经济发展战略空间,为经济持续稳定发展提供战略支持;建设丝绸之路经济带将促进中国的西进战略,依托沿线交通基础设施和中心城市建设,以综合交通通道的开拓为发展空间,对域内贸易和生产要素进行优化配置的产业升级,促进区域经济一体化,实现区域经济和社会同步发展;建设丝绸之路经济带,将对我国的外贸出口产生积极影响,有利于拓展中亚、西亚和南亚市场。更大意义上说,丝绸之路经济带很可能会成为中国新的经济增长极,成为中国民族复兴的新动力。

从更高层面看,建设丝绸之路经济带将促进区域经济贸易合作共同繁荣,共享合作之益,共享互补之利。新丝绸之路经济带,东边牵着活力四射的亚太经济圈,西边系着发达的欧洲经济圈,沿线国家经济互补性强,在交通、金融、能源、通信、农业、旅游等各大领域开展互利共赢的合作潜力巨大。中亚国家与我国的友好交往已有上千年历史,在现代交通、资讯飞速发展和全球化发展背景下,促进丝绸之路沿线区域经贸各领域的发展合作,既是对历史文化的传承,也是对该区域蕴藏的巨大潜力的开发。中亚国家有很丰富的自然资源,中国在制造业、路桥建设等基础设施建设方面有很强大的技术力量,双方互有所需。更重要的是,丝绸之路经济带的构想如顺利实施,将重新打通阻滞多年的亚欧经济动脉,实现各国从交通、贸易直至投资、金融的互联互通,描绘出惠及经济带沿线各国甚而影响更深远的亚欧经济新版图。同时,丝绸之路经济带的建设,也将联动亚欧涵盖30亿人口的巨大市场,使辐射太平洋至波罗的海间的亚欧大陆产生"共振",使全球经济格局随之改变,开创内陆和沿海共同发展、更加平衡的新局面。

然而各国也有疑虑。其中,中亚国家对未来丝绸之路经济带的建设表现出颇为复杂的情绪:一方面,他们普遍欢迎来自中国的更多投资;另一方面,一些国家也对中国在该地区的迅速扩张表达出忧虑和担心。如果丝绸之路经济带发展过程造成某种不对称,那么中亚国家对中国的依赖就会越来越大,甚至一些中小国家则担心自己将来变成中国的附属国或者中国历史上的朝贡体系又会出现等等。这种复杂情绪的产生一部分是由于丝绸之路经济带的构想目前还缺乏清晰具体明确的时间表,另一部分则根源于中亚地区复杂的政治和社会动态。

"中亚"这个概念目前包括哈萨克斯坦、吉尔吉斯斯坦、塔吉克斯坦、土库曼斯坦和乌兹别克斯坦等五个国家。尽管这五国的确在地理位置、文化、语言历史和宗教上具有很多相似之处,但中国不可将中亚地区看成一个具有相似经济、政治和外交政策的单一区域集团。中亚地区是中国推动丝绸之路经济带的首要核心地带,是一个重要的支撑点。

(四)丝绸之路经济带的推广手段

建设丝绸之路经济带的根本目的是使欧亚各国经济联系更加紧密,相互合作更加深入,发展空间更加广阔,其手段就是"五通",即加强政策沟通、道路联通、贸易畅通、货币流通、民心相通。

政策沟通指的是无论是西部地区各省区之间,还是丝绸之路经济带沿线国家和地区之间,都需要重视和加强政策协调,就经济发展战略和对策进行充分交流协商,制定推进区域合作的规划和措施,形成合力。

道路联通意味着需要更加注重丝绸之路经济带沿线各国之间基础设施的建设,以互联互通为先导,逐步形成连接东亚、西亚、南亚的交通运输网络。目前中国正在积极推动与中亚国家间建成铁路、公路、航空、电信、电网、能源管道的互联互通网络，发展与中亚国家的资金流、物流、人流和信息流等方面的合作，这是促进和帮助区域内国家实现经济快速发展的有效途径，也是未来实现大区域合作的前提和基础。

贸易畅通是国家之间深化经济联系的重要方式。经济一体化的标志是贸易联系的紧密化、扩大化和便利化。贸易畅通需要增进中国与丝绸之路经济带沿线各国的贸易往来，各国就贸易和投资便利化问题进行探讨并做出适当安排，在互通有无、取长补短中不断扩大贸易规模，优化贸易结构，在减少贸易摩擦和降低贸易壁垒中实现互利双赢。

货币流通是对外贸易以外经济联系深化的又一具体表现。建设丝绸之路经济带，将为中国与沿线各国的投资往来提供广阔空间。各国要加强金融领域的合作，促进各国在经常项目下和资本项目下实现本币兑换和结算，降低流通成本，增强抵御金融风险的能力。

民心相通是开展区域合作的民心基础和社会基础。与相关国家共建丝绸之路经济带更需要从软环境角度入手增进交流互信，重要的是人员的交流、文化的交融、价值观的理解和渗透。各国要加强公共外交，推动智库和媒体、消费者和企业、人才间的交流互通。

（五）基于丝绸之路经济带的大国心态

1. 俄罗斯的中亚政策

俄罗斯始终将独联体视为对外政策优先方向，中亚则是重中之重，既是俄在独联体和全球事务中的最重要盟友，也是俄南部安全的保障区及南下波斯湾和印度洋的主要通道。俄罗斯对中亚战略的主要内容有：对中亚伙伴重新定位，将哈萨克斯坦视为俄在中亚地区的"最重要伙伴"，吉尔吉斯斯坦和塔吉克斯坦是"重要伙伴"，土库曼斯坦是"可以合作的伙伴"，乌兹别克斯坦是"立场不定的伙伴"。坚决维护俄在中亚的主导权。不允许中亚出现反俄政权,反对美国西方推行民主改造,反对美利用撤军在中亚增加军事存在(认为阿富汗是中亚及俄南部地区的最主要外部威胁)。大力发展区域一体化,尤其是俄、白、哈三国统一经济空间、欧亚经济共同体和集体安全条约组织。利用"加大投资来吸引"和"隔断市场来施压"双重手段,使中亚国家做出"优先发展与俄一体化"的决定,巩固俄势力范围。

2. 美国的中亚政策

2011 年,美国提出"新丝绸之路计划",主要表现为两个方面:

一是明确中亚各国在美外交中的定位并针对各国特点有重点地开展合作。美国务院南亚和中亚事务助理国务卿克拉克曾在国会听证会上明确表示:哈萨克斯坦是中亚地区"领头羊",是美全面战略伙伴;吉尔吉斯斯坦是重要军事合作伙伴,是中亚民主样板;塔吉克斯坦是中亚安全前沿,但基础设施和人权状况需改善,美将借助世界银行推动塔吉克斯坦水电开发;乌兹别克斯坦是对阿富汗稳定和发展最重要的中亚国家,美将继续与乌兹别克斯坦联合反恐、发展贸易、关注人权;土库曼斯坦是中立国,美将在援助阿富汗,推进"土、阿、巴、印天然气管道"项目以及改善人权等领域与之加强合作。

二是明确推进中亚战略的方式和手段。注重发展双边关系,减少援助计划中的多边项目。广泛接触中亚各国政府、社会组织、公民,如举行双边的年度磋商会、经济精英研讨会等。在民间层面美将积极推动中亚国家公民社会建设,如资助非政府组织,鼓励妇女和少数民族参与社会事务。认为中亚国家伊斯兰传统浓厚,如果能够解放妇女、维护少数族群的权利,可增强中亚国家的世俗特性,引导伊斯兰教与现代社会相适应。积极落实"新丝绸之路计划,发展以阿富汗为枢纽的中亚和南亚一体化"。目前推动的具体项目主要有:"土、阿、巴、印天然气管道"项目、"中亚—南亚输变电网"项目、有关"丝绸之路"的国际研讨会、驻阿部队后勤补给的北方运输线、阿富汗重建和国际援助、私营企业家的工商论坛和妇女论坛等。寻求加大军事存在,希望借助从阿富汗撤军的时机,与中亚国家加强军事合作与援助。

从俄、美中亚政策对比中可知:两国均有自己独自主导的区域合作计划,但各自为战,未形成合力。例如美推进"哈、吉、塔、阿高压输变电网"项目,俄倡议"南北铁路"(俄、哈、吉、塔)和"沿里海铁路"(俄、哈、土)项目。从地缘战略看,两国在中亚地区倡导的一体化均"绕我而行",美"新丝绸之路计划"通过阿富汗将南亚和中亚连为一体,俄则将中亚作为其通往印度洋和波斯湾的中介(两国均重视与中亚国家的基础设施合作,尤其是道路和能源管网。均认识到基础设施落后是限制各战略落实推进的主要障碍)。两国均重视与中亚国家的法律制度合作。俄希望中亚国家与其统一,美则灌输西方模式。

(六)丝绸之路经济带的机遇与挑战

1. 机遇

俄罗斯和中亚国家经济发展战略越来越明晰,俄罗斯正在实施创新经济战略和远东开发战略;哈萨克斯坦提出《哈萨克斯坦—2050》战略;乌兹别克斯坦正在实施《2009—2014 年现代化建设、技术和工艺设备更新计划》;土库曼斯坦正在实施《土库曼斯坦 2020 年经济、政治和文化发展战略》;吉尔吉斯斯坦制定了《2013—2017 年稳定发展战略》;塔吉克斯坦正在实施 2007—2015 年国家发展战略。这些战略都离不开与周边国家的合作。而中国的可持续发展战略、科教兴国战略等正好可与沿线国家的发展战略找到契合点,形成"命运共同体"。

俄罗斯和中亚各国纷纷"入世"可为区域合作搭建基础平台。近几年,在吉尔吉斯斯坦率先"入世"之后,俄罗斯和塔吉克斯坦先后"入世"。2015 年 11 月 30 日,哈萨克斯坦正式成为世界贸易组织第162 个成员。从 1994 年提出"加入关贸总协定"的申请至今,乌兹别克斯坦"入世"经历了从消极到积极的变化,逐渐将"入世"作为其经济融入全球经济体系的重要步骤,正在就"入世"条件等问题与相关国家和世贸组织秘书处进行洽谈。为顺应世界经济全球化的发展,深化与国际社会的经济联系,土库曼斯坦政府 2013 年 2 月 7 日决定启动加入世界贸易组织谈判,争取早日成为该组织成员,并为"入世"举办了普及世贸常识的讲习班活动等。中国自 2001 年"入世"以来,积累了很多"入世"经验,可与沿线国家分享。沿线国家的"入世"将为丝绸之路经济带区域经济合作搭建基础的制度平台,使该区域的贸易投资环境更加优化更加透明规范并可以预见,形成利益共同体,提高该区域的经济发展水平。

国际金融危机爆发以来,由于世界能源资源价格高涨、各国应对及时和中国提供信贷支持等因素,俄罗斯和中亚国家的经济经受住了考验,近年来的年均增长率均高于世界平均水平,对外贸易和接受外来投资呈增长势头。但近两年,随着中国经济增速放缓,俄罗斯和中亚国家资源型经济难以持续,各国纷纷提出经济转型、提升本国产业结构的目标,这些都需要大量投资支撑,各国亟须发展资金和机会。这为中国利用自身的资金、技术、设备和人才优势扩大与各国的合作提供了契机。

丝绸之路经济带构想之所以受到欢迎是因为它具有非常突出的特点,也可以称作是优点,这就是它摒弃意识形态的羁绊通过利益链条将有关国家联系起来,强调通过友好合作达到互利共赢、共同发展,而实现的手段是通过友好协商、求同存异,最终结成利益共同体和命运共同体。丝绸之路经济带是利国利民的大好事情,但作为一个新生事物,欲建成也不是一件容易的事情,更不是一朝一夕就能完成的。比认识丝绸之路经济带的重要性更重要的是,使有关国家认识到中国提出的这个战略构想不是为谋一己之私,不会伤害他们的利益,从而愿意接受它,这需要一个认识和实践的过程。

2. 挑战

然而,丝绸之路经济带建设难点不少,在中国国内和国际方面都存在包括理解的误区和实施的阻力等问题。

国内方面：一是目前在部分单位和个人中存在理解方面的偏颇。例如，过分强调该战略构想是为发展中国西部的需要，特别是为了解决新疆面临的问题而提出来的，因此，忽视了丝绸之路经济带建设是国家战略，弱化了其战略性，考虑不到这是需要举全国之力完成的事业，导致一些地区和部门对这项事业关注不够，甚至认为与己无关。二是存在解读片面的情况，只强调"五通"中的某一项。例如只强调推动运输走廊建设，而忽视"五通"的其他方面。三是只看作是政府的事情，所有工作都要由政府包办，忽视一切有愿望、有能力的企业、单位和个人，不分所有制形式都可以参与。四是存在"赶集"现象，不管是否具备条件都想一试。某些人不是为了从事与他国共赢事业走出国门而仅仅是为牟取个人私利前往。20世纪90年代初期，中国一些单位和个体户为牟取私利而干出一些有损国家形象的事情，其不良影响很长时间都难以消除，这个教训不能忘记。

国际方面：近年来中东、北非局势的动荡波及全世界，俄罗斯和中亚等地的政治与安全领域动荡的压力加大。从内部看，中亚国家领导人政权交替进入敏感期，域外势力影响下各国反对派势力日趋活跃，中业区域内部的水资源和领土争端等不断，毒品犯罪、"三股势力"等对沿线国家安全威胁有上升势头。从外部看，俄、中、美、欧、日、印等国与中亚国家在安全、经济、人文领域的合作竞争加剧，公开的、隐性的、直接的、间接的手段和方式在不断调整；随着美国即将从阿富汗撤军，该地区大国势力面临重新洗牌的可能。众多不确定因素将对丝绸之路经济带的建设带来众多的安全隐患。中亚地区已建立如欧亚经济共同体、上海合作组织、"亚信会议"、"欧安组织"、"集安组织"等各种区域和次区域合作机制，既合作又竞争，尚未形成一个具有绝对影响力的区域组织。同时，中国的倡议将不可避免地与美国的"新丝绸之路计划"发生碰撞，且区域合作的总体水平相对偏低，在机制建设与创新等方面需要完善和提高。如何发扬包容互鉴、互利合作的丝绸之路精神，统合域内各种机制的合作，发挥该地区持续稳定发展的潜力将是一个巨大的挑战。

一是俄罗斯迄今仍不十分积极。普京总统虽然在索契冬奥会期间与习近平主席会见时对丝绸之路经济带建设持积极立场，但他只强调运输方面的协调与合作，对政策沟通并未提及。可以认为，俄罗斯对如何处理其主导的统一经济空间和未来的欧亚经济联盟与丝绸之路经济带的关系问题还没有相对成熟的方案。由于俄罗斯是统一经济空间的主导国，其立场多少会对中亚国家有所影响。中亚地区是丝绸之路经济带建设不可逾越的地区，俄罗斯和中亚国家又都是上海合作组织的成员国，如果他们口惠而实不至势必影响构想建设的进程。二是丝绸之路经济带覆盖有三四十个国家，它们分别属于若干定位并不一致的地区性国际组织。各国虽然都是独立主权国家，但也不能完全违背已加入的国际组织对成员国的对外经济合作的规定。因此，欲做到政策沟通特别是在建立自由贸易区问题上，就会产生很大阻力，目前上海合作组织就存在这样的问题。三是构想覆盖地区是安全问题多发区，民族、宗教、领土纠纷、资源争夺、毒品、有组织犯罪等问题，传统安全与非传统安全威胁层出不穷，国家间信任度较低。四是目前已经存在的一些所谓"计划"，如美国的"新丝绸之路计划"等也存在对构想建设的干扰。五是国际和地区形势复杂多变也会影响丝绸之路经济带覆盖国家的外交决策和参与程度。

目前，丝绸之路经济带沿线各国政治制度不同，发展水平差距很大，开展合作顾虑很多，落实多边项目受到资金的制约，需要探索一种各方都能受益的合作方式。与欧盟的"竞争导向的一体化"安排不同，丝绸之路经济带将更注重依靠区域主体自身的文明特点、发展特征、资源与制度禀赋的优势来形成发展的合力，实践一种"合作导向的一体化"，而不仅仅是通过一套无差异或标准化的市场准入、税制、劳动力与货币规则来挖掘各自的竞争力。丝绸之路经济带是一种创新的合作模式和有效途径,提倡不同发展水平、不同文化传统、不同资源禀赋、不同社会制度国家间开展平等合作,共享发展成果,通过合作与交流,把地缘优势转化为务实合作的成果。中国作为负责任的大国,应当为区域经济一体化做出更多的贡献,成为区域经济一体化的领头羊,在扩大本国经济发展空间的同时,实现与地区国家,包括区内其他大国经济发展的战略对接,进而打造一个幅员辽阔的欧亚经济合作带,使各国实现互利共赢。

建设丝绸之路经济带的重点障碍和关键环节不在国内,而在国外,中亚地区应是现阶段合作的重点地区。中亚地处亚欧大陆的中心地带,地缘战略重要性突出,其独特的地理位置和丰富的资源使其成为大国力量和各种政治势力争夺的地区。多年前,英国地缘政治专家麦金利就曾预言包括中亚在内的亚欧大陆的腹地是全球战略竞争的决胜点。无论从地缘和安全角度还是从资源和文化角度考察中亚地区,对中国都有极其重要的战略意义。目前中亚地区已成为中国的核心利益区,是中国西北边疆的安全屏障和经贸、能源战略合作伙伴。当前,国际和地区形势深刻复杂变化,中亚国家既具备利用经济互补优势实现共同发展的机遇,也面临着外部势力渗透干涉以及"三股势力"等共同挑战,唯有加强合作,才能营造和平、稳定、安全的环境。进入 2013 年后,中国与中亚地区的合作实现了跨越式发展。中国与中亚国家多公里的边界已全部划定,中国与中亚国家之间不存在任何难以解决的政治问题。2013 年中国与中亚国家关系全面提升至战略伙伴关系,经贸合作规模增长上百倍,中国成为中亚国家的主要贸易伙伴。除双边层面外,多边合作,上海合作组织的成立,使中国与中亚国家在安全和经济合作领域有了相对完备的合作机制,未来亦可成为丝绸之路经济带天然的合作平台。尽管丝绸之路经济带范围广阔,包括众多国家和地区,但由于中亚是中国向西开放的第一站,对于建设丝绸之路经济带具有基础性意义和示范效应,理应成为丝绸之路经济带的重要板块和核心地带。

可以预期,一旦相关国家能够形成充分协调努力的共识,经过周详的准备,随着丝绸之路经济带的生成,全球范围内极有可能将形成与大西洋经济合作轴心和太平洋经济合作轴心并重的横跨亚欧大陆的第三条经济合作轴心。作为这一合作构想的倡议方,中国应该以超出国家利益的视野把握好"三个世界"的逻辑关联,以公共产品提供者的身份推动欧亚地区合作方法的创新,致力于为国际关系民主化、为国家间和地区内人民关系的改善以及地区可持续发展做出超大规模国家应有的贡献。

(七)建设丝绸之路经济带的生态挑战

在两千多年以前,不同民族的商队骑着骆驼,一路来来往往,造就了古老的经济神话。在今天世界各国经济大发展的背景下,丝绸之路经济带规模远远大于过去。然而,这里的生态环境却依然十分脆弱。

丝绸之路首先是一个生态脆弱带。为什么古丝绸之路上一些古城邦都是在历史书籍里才能找得到,在考古中才能发现,在传说中才有所体现?很多古丝绸之路上的城邦灰飞烟灭,核心问题是丝绸之路沿线的地理环境条件极其恶劣。

当前,在全球气候变化的背景下,我国西部、中亚、中东等地区荒漠化、水资源危机加剧,已经成为制约区域发展的重要生态环境问题。在丝绸之路复兴的进程中,伴随沿线地区人类活动的加剧,将使人地关系更趋紧张,其生态环境风险必将明显加大。所以,丝绸之路经济带的发展是经济问题,但绝不仅仅是一个经济问题。它事关人类经济发展新模式的探索与发现,需要走出纯经济主义的解读。走出纯经济主义,意味着不能以工业主义的思维来认识丝绸之路经济带。它已经沉睡了好几百年,现在要复兴、要激活,但不是传统工业经济的复活,而是文化资源的激活。它需要一种人与自然协调发展,最低能耗,对环境最低干扰的新居住方式、新文明方式、新商业模式。只有这样,这条经济带才能真正复兴,成为具有可持续生命力的复兴。

三、丝绸之路经济带生物多样性的变化[7]

有人类历史以来,丝绸之路经济带国内段生态环境总格局已定,环境有所变化主要是人类活动造成的。汉代以前,依司马迁的说法,陕西关中一带已是"膏壤,沃野千里",汉中盆地也已成为当时我国发达的农业区域,秦岭、巴山亦为浓密的森林所覆盖,渭北到甘肃东部、宁夏南部的山地"群峦缭绕,烟树苍茫"。据史念海教授考证,西周时黄土高原地区森林的覆盖率为53%。渭北到陇东是周人的发祥地,在战国时期又是秦国的大后方,山塬土地开垦较早,形成了连片的农业区,较早有了水土流失。甘肃东、中部的石质山地布满森林。祁连山"森林郁郁葱葱,万树苍劲挺拔"。两山之间的走廊地带为荒漠和绿洲,中部有局部堆沙。那时的景观不像今天这样荒凉,河流两岸长满浓密的胡杨林。新疆阿尔泰山、天山阴坡以针叶林为主,盆地中心是沙漠,盆地边沿分布一些河流、湖泊,河流两岸多长有胡杨林,盆地周围散布着绿洲,部分绿洲开发成城镇,开始有了农业。

自丝绸之路形成以来,从长安到陇东黄土高原一带为农业区,生态环境相对稳定。

汉武帝打击匈奴取得胜利后,便大规模向西移民。丝绸之路东段南路许多地区的森林和草原为移民所垦殖。赵充国《上奏屯田》说:"计度临羌东至浩亹虏,故田及公田民所未垦可二千顷以上,其间邮亭多败坏者,臣前部士入山伐材木大小六万余枚。"这是对丝路东段南路环境造成较大影响的一次记载。由于自然环境基础好,当时并未损伤元气。后因东汉的边战和农民起义,国家无暇顾及垦殖,使生态环境得到一定程度的恢复。南朝徐陵的《陇头水》反映的陇山仍是林密,遮天蔽日。

唐代以后，农业继续发展，由于生产和开拓规模有限，所以人类对东段的自然的破坏有限，当时的生态功能没有发生巨大变化。唐安史之乱使逃亡民众来到陇右垦荒度日，士兵就地屯垦。如唐李元谅带的士兵就在良原镇毁林垦荒，"辟美田数十里"（《新唐书·李元谅传》）。北宋初年陇山西侧至甘谷之间已无森林可伐（《宋史·高防列传》），只能西移至洛门镇（《宋史·温仲舒传》）。这是对该地自然环境更大的一次破坏。不过再往西破坏程度要小些，此时的屈吴、大神山、小神山"皆林木丛茂，峰峦耸秀"（《甘肃新通志》）。

这种状况一直持续到元代。元代以后，由于重视屯垦，明洪武年间陕西布政司辖区土地扩增至 $2101.67 \times 10^4 \, \mathrm{hm}^2$，从而丝路东段南路的环境变坏并进一步向西发展。直到明清时期，人口迅猛增长，环境承受压力越来越大，垦荒、伐树的力度加大，植被破坏惨重。据明朝正德年间的《华亭县志》反映：当时的华亭已是"林竭山童，风蔽日暄"。又如临泾（今甘肃镇原西）"昔日昆夷之地，古者省山启辟，惟患其木多，今濯濯童矣"（道光《镇原县志》）。六盘山森林被破坏稍晚，清初仍森林密布，但到光绪末年，已是"群山赭秃无枝，竹树萧疏独见兹"（《甘肃新通志》），民国年间更是"沿途赤地，一望无际，尘羹土饭，竟难名状"（《陕甘纪程》）。黄陵县与正宁交界的林区"近因军用伐木甚多，仅存者多不成材，数量亦鲜"（《黄陵县志》），由于山林植被减少，水土流失加剧，黄土塬梁切割加深，沟壑增多。

在丝绸之路上，陕西关中渭河流域陇山一带的生态环境变化是最剧烈的，几经大的起伏。特别是关中地区水网交错，农业发达，物产丰饶，但后来对南北两山森林山地过度开垦、开发，降水不但不能涵养，反而造成严重的水土流失，引起一些水渠、坝地的淤塞、干涸。据记载，到清乾隆时，关中已是泥沙杂流，渠堰乃至淤塞。（《续陕西省通志稿》）又如泾河因水土流失与渭河相比"更浊耳"（清《西征录》），泥沙淤积十分严重，张家山下当年开凿的郑国渠龙口，现已高出泾河水面。(秦中行,1974)水源涵养减少和水土流失加剧,进而引起一些河流的变迁甚至消亡。汉代渭河行船通漕运,后来漕运时断时通。由于沿河森林植被减少,渭河水也越来越少,现几成间歇性河流。

到清代中叶,渭塬与天水间已是"童山白草,地咸脉松"(《泾渭清浊辨》),从前"林木森茂,甘泉回流,昔日有獐鹿"的屈吴山,到清道光时,"林木伐尽,野兽迹遁矣"。会宁大部分土地已是"龟背驼峰,非硗确即为斥卤","十种九不收"。(道光年间《会宁县志》)定西一带山区,"清代前森林极盛,乾隆以后,东南二区砍伐殆尽,西北两区犹多大树,地方建筑实利赖焉。咸丰以后,西区一带仅存毛林(黑酸刺),供居民燃料"(《定西志》)。此后定西地区逐渐成为光山秃岭,变成了全国生态环境最坏的地区之一。

随着历史的推移,东段一些城市及周围环境也有较大的变化,古之长安,八水环绕,周围园林连片,无疑是当时世界和中国美丽、繁荣的名城。自唐代后,由于战争和政治地位的下降,有些园林已辟为农田,一些水利工程年久失修。据清代的记载,早在唐代"太和以后,因废而昆明池涸,沣、滈亦俱断流,是以关中八水,今仅得其六"(《关中胜迹图志》)。1949 年后,西安经济得到很大发展,可是环境质量却有所降低,环境受到污染,八水多数名存实亡,城市用水还要靠调水供应,像上林苑等名园早已荡然无存。兰州自古是丝绸之路上的重镇,1949 年后工业、农业都得到不断发展,成了丝绸之路经济带国内段重要的工业、商贸都会,然而环境污染十分严重,亟待治理。

丝绸之路中段的生态环境变化应当说是破坏与建设交错。河西走廊在汉代前主要是牧猎地区。西汉战胜匈奴后,便大量向河西移民屯垦,开千金渠,筑西海坝,传去先进的农耕技术,使绿洲扩大,呈现兴旺景象。唐代更加强了水利和屯垦,明代又修了龙首渠、梨园渠、白崖渠、板桥渠等,河西留下了"金张掖""银武威"的美名。武威、张掖、酒泉、敦煌等古城周围都是农业发达的富饶绿洲。城市成了丝绸古道上的繁华重镇,是通往西域和境外的交通要冲。

然而,在唐以来,河西走廊的自然环境受到了不同程度的破坏,造成一些绿洲和城镇的荒毁,其主要原因是战争和人口的急剧变化。例如敦煌的寿昌古城,在元末战乱后荒废,大片绿洲变为沙海(乾隆《重修肃州新志》)。安西附近的锁阳城原是一座繁荣的边塞重镇,周围有几万公顷的垦区,由于唐代的战争,长时间围城断水,最终沦为沙漠废墟。(《安西县志》)还有历史上有名的永固城(今甘肃民乐附近)、霍城(今甘肃山丹附近)也相继衰落。据乾隆时的《甘州府志》记载:张掖四周曾有过屋兰、留花门、西安、祁连、氐池、日勒、万岁、居延塞、略武、蓼守提等古城,而今多已难觅踪迹。汉代在居延塞进行屯田戍边,发展了灌溉农业,修城堡,筑塞墙,置烽燧,兴旺一时。元代前黑城尚存,顺帝时战火使黑城毁坏,农田废弃,遂为流沙所掩埋。

人口的增加对植被的破坏较大,河西南北山上原遍布森林,内陆河岸长有胡杨林,从唐代起砍伐破坏加剧,合黎山早伤元气,变为童山。祁连山的森林在清代前尚好,《民乐县志》反映清初"祁连山森林多",树木"大逾合抱",可到 19 世纪末,山林破坏加剧,损失重大。光绪二十年陶保廉的《辛卯待行记》反映:祁连山因"设立电线,某大员伐办杆木,遣兵砍伐,摧残太甚,无以荫雪",至今森林已上升到海拔2000 米以上,浅山近百里范围不见森林踪迹。

至于荒漠河岸林,随着时间推移,离城镇由近到远逐渐减少,清时黑河一带已大量减少,而党河、疏勒河一带还保存尚好。据《敦煌土产志》反映:清雍正年间,"敦煌树林繁密,梧桐(胡杨)一种,西湖极盛",这里曾是野马、野骆驼、野猪的栖息地,常使牧人、猎户迷路,可是此后树越来越少,今天几乎绝迹。在绿洲附近不仅胡杨被砍伐殆尽,就连荒漠中的梭梭、怪柳等植被也难幸免。

无论是高山森林的减少,或是荒漠植被的破坏,都引起整个水分状况的改变,并带来灾害。例如祁连山的森林减少,影响积雪和化雪速度,雪化得太快,使春末黑河水暴涨,造成洪灾。到夏秋,山雪二次融化但数量太少,黑河水少,不能入灌渠,造成旱灾。(嘉庆年间丰宁阿《八宝山松林积雪说》)民勤地区由于祁连山雪水减少,河流变为间歇性河,唐时著名的白亭海水源得不到足够补充,在 19 世纪初已变成了湖滩荒漠。(冯绳武,1963)今天,因上游用水过大,民勤地区垦荒过度,该地区地下水大幅度下降,已危及整个区域植被的生存。

丝绸之路西段的南道和中道,都在南疆塔里木盆地的两侧,也涉及东疆一带的环境,丝路所经之地主要是荒漠与绿洲。河流、湖泊的变化,在很大程度上是人为活动造成的。塔里木河水量随季节性变化,加之人为因素影响,河流南北摆动,变迁很大。《水经注》卷二中记载:塔里木河中下游还有三条支流汇入,即姑墨川、龟兹东西川(渭干河)、敦薨之水(开都河),到清代时已不见姑墨川了,而近代仅剩下开都河一条支流。(中国科学院《中国自然地理》编辑委员会,1992)另外在和田河口以下,塔里木河分出阿昔克河和库鲁克河,这些分出的河道在 1882 年已干涸。(中国科学院新疆分院,罗布泊综合科学考察队,1987)

总之,塔里木河的支流除和田河外,绝大部分在沙漠中消失,原来生长茂盛的胡杨、芦苇等植物也相继衰亡。塔里木河水系的剧烈变化明显影响湖泊的变化。如罗布泊、博斯腾湖、台特马湖等,除博斯腾湖外,位于荒漠中的湖泊大多都经历了缩小、干涸、消失的变迁过程。

随着河流、湖泊的变化,加上战争或资源利用不当,一些绿洲和古城也变成了废墟荒漠。在丝路南道一度繁荣的楼兰、精绝、米兰等古城都仅留下废墟供人凭吊。楼兰古城的衰败就是明证。楼兰位于罗布泊以西,汉代时"积粟百万,威服外国"(《水经注》),当时罗布泊汪洋浩荡,依据枯死胡杨的分布与密度考证,推测当时胡杨树的覆盖度约为 40%。又根据出土的卢文文书记载,当地人破坏森林者要受到处罚(中国科学院《中国自然地理》编辑委员会,1992),这保证了绿洲的稳定和繁荣。到3世纪之后,由于注入罗布泊的水量减少,湖面缩小,绿洲草木得不到滋润而渐次枯死。公元330年前后,楼兰人抗拒不了自然力,背井离乡,迁向伊吾(今新疆哈密),古城于公元376年废弃。(黄文弼,1948)

在中道,焉耆、渠犁、轮台、库车、阿克苏、喀什是早已繁荣起来的绿洲和重镇,《大唐西域记》描述这些地方"稼穑殷盛,花果繁茂","宜縻麦,有粳稻",且大多维持至今。但是,也有一些城镇、绿洲今不如昔,或已荒废。西汉时已在轮台、渠犁设置校尉,开始屯田、筑路、修驿站,汉武帝还发布了《轮台之诏》,罢兵西域,发展农业。西域一度屯田军队达数十万之多,使"龟兹……横千里,纵六百,宜麻、麦、秫、稻、葡萄"(《读史方舆纪要》),屯田之举对南疆农业发展起了重要作用。后来,由于中央政权对西域控制的减弱和连年战乱,一些屯田荒废,当年号称十万屯田人马、七座连城的遗迹,只能到沙漠中去寻找了。加之塔里木河动荡,塔克拉玛干沙漠北移,致使更多的绿洲和城镇荒废。据新疆文物调查发现,在今天库车县南,新和、沙雅一带废址数以千计,有的规模之大超过现今县城。

当然,南、中两路仍有一些绿洲保持相对稳定或不断发展。中华人民共和国成立后,进行了大规模的军垦,使沉睡千年的土地变成了花果飘香、麦浪翻滚的塞外江南。但是,塔里木河沿岸又面临新的生态危机,由于用水不当,特别是近几年来任意筑坝拦水,开种棉田,使下游无水可用,河床干裸,胡杨林渐次死亡,一些农田撂荒,沦为盐碱滩。如再不采取有效措施,我国最大的内陆河将有消失的可能。

东疆为丝路北道所经之地,出玉门关经莫贺延碛,首先抵达伊吾。汉代哈密也是屯田之地,晋代以后为丝路要冲,东疆总体环境变化不大。可是繁荣一时的高昌城和交河城已成废墟,国内地势最低的艾丁湖也趋于干涸。

丝路在南疆出境是在喀什或莎车,并要翻越帕米尔。帕米尔古称葱岭,《西河旧事》称"葱岭其山高大,上悉生葱,古以名焉",南接喀喇昆仑山,两汉时生活着若羌和西夜游牧部落,成为我国西部的屏障。其上的红其拉甫达坂和明铁盖达坂就是通往克什米尔、阿富汗、伊朗的隘口,古代著名高僧法显、鸠摩罗什、玄奘都曾途经这两个山口。这里前山是无际的草原,属很好的高山牧场,塔什库尔干便坐落在山谷绿洲中。公元二三世纪这里是盘陀国的所在地,由于交通不便,人迹罕至,当地"稼穑不滋,既无林树,唯有细草"(《大唐西域记》),因此以牧业为主,对这里环境影响不大。丝路北路在哈密附近翻天山进入北疆。天山自然环境保持较好,山上有茂密的森林和草场,元代邱处机的《西游记》曾谈到天池一带的环境:"沿天池正南下,左右峰峦峭拔,松桦阴森,高逾百尺,自巅及麓,何啻万株。"清代纪晓岚的《滦阳消夏录》也说:"西域有森林,老林参天,弥亘数十县。"乌鲁木齐附近的南山,保留最好,树木"柯干权桠,顶上如棚、如盖,朽枝折扑于路者厚积数尺……纵人采伐无禁,然崎岖艰阻,终无一椽一橼出山者"(《新疆志稿》),至今这里仍然是森林茂密的风景区。还有赛里木湖畔,山花烂漫,芳草如茵,山坡云杉叠翠。果子沟山岩崎岖,飞瀑纵流,漫沟的野苹果、野杏、野山楂和野核桃等,春日花开万紫千红,烂若云霞,秋日累累硕果,溢香醉人。今日所见大体如元代耶律楚材的《西游录》所见:果子沟"地皆檎,树阴蓊郁,不露日色";阿尔泰山植被也保存得较好,"松桧参天,花草弥谷"。

准噶尔盆地相对变化较大,主要是牧业向农业转变,草场开垦为农田,在荒漠边缘、河流两岸建设绿洲、城镇。例如乌鲁木齐就是逐渐从牧区变为农区,农区发展形成乡镇,今天已建成新疆的经济、政治、文化中心和美丽的边塞重镇。1949年后,组建了新疆生产建设兵团,加大了垦殖力度,农场向盆地荒漠推进,产生了许多绿洲和城镇,石河子和克拉玛依市就是在荒寂的戈壁滩上建成的现代化新城。另一方面,由于农业和工业的用水骤增,使一些滋润荒原的河流、湖泊干涸。

例如玛纳斯湖,原是北疆第三大湖,1968年已完全干涸。(中国科学院《中国自然地理》编辑委员会,1992)由于河水干枯,人为活动增加,使准噶尔盆地广泛分布的梭梭林遭到严重破坏,导致一些固定沙丘变为流动沙丘,威胁着绿洲和农田。

四、丝绸之路经济带生物多样性恶化的主要成因

人类社会的进步以及对生态资源的过度开发,最终导致了丝绸之路经济带生态环境的恶化以及生物多样性的急剧退化。导致生物多样性丧失的原因很多,主要包括人为因素、由人为因素引致的自然环境的变迁,以及生态系统因人为原因而引起的生物多样性退化速度的加剧。归纳当前的各种因素,我们认为引起丝绸之路经济带生物多样性恶化的主要成因,包括以下几个方面。

(一)生物栖息地的丧失和破碎化

人为对土地的开垦和扩张,使未受干扰的自然生境面积急剧缩小和破碎化,环境污染以及气候变化也造成了物种的消失。生境丧失的原因包括森林砍伐、农业开垦、水和空气污染等导致适宜于野生动物栖息场所面积大大缩减,从而直接导致物种地区性灭绝或者数量急剧下降。生境的丧失导致野生动物大块连续的栖息地被分割成多个片断,这种破碎化导致了以下情况:①破碎化的生境具有更长的边缘与人类环境接壤,人类、杂草和家养动物(如家猫、家狗和山羊等等)能够更容易地进入森林,不仅导致边缘区生境的退化,还大大增加对生境内部地区的侵扰。②有些动物需要轮流利用不同区域的食物资源,有些需要多种生境以满足不同生活时期或者日常生活的不同需要。例如草食动物需要不断地迁徙以获得足够的资源,并避免对某一块区域资源的过度利用。但是当生境被隔离后,动物只能留在原地,不仅因为过度利用导致生境退化,还会因为资源匮乏而降低繁殖或导致死亡。③各个片断之间野生动物种群无法正常迁移和交流,这种状况长

期下去,会导致小种群遗传多样性水平下降,出现近交衰退等一系列问题,最后的结果可能是地区性的种群灭绝。野生动物扩散能力的降低,也会对植物扩散产生影响,因为动物的活动会帮助植物传播种子和花粉。植物状况受到影响,自然会反过来作用于野生动物。

(二)荒漠化的影响十分严重

土地荒漠化被喻为地球癌症,是当今世界面临的最大环境、社会、经济问题之一。按照《联合国防治荒漠化公约》对荒漠化的定义,荒漠化是指包括气候变异和人为活动在内的种种因素造成的干旱、半干旱和亚湿润干旱区的土地退化,这些地区的退化土地为荒漠化土地。我国将荒漠化划分为风蚀荒漠化、水蚀荒漠化、冻融荒漠化、土壤盐渍化四种类型。

全球荒漠化土地约 3600 万 km^2,约占全球陆地面积的 30%,相当于俄罗斯、加拿大、中国国土面积的总和,影响着世界 2/3 的国家和地区、1/5 人口的生存和发展,并且仍在不断加剧。荒漠化治理不仅关乎荒漠化地区人民的生存环境,关乎全球气候变化,也关乎经济社会的可持续发展。联合国大会确定 2006 年为"国际沙漠和荒漠化年"。2006 年 2 月 12 日联合国环境规划署宣布本年世界环境日的主题是"沙漠和荒漠化"。

中国是世界上荒漠化问题最严重的国家之一。荒漠化的土地面积为 267 万 km^2,是国土面积的 28%,其中已经沙漠化了的土地为 17.6 万 km^2,潜在沙漠化危险的土地有 15.8 万 km^2,湿润地带的风沙化土地有 1.9 万 km^2,受沙漠化影响的人口达 5000 余万人,有近 400 万 hm^2 的旱农田和 500 万 hm^2 的草场受其影响。近几年来,我国沙漠化土地面积从原来的 13.7 万 km^2 增加到 17.6 万 km^2,其中 80% 分布在丝绸之路经济带上的陕、甘、宁、青、新等省区,受影响的人口超过全国总人口的 1/3。

1. 陕西荒漠化现状

陕西全省的土地荒漠化面积约 9.37 万 km^2,占全省总面积的 45% 以上,接近全省面积的一半。其中,沙化土地监测范围为榆林市的榆阳、神木、府谷,延安市的吴起和渭南市的大荔等 3 市 10 个县(区)127 个乡(镇),面积约 338.7 万 hm^2。荒漠化土地监测范围为榆林市的榆阳、神木、府谷、横山、靖边、定边、绥德、佳县、米脂、清涧、子洲和延安市的吴起等 12 县(区)169 个乡(镇),面积约 364.1 万 hm^2。

2. 甘肃荒漠化现状

甘肃是全国荒漠化土地面积较大、分布较广、危害最严重的省份之一,根据《甘肃省第四次荒漠化和沙化监测》成果,截至 2009 年年底,甘肃省荒漠化土地总面积达 19.21 万 km^2,占全省总面积的 45.12%,全省还有 2.18 万 km^2 具有明显沙化趋势的土地,分布在 10 个市州的 37 个县市区。甘肃平均每年因土地荒漠化和沙化造成的经济损失约 5.1 亿元。严重的荒漠化问题,挤占了人类生存的空间,恶化了发展环境,加剧了贫困,危害了社会稳定,已成为制约甘肃经济社会可持续发展的最为严重的生态问题。

3. 宁夏荒漠化现状

宁夏位于中国西北内陆,三面环沙,生态环境脆弱,是受荒漠化危害最严重的地区之一。受全球气候变化和人类活动的影响,宁夏荒漠化问题十分严重,荒漠化问题严重威胁宁夏生态安全,制约经济社会可持续发展,阻碍荒漠化地区群众脱贫致富,甚至影响民族团结与社会安定,成为加快转变经济发展方式、推动科学发展进程中迫切需要解决的重要问题之一。2009 年,宁夏荒漠化土地总面积为 289.88 万 hm^2,占总监测面积的 73.9%,占宁夏总面积的 43.7%,位居全国第 4,远远高于 27.3% 的全国比例。按照荒漠化类型划分,根据宁夏的自然条件,其荒漠化主要表现为风蚀荒漠化、水蚀荒漠化、盐渍化三种类型:风蚀荒漠化土地面积 134.58 万 hm^2,占荒漠化土地总面积的 46.4%;水蚀荒漠化土地面积 148.97 万 hm^2,占 51.4%;盐渍化土地面积 6.33 万 hm^2,占 2.2%(见图 3.2A)。轻度荒漠化土地面积为 117.08 万 hm^2,

占荒漠化土地总面积的 40.4%;中度荒漠化土地面积为 138.38 万 hm²,占 47.7%;重度荒漠化土地面积为 27.57 万 hm²,占 9.5%;极重度荒漠化土地面积为 6.85 万 hm²,占 2.4%(见图 3.2B)。(王占军等,2013)

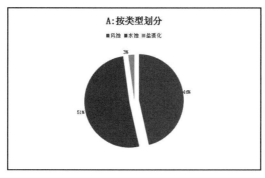

图 3.2 宁夏荒漠化土地类型及程度

按照地域划分,风蚀荒漠化土地主要集中在宁夏中部干旱带和引黄灌区的部分地区,水蚀荒漠化土地主要集中在中部干旱带和南部山区,盐渍化土地主要集中在北部引黄灌区和中部干旱带的部分地区。

宁夏每年因荒漠化造成的直接经济损失达 2000 多万元,每年输入黄河的泥沙近 1 亿 t。固原地区 50% 的库容被泥沙淤积,有效灌溉面积降低了 60%。全区有 13 个市县 300 多万人口长期遭受风沙危害。

沙尘暴发生频率和强度的加大,反映了宁夏荒漠化问题的严重性:一是局部地区沙漠化范围仍在扩大,土地沙化形势很严峻;二是一些地区沙漠化发展程度加深;三是植被破坏严重,草场退化。

引起宁夏荒漠化的原因主要是人为原因,具体包括:①毁林毁草开荒。20世纪50年代初至70年代末,为解决粮食问题,宁夏出现了大规模的毁林毁草开荒种粮现象。但经过多年的耕作后,土壤肥力下降导致农作物产量降低,大量耕地遭到弃耕,由于地表植被已被完全破坏,这些弃耕地几乎全部退化为荒漠化土地。②草原过度放牧严重。宁夏拥有30万 hm^2 的天然草场,自20世纪60年代以来,有90%左右的草场都不同程度地出现了退化、沙化,部分已变成毫无生产能力的沙漠。致使宁夏大片绿洲迅速退化为荒漠的原因很多,超载过牧无疑是最直接的祸首。如地处毛乌素沙漠南缘的盐池县,进入20世纪90年代后,该县45.3万 hm^2 草原上,每年都有数百万只羊在放养,超载一倍多,远远超过了草原的承载能力,加剧了草原退化。③滥挖、滥采植被。部分地区大量挖甘草、发菜,对植被造成极其严重的破坏。目前,仅搂发菜就破坏草原80多万 hm^2,其中26.7万多 hm^2 已严重沙化。宁夏南部山区农村燃料缺乏,大量的林木草根等可燃植被被作为生活燃料樵采,致使地表大面积裸露,加剧了当地的水土流失。④对水资源的不合理利用。宁夏地表水资源具有数量少、空间分布不均、时间变率大的特点,人均水资源量为200 m^3(不包括分配给宁夏的黄河水资源量),是全国人均水资源量的1/12。地下水资源北部多、中南部少,且高矿化、高氟的地下水分布广泛,地下水与地表水转化关系密切等,使有限的地下水资源的利用受到限制,大部分地区干旱缺水。在水资源紧缺的同时,由于利用不够合理,一方面对水资源过度索取使得河水断流,地下水位不断下降导致地表植被因干旱大面积枯萎死亡,地表裸露,荒漠化面积蔓延扩展;另一方面北部黄灌区耕作方式不合理,大水漫灌,造成水资源的浪费,导致部分耕地发生次生盐渍化。

4. 青海荒漠化

青海省是我国沙漠化最严重的省份之一。青海省位于青藏高原东北部,东西长约 1200 km,南北宽约 800 km,面积约 $7.15 \times 10^5 km^2$,平均海拔 3000m,与西藏统称"世界屋脊"。地理坐标介于 89°24′—103°04′E,31°32′—39°20′N。境内山脉高耸,地形多样,河流纵横,湖泊棋布。可分为祁连山地、柴达木盆地和青南高原三个自然区域。雨量稀少,蒸发量大,气候寒冷、干燥,是典型的高原大陆性气候。青海独特的地貌和气候,致使其土地荒漠化问题十分突出。目前,全省共有沙漠化土地 1447.5 万 hm^2,占全省总面积的 20.1%,主要分布在柴达木盆地、共和盆地、环青海湖地区、黄河源区和长江源区。其中,柴达木盆地沙漠化面积为 1212.99 万 hm^2,占全省沙漠化土地总面积的 83.79%。

综合《中国荒漠化(土地退化)防治研究》对中国荒漠化土地的分类方案,并根据青海省荒漠化土地的实际情况,将监测区的荒漠化土地类型根据成分划分为沙质荒漠化土地和盐渍荒漠化土地两大类型。

青海省荒漠化土地分为四区:柴达木盆地极高荒漠化区、共和盆地高度荒漠化区、青南高原中度荒漠化区、青海湖环湖盆地低度荒漠化区。基本无荒漠化的地区主要分布在阿尔金山 – 祁连山高山区和西宁—贵德—同仁—泽库县,呈近南北向的山间开阔地带。(于海洋,张振德,张佩民,2007)

柴达木盆地极高荒漠化区位于青藏高原北部,被阿尔金山、昆仑山、柴达木山和宗务隆山环绕。盆地西宽东窄,为西北—东南走向的狭长盆地,面积 $2.50 \times 10^5 km^2$。从盆地周边到腹地分别为:基岩、戈壁、风蚀劣地、沙丘和沙地,呈同心环状分布。本区是青海荒漠化分布密度最高的地区。沙质荒漠化土地面积 122029 km^2,盐质荒漠化土地面积 25222 km^2,占该区总面积的 60% 左右。其中,沙漠面积 25977 km^2,占荒漠化面积的 22%。盆地内降水少,光照强,风沙大,沙物质来源充足,使湖水面积逐渐缩小,土地荒漠化正在呈继续加重的趋势。

共和盆地高度荒漠化区属于东祁连山地中的断陷盆地,四周群山环抱,地貌上呈环状结构,属于干旱半干旱气候区,荒漠化土地占总面积的26.3%,属于荒漠化较高密度区。该区内荒漠化土地现状有两个特点,一是荒漠化土地以沙漠和砂砾石裸地为主,轻度沙质荒漠化土地和中度沙质荒漠化土地面积较少;二是荒漠化发展速度较快,正处于强烈发展时期。盆地荒漠化面积为 10808km²,其中砂砾石裸地和沙漠为 5883 km²,主要分布在塔拉滩东南部的黄河沿岸、龙羊峡水库西侧以及贵南县森多乡的大片沙丘覆盖区。

青南高原中度荒漠化区位于青藏高原中东部,是长江、黄河、澜沧江的三江发源地,属于中度荒漠化区。自然区大部分为高原亚寒带半干旱气候,现有荒漠化土地 61121 km²,占自然区总面积的 22.36%。荒漠化土地类型以山前倾斜坡上的砂砾石裸地为主,少部分为中度沙质荒漠化土地和轻度沙质荒漠化土地。区内荒漠化程度向重度方向发展,尤其是三江源地区,已经实施了生态移民工程,届时将成为无人区,可以缓解荒漠化的发展。

青海湖环湖盆地低度荒漠化区包括青海湖及西北部的环湖盆地,盆地四周分别为大通山、日月山、青海南山等高山。盆地内的河流均为内流河。其荒漠化土地主要为沙漠化土地,面积为1261km²,占该区土地总面积的26%,其中中度、重度沙质荒漠化土地和砂砾石裸地约为1251km²。该区整体属于荒漠化低密度区。目前青海湖盆地荒漠化日趋严重,大量的泥沙进入湖中,使湖底抬高,降水减少,湖面萎缩。

5.新疆荒漠化现状

新疆远离海洋,深居内陆,地形封闭,干旱缺水,沙漠戈壁包围绿洲,绿洲呈分散分割状,森林覆盖率1.68%,盆地中心分布着两大沙漠,生态环境十分脆弱。新疆也是我国荒漠化和沙化面积最大、分布最广、风沙危害最严重的省区,其荒漠化和沙化问题在中国乃至世界都具有典型性和代表性。(以下信息根据新疆第四次荒漠化和沙化状况公报显示)

①荒漠化土地现状。新疆的87个县市中有80个县市和88个农垦团场有沙漠分布,受风沙危害,沙质荒漠化总面积 52.05×10^4 km^2(其中沙漠面积 43.04×10^4 km^2)。沙质荒漠化土地面积 9.31×10^4 km^2,主要分布在塔克拉玛干沙漠和古尔班通古特沙漠边缘。其中严重沙质荒漠化土地 4.67×10^4 km^2,中度沙质荒漠化土地 3.17×10^4 km^2,轻度沙质荒漠化土地 1.18×10^4 km^2,潜在沙漠化土地 0.29×10^4 km^2。(《荒漠化土地普查与监测报告》)塔里木盆地南缘沙丘活化面积 1.4×10^4 km^2,每年以5—35米的速度向绿洲移动,入侵面积 0.13×10^4 km^2,该地区沿河古绿洲和干三角洲古绿洲附近土地荒漠化 1.67×10^4 hm^2,其中耕地荒漠化 0.6×10^4 hm^2(《新疆减灾四十年》编委会,1993),塔里木河下游和喀拉喀什河下游已有大量耕地退化为荒漠化土地。准噶尔盆地的古尔班通古特沙漠沙丘活化面积 0.75×10^4 km^2。(新疆维吾尔自治区农业厅,新疆维吾尔自治区土壤普查办公室,1998)

新疆盐碱土地总面积 847.6×10^4 hm^2。现有耕地中,31.1%的面积受到盐碱危害。其中强度盐渍化的占盐碱土地面积的18%,中度盐渍化的占33%,轻度盐渍化的占49%。盐渍化耕地的80%属次生盐渍化。此外,次生沼泽化也有分布,以伊犁和阿勒泰地区为多。土壤盐渍化、沼泽化恶化了绿洲环境,影响绿洲系统内部的稳定,造成土地的弃耕和肥力下降。现有耕地近50%属于低产田。

截至2009年年底,新疆荒漠化土地总面积为107.12万 km^2,占新疆总面积的64.34%。分布于伊犁州(州直属、塔城、阿勒泰)、昌吉、吐鲁番、哈密、巴音郭楞、阿克苏、喀什、克尔克孜、博尔塔拉、和田、克拉玛依、乌鲁木齐14个地区(州、市)及4个自治区直辖县级市中的

79 个县(市)和新疆生产建设兵团 175 个农垦团场。荒漠化土地分布范围广,各气候类型区荒漠化类型齐全,且危害程度较重。

②气候类型区荒漠化现状。干旱区荒漠化土地面积为 76.24 万 km², 占荒漠化土地总面积的 71.17%;半干旱区荒漠化土地面积为 28.94 万 km²,占荒漠化土地总面积的 27.02%;亚湿润干旱区荒漠化土地面积为 1.94 万 km²,占荒漠化土地总面积的 1.81%。

③荒漠化类型现状。风蚀荒漠化土地面积 81.18 万 km²,占荒漠化土地总面积的 75.78%;水蚀荒漠化土地面积 11.69 万 km²,占荒漠化土地总面积的 10.91%;盐渍化土地面积 9.23 万 km²,占荒漠化土地总面积的 8.62%;冻融荒漠化土地面积 5.02 万 km²,占荒漠化土地总面积的 4.69%。

④土地利用类型荒漠化现状。主要是草地荒漠化和未利用地荒漠化,分别为 51.94 万 km² 和 43.59 万 km²,占全部荒漠化面积的 89.2%。其余耕地荒漠化为 3.74 万 km²,林地荒漠化为 7.85 万 km²,合计占全部荒漠化面积的 10.8%。

⑤沙化土地现状。截至 2009 年年底,新疆沙化土地面积为 74.67 万 km²,占新疆总面积的 44.84%,分布在除伊犁州直属的伊宁县、伊宁市、巩留县、新源县、昭苏县、特克斯县、尼勒克县等县(市)之外的 79 个县(市)。

⑥沙化土地各类型面积现状。流动沙丘(地)面积为 28.49 万 km²,占沙化土地总面积的 38.15%;半固定沙丘(地)为 8.1 万 km²,占沙化土地总面积的 10.85%;固定沙丘(地)为 6.57 万 km²,占沙化土地总面积的 8.79%;风蚀劣地(残丘)为 0.69 万 km²,占沙化土地总面积的 0.92%;戈壁面积为 30.64 万 km²,占沙化土地总面积的 41.03%;非生物工程治沙地面积为 0.0024 万 km²,占沙化土地总面积的 0.01%;沙化耕地为 0.18 万 km²,占沙化土地总面积的 0.25%。

各地区(州、市)沙化土地现状。主要分布在巴音郭楞、和田、哈密、阿克苏、阿勒泰及喀什等六个地区(州),面积分别为 24.48 万 km^2、13.25 万 km^2、9.3 万 km^2、6.21 万 km^2、4.49 万 km^2、4.11 万 km^2,六地区(州)沙化面积占全区沙化土地总面积的 82.8%;其余地区(州、市)为 12.83km^2,占 17.2%。

总之,40 多年来,新疆在改造沙质荒漠化、土壤盐渍化中,取得了重大成果。从荒漠化治理情况看,20 世纪 80 年代以来,位于塔克拉玛干沙漠的东南缘,面对风沙危害日益严重的情况,目前已围栏封育,人工造林投入较高,封沙育林效益也较好。但是,在风沙区人工造林成本高得惊人,往往难以到位。南疆塔克拉玛干沙漠南缘的策勒、且末、若羌在渍化、水域治理、中低产田等荒漠化治理中,取得了重大成就,但同时,人口也增长了 2.9 倍,人类活动使生态平衡失调,荒漠化土地总面积达到 79.59×10^4 km^2,其中沙质荒漠化面积 52.05×10^4 km^2,盐碱土地总面积 847.6×10^4 hm^2,现有耕地中 31.1% 的面积受到盐碱危害,山区云杉林已减少 2.3×10^4 hm^2,落叶松减少 2.4×10^4 hm^2,平原林退化更为严重,80% 的草场有不同程度的退化,产草量下降 35.4%—75.8%,湖泊较 20 世纪 70 年代减少一半,耕地土壤肥力下降。所以,必须根据新疆荒漠化发生发展的特点与原因,总结防治经验,形成有效的防治方法、措施与体系,防治新疆的荒漠化。

6. 我国沙漠化的整体情况

从历史角度看,中国在 10 世纪以前造成的沙漠化土地,占全部沙漠化土地的 14.3%;11—19 世纪占 23.3%;20 世纪以来则增为 62.4%。而 20 世纪下半叶,土地沙漠化更呈空前加速的局面,50—60 年代每年沙漠化土地扩展 1560km^2,70—80 年代每年沙漠化土地扩展至 2100km^2,90 年代每年沙漠化土地又增至 2460km^2,已相当于每年丧失一个中等县面积土地的生产力。每年因风沙危害造成的直接经济损失高达 540 亿元。每年因沙漠化造成的直接经济损失超过 540 亿元。

我国土地沙漠化的形成,除了因自然力作用而造成沙丘前移入侵以外,过度农垦、过度放牧、过度砍伐、工业交通建设等破坏植被的人为因素引起沙漠化的现象更为普遍。

因此,我国面临的土地资源被侵蚀的形势也是严峻的。荒漠化造成了生态环境恶化,生产生活受其影响,生命财产受到损失,交通安全没有保证。因此,荒漠化治理已到了刻不容缓的地步了。

事实上,历史上的丝绸之路沿线,曾经林草丰茂,但受气候变化、人类活动等很多复杂因素影响,部分地区荒漠化加剧,不少农田、道路以及城市与村庄被淹没,因此对于丝绸之路沿线的国家和地区来讲,推进荒漠化治理成为题中应有之义。

1999 年以来,国家先后实施了以退耕还林还草、山区基本农田建设、小流域治理、封山禁牧、天然林保护为核心的荒漠化治理工程。2015 年 4 月,国务院发布了《关于加快推进生态文明建设的意见》,提出了确保2016—2020年完成沙化土地治理面积 1000 万 hm^2,建立和巩固以粮草植被为主体的沙区生态安全体系等目标任务。丝绸之路沿线治沙、防沙将成为科技部"十三五"荒漠化防治布局规划的重要一环。党的十八届五中全会鲜明提出了坚持创新、协调、绿色、开放、共享的发展理念,这是"十三五"乃至更长时期我国发展思路、发展方向、发展着力点的集中体现,对破解发展难题、增强发展动力、后发优势具有重大指导意义。

(三)过度利用与消费

全球共分为 14 个生物群落和 8 个生物地理分区。世界野生动物基金组织基于生物群落和生物地理分区这两个图层,将全球共划分为 867 个生态区。(李双成,2014)对丝绸之路经济带内的 14 个生物群落和湖泊、岩石与冰等类别的分布板块进行了数量统计,该经济带范围内共有 357 个生态区。然而,由于人类在各种开发活动中,对自然规律缺乏正确、科学的认识,或者在制定政策上的种种失误,造成了资源浪费和对生态环境的破坏。不合理的围湖造田、沼泽开垦、过度利用土地和水资源,都导致了生物生存环境的破坏甚至消失,影响物种的正常生存,有相当数量的物种在人类尚未察觉的情况下便已悄然灭绝。世界范围内几乎所有的大型哺乳动物都遭到过严重的过度捕猎导致的数量下降,例如鲸、鹿、犀牛、野牛、麝、熊、狼、藏羚羊、穿山甲等。野生老虎的数量从 100 年前的 10 万头急剧下降至今天的不足 5000 头;人迹罕见的亚马孙河流域,野生动物的种群数量在重度捕猎区域平均降低了 81%;穿山甲更是正从整个亚洲的野外分布地上消失。由于过度捕获和利用,很多看似保护完好的森林中,野生动物的数量极为稀少,这样的森林被称为空森林。

丝绸之路生态环境日趋恶化,除自然变迁因素外,同样与历史上人为因素长期作用有关,尤其是在近现代人口激增的压力下,又忽视自然规律,片面追求经济利益所进行的盲目开发、掠夺性开发酿成的苦果。

人类对丝绸之路的开发,创造了大量的物质财富,曾经出现过汉唐时期的经济辉煌,对于中华民族的生息繁衍,对于巩固西部边防、建设西部经济做出过突出贡献。但是人类的开发活动必须要考虑客观条件,遵循自然规律。若开发超出一定的限度,忽视开发可能产生的负面效应,就会演化成对自然生态的一种破坏,国内丝绸之路经济带的开发历史也体现着这种规律。人类开发,造成大量的野生生物资源遭到过度开发和利用,也造成生物多样性的严重减退。

在漫长的农业社会中,以屯田开荒为主要形式的开发活动在较长时期和较大范围内影响着丝绸之路国内段自然生态系统的变化,形成了该段荒漠的缓慢扩张。人类漫长的屯田开发史,在局部地区、具体时间段内对生态环境的影响似乎微不足道,但是从整个历史的角度反观其影响又是十分惊人的。丝绸之路的东段屯田区基本属于干旱地区,一种是将原来的森林草原植被毁灭后开垦,如黄土高原,造成原有生态系统的破坏,导致严重的水土流失和荒漠化;再一种是以自然绿洲为依托,引用河水灌溉开辟新的人工绿洲,如新疆、甘肃河西和青海。但是这种河流中游的人工绿洲开发常常以流域下游天然绿洲大面积荒漠化为代价。如黑河流域沙漠化发展速度达 2.6%—6.8%,已成为世界上现代沙漠化发展最强烈的地区之一。(程国栋,肖笃宁,王根绪,1999)

在丝绸之路经济带上,因人口不断增加超过了土地的承载能力,过量的人口在生产资料、生活资料严重匮乏的条件下,为了生存,就向自然界进行一系列过度开发和索取,造成了对生态环境的严重破坏。人口的增长,尤其是近现代暴增,是丝路生态恶化的主要根源之一。根据联合国 1977 年在内罗毕召开的沙漠化会议上制定的干旱地区土地对人口的承载极限是 7 人/km² 、半干旱地区是 20 人/km² 的标准来衡量,丝路荒漠化严重地区的人口压力是十分巨大的。丝绸之路基本上属于干旱地区,在甘肃河西人口密度为 15 人/km²,在包括极干旱的甘肃中部地区和陕西在内的人口密度高达 101—150 人/km²。在甘宁交界的定西地区和西海固,由于人口太多,原有的地表植被破坏殆尽。

人口增加还引起过度开荒。在陕西终南山,清初以前深山老林绵亘 800 余里,但是清乾隆以后人口增加,许多外来流民入山垦荒。结果是终南山森林大面积被毁,原始生态系统遭破坏,暴雨成灾,水土流失十分严重。由于人口的增加,造成了淡水资源的严重不足。

人口增加还使草原超载导致草场退化。丝绸之路经济带国内段是中国最重要的畜牧业基地。自 20 世纪 50 年代初至 80 年代人口增长新疆为 1.84 倍、青海是 1.56 倍、甘肃是 1.72 倍,由此导致了放牧超载和草场退化。同期草场面积减少幅度,新疆为 64.9% 、青海是 61.1% 、甘肃是 65.5%。生态恶化使草场生产力下降十分严重。荒漠界限较 60 年代向草原带推进了 50km。新疆荒漠盆地的荒漠向山地荒草带推进了 100—200m。(国家计委国土开发与地区经济研究所,

110

国家计委国土地区司,1996)

　　在经济利益驱动下求富心切,为了获取物质财富不惜对自然界进行掠夺式开发,同时人们对自然规律认识有限,在制定政策上出现一些失误,造成对生态环境严重的人为破坏和资源的极大浪费,加剧了西北生态环境的恶化。人类开发活动的重要目的就是获取物质财富,这常常导致人们只顾眼前的利益而对自然界采取掠夺式的开发,造成对生态环境的严重破坏。在这一问题上首当其冲的是森林资源。新疆因地处亚洲腹地,森林资源尤其珍贵,但是近代有开采条件的地方和近城村处的森林常遭厄运。宁夏两大林区罗山天然林区到近代后期因滥伐大都已被破坏。在黄河支流洮河上游,原来两岸皆为森林覆盖,后来仅四五年的滥伐,凡临近洮河的林木,几乎被砍伐殆尽。特别值得注意的是,近现代以来随着对西北开发手段的现代化和开发力度的加强,在一系列经济活动中往往很少考虑甚至根本就无视对生态环境的保护,造成难以弥补的毁坏。

　　人类在各种开发活动中还由于对自然规律缺乏正确、科学的认识,或者在制定政策上的种种失误,造成了资源的浪费和对生态环境的破坏。黄土高原是我国水土资源流失最严重的地区。仅在黄河流经的区域,就有 16 亿 t 泥沙输入河中,造成黄河水量在世界各大河中排名第 25 位,泥沙含量却为世界第一。当地群众千百年来因生产力低下,对自然规律认识不足,长期靠片面扩大耕地面积来维系生存,造成严重的开垦过度。在黄土丘陵地区,耕地面积占土地总面积 40%—50%,在宁夏固原、甘肃定西更是无尺寸不耕。(吴传钧,1998)这种广种薄收靠天吃饭的思维认识必然造成对水土流失危害熟视无睹。属于黄土高原的渭北旱塬,气候类型多属于温带半湿润偏旱类型,宜林宜牧地很多,但由于过去片面强调"以粮为纲",形成毁林开荒,毁草种地,同样造成严重的水土流失。在 20 世纪 50 年代末的"大跃进"中,青海曾将自然条件良好的 67 万 hm^2 冬春草场开垦种地,但后来因这些地方大多不宜农作物生长而被弃耕。由于失去地表植被保护,地表裸露,加剧了这些地方的沙漠化程度。共和县塔拉当年开垦的7100hm² 土地现在已全部演变成流沙。(王罗宏,1994)这类例子在丝绸之路经济带国内段十分突出,而其中的教训也尤为深刻。

面对如此严重的问题,尽管我们可以找出种种自然原因来解释丝绸之路经济带生态环境的恶化,但是我们却无法回避上述各方面的因素单独或者交替着发生的作用。我们清晰地看到,人类的种种行为对自然生态直接或间接的破坏是何等触目惊心。

(四)生物入侵

生物入侵是物种多样性变化的重要过程。气候变化通过对入侵物种的原生地、入侵路径和最终归宿地影响而引起特种原入地的物种入侵,对外来物种的影响包括对其繁殖、入侵方向、传播、种群动态和地理分布的影响。气候变化将影响入侵物种与寄主植物相互作用、捕食者及物种间的关系。气候变化对那些受人类活动或其他因素破坏的栖息地物种建立有极大影响。CO_2 浓度增加也将使植物和动物的生长加速,干扰因素破坏森林冠层也将增加外来物种入侵机会。

外来物种的侵入造成很多当地物种的生存环境不断恶化,改变了生态系统的构成,造成一些物种在当地的丧失,甚至灭绝;还有就是规模化农业生产的影响,大规模的农业生产方式会间接造成几千年来农民培育和保存的大量作物品种和家畜品种的丧失,使遗传多样性受到影响。在自然界长期的进化过程中,生物与生物之间相互制约、相互协调,将各自的种群限制在一定的栖境和数量,形成了稳定的生态平衡系统。当一种生物传入一新的栖境后,如果脱离了人为控制逸为野生,在适宜的气候、土壤、水分及传播条件下,极易大肆扩散蔓延,形成大面积单优群落,破坏本地动植物,危及本地濒危动植物的生存,造成生物多样性的丧失。

根据冯建孟等人的研究结果,在纬度梯度上,从南到北中国外来入侵植物的物种多样性呈递减趋势;在经度梯度上,从东到西外来入侵植物的物种多样性呈递减趋势。即相对较高的外来入侵植物物种多样性主要出现在中国东南地区,而在丝绸之路经济带国内段外来入侵植物的多样性则相对较低,这可能意味着中国东南地区相对更易被外来植物入侵。中国外来入侵植物的入侵或扩散方向由东南向丝绸之路经济带国内段扩散。研究结果表明,外来入侵植物物种密度与交通密度之间呈显著的正相关关系,即随着单位面积交通里程的增加,外来入侵植物物种多样性呈增加趋势。相对温暖的环境利于外来植物的入侵。同时,表征水分条件的年降水量与外来入侵植物物种密度之间呈显著的正相关关系,这意味着相对湿润的环境利于外来植物的入侵。

就丝绸之路经济带上我国的情况而言,物种入侵程度虽然没有东南部地区严重(见表3.1),但是由于丝绸之路经济带的生态十分脆弱,一旦遭受破坏,其严重程度要比其他地区严重得多。研究表明,影响丝绸之路外来入侵植物的主导因素主要包括年均温、单位面积降水空间变幅和年降水量等自然因素。

表 3.1 丝绸之路经济带外来入侵植物和本土植物的物种密度

地名	面积/$10^4 \cdot km^2$	本土植物物种密度/ [种 $\cdot$ $(10^4 \cdot km^2)^{-1}$]	外来入侵植物物种密度/ [种 $\cdot$ $(104^4 \cdot km^2)^{-1}$]
陕西	20.56	1070.45	19.05
甘肃	45.50	940.19	12.08
宁夏	6.64	415.99	12.72
青海	72.20	476.07	7.72
新疆	160.60	640.77	7.09
内蒙古	118.30	417.76	7.13
西藏	122.84	1268.86	6.65

资料来源:冯建孟、董晓东、徐成东,《中国外来入侵植物种多样性的空间分布格局及与本土植物之间的关系》,《西南大学学报》(自然科学版),2010 年第 32 卷第 6 期,第 50—57 页。

(五)全球气候变化

气候变化对生物多样性影响及其适应直接关系着未来生物多样性的保护。气候是影响生物多样性的主要自然因素,气候要素的变化将引起生物多样性的改变。自工业革命以来,由于大气中温室气体浓度的急剧增加,使地球的气候环境正在发生巨大变化。

较薄的臭氧层使更多的紫外辐射到达地球表面,损坏活性组织。大气中的臭氧层总量减少1%,到达地面的太阳紫外线就会增加2%。一方面直接危害人体健康,另一方面还对生态环境和农、林、牧、渔业造成严重的破坏。全球变暖将会导致地球上的动植物大量灭绝。尽管人类可能最终逃过这一劫,但地球上有一半的物种将会消亡。

联合国政府间气候变化专门委员会最近的评估报告明确指出,人类活动是导致近百年来全球普遍增温的主要原因,近百年来(1905—2005)全球增温平均0.74 ℃,预计到2100年将达到1.1℃—6.4℃。大量观测表明,过去气候变化已经对生物多样性产生极大影响,包括物种的物候、行为、分布和丰富度、种群大小和种间关系、生态系统结构和功能等都已经发生了不同程度的改变,甚至引起个别物种的灭绝。(PCC,2002)

20世纪的气候变化已使物种的行为和物候发生了改变。在芬兰,黑鹅产卵和孵化期已提前;在英国,1971—1995年期间,65个物种中78%的物种繁殖日期提早9天(G. X. Lvdwig etal. ,2006);北美1959—1991年期间3450个观测结果表明,树雀孵卵日期提前9天(H. Q. P. Crick etal. ,1997)。美国纽约,1903年到目前的90多年中,39个物种迁徙提前,35个物种没有变化,2个物种推迟(吴建国,2008);美国威斯康星州,鸟类中8个物种鸣叫期提前,1个推迟(N. L. Bradley etal. ,1999)。1982—1996年期间的观测表明,我国华北平原生长季延长。(陈效述,喻蓉,2007)许多植物开花物候期提前,生长加速,例如在1959—1993年期间的观测表明,欧洲植物开花大概提前11天,部分植物生长加速。

20世纪气候变化也已经使一些物种分布发生了改变。气候对物种的影响主要是通过温度和降水的变化而产生的。温度变化主要通过对物种个体生理活动和性别发育的影响而对物种产生影响,降水则主要通过对物种繁殖过程和生理活动的影响而对物种产生直接影响。对许多物种来说,气候还主要通过对食物和栖息地的影响而对它们产生间接影响。对动物来说,温度升高能影响它们的代谢速率、繁殖、存活、性比、生长速率和激素分泌等;对植物来说,温度升高能使它们呼吸速率增加。物种对气候变化反应取决于生活史、基因、生理特征和地理范围。适应环境范围窄的物种能通过利用新微气候环境而忍受气候变化影响,一些分布区范围广的物种将扩大其气候忍耐范围或萎缩其分布范围或扩展到分布范围边缘,一些分布广的物种有适应气候变化不同生态型,能有效地适应气候变化。具有短周期和快速增长特点的物种也能快速适应气候变化。

物种的优势度和丰富度是反映物种多样性的重要指标。气候变化后,将对一些物种有利而对另一些物种不利,将改变物种的丰富度和优势度。气候变化使一些物种的丰富度发生改变,引起有害生物泛滥,包括害虫和疾病生物向高海拔和高纬度迁移,害虫和疾病暴发强度和频率增加,使陆地生态系统结构改变,也引起生态交错带的结构改变,尤其是森林树线高度改变。物种丰富性通常随着气温和降水变化而改变。研究发现在不同气候情景下,适应于寒冷气候森林类型将向北迁移,一些孤立的其他物种将在目前分布区灭绝。气候变化对野生动物的影响包括生活周期、物种分布、种群格局和迁移策略。

不仅如此,气候变化还引起河流、湖泊、湿地等淡水环境的生物多样性改变;海水温度升高也引起海洋生物的改变,北方海域热水生物正在取代冷水生物;浮游植物变化引起食物链改变。

气候变化对陆地和海洋生物疾病也有显著影响,通过改变真菌的生物过程、寄主活动、疾病传播途径及有机体而影响种间关系。病菌对温度变化较敏感。气候变化对病菌影响的时间,冬天比较关键,通常冬天过长将增加疾病敏感性。气候变化将改变植物病害敏感性,如果气候变化改变了寄主和真菌的地理分布范围,将导致严重疾病的爆发。气候变化还可能影响活跃、中度活跃和不活跃的病菌,进而影响陆地动物分布,也可能使一些野生动物疾病受到限定。

未来的气候变化将对物种丰富度、物种分布、种间关系、物候行为等产生深刻影响,并可能使物种入侵范围扩张、物种灭绝和生态系统结构功能改变。未来的气候变化将继续影响生物的行为和物候,将使物种的分布改变。气温升高2℃,南非动物中17%的物种范围将扩展,78%的物种范围将缩小(4%—98%),3%没有变化,2%的物种将完全丧失栖息范围。这也会引起物种丰富度改变。例如,气候变化将使长距离迁徙鸟类丰富度增加,使短距离迁徙鸟类丰富度下降;将使极地无脊椎动物群落组成改变,使一些物种灭绝。例如,低气候变化情景下(温度升高0.8℃—1.7℃)全球将有18%的物种灭绝;中等变化情景下(温度升高1.8℃—2.0℃)将有24%的物种灭绝;较高变化情景下(温度升高超过2.0℃)将有35%的物种灭绝,将导致植物病害分布范围改变,使植物病害增加。

未来的气候变化将使生态系统分布发生改变,一些生态系统类型将被其他生态系统所取代。如哥斯达黎加热带雨林高海拔生命地带性变化对温度比较敏感,低海拔生命对降水比较敏感,使湖泊和溪流的温度、氧气和溶解性物质、水文过程改变,使风暴频率和强度增加,河流和溪流及湿地将受到影响,引起河流水排放减少,将导致75%的鱼类到2070年灭绝,将导致海洋生态系统结构功能改变。全球温度升高1℃,全球珊瑚礁普遍白化,海平面上升将导致沿海湿地被淹没,估计2080年20%的湿地将丧失,红树林将受到较大影响,将对海洋浮游生物造成较大的影响,尤其是对南极栖息在海冰上的动物影响较大,将使这些地区食物网结构改变。

五、丝绸之路经济带生物多样性生态服务的特征

生物多样性生态服务包含了有用性和稀缺两个特征,是一个经济范

畴的问题。[8]首先,它向人类提供了各种物品和服务,因此具有重要且不易替代的经济服务价值;其次,这种服务是稀缺的。但是这种价值又往往被经济体系所忽视,因为,这种价值不同于普通的商品,要受到物种丰裕程度、多样性结构、基因遗传等自然属性以及气候变迁和人类需求等外部因素制约,实现由物量属性到货币化的转化需要经历一个复杂而曲折的过程,所以,国民经济体系往往会忽略了它的存在,结果,我们很难通过市场完全展示这些经济价值,更不能利用经济手段做出保护生物多样性的最优化选择。然而,气候变迁再次引致生态服务急剧退化,又进一步加大了我们的认识难度。所以,需要尽快建立完善的生物多样性货币化价值识别体系。问题的有效解决在于,必须从纷繁复杂的各类生物多样性中识别出有益于人类的物理属性,然后运用经济手段识别其经济属性,再利用经济价值评估体系展示这些经济价值,最后采取措施对这些生物多样性加以保护。其中,生物多样性热点保护区又是问题的核心与重点。

幸运的是,生态系统与生物多样性经济学框架已经构建了一个将价值识别、展示与捕获三个步骤有机融合于经济体系的保护框架,且正在被国际社会认可和采纳。在 TEEB 中,第一步价值识别是基于对人类的有用性经济价值判断,确定生态系统、物种和生态多样性等层面的服务价值范围;第二步价值展示是基于经济价值角度,使用经验分析方法判断生物多样性服务的经济价值的存量与流量变化,以便为支持决策者保护生物多样性的服务提供科学的参考依据;第三步价值捕获是决策者根据前两个步骤的分析结果,利用经济激励措施和价格杠杆,引导社会各个层面自觉自发地保护生物多样性。在三个步骤之中,价值识别是基础和导向标,具有奠基和引领后者的功能,强调了生物多样性服务价值的经济属性,突出了市场调节的作用。已有的研究显示,由于生物多样性结构复杂、非市场化程度极高、公共产品属性突出、受外部影响因素的不确定性,TEEB

目前尚无法做到在全球范围内全面识别生物多样性生态服务的经济价值,即使在一国范围内的全面分析也有相当大的困难,但是,若识别特定外因条件下特殊区域内的生物多样性的单个或几个生态服务价值,则效果比较理想。那么,分析气候变迁条件下我国丝绸之路经济带多样性服务价值的识别问题就是对 TEEB 研究成功经验的传承,也是对其研究内容和视野的进一步深入拓展。

丝绸之路经济带作为我国主要的生态服务功能区,生态极端脆弱,生物多样性保护形势十分严峻,集中了《全国生态脆弱区保护规划纲要》中8 类生态脆弱区的 5 种,占到《中国生物多样性保护战略与行动计划(2011—2030)》划定的 32 个陆地生物多样性优先保护区域中的 16 个。丝绸之路经济带同时又是受气候变迁影响最明显的热点保护区域。问题的真正解决,有赖于丝绸之路经济带从"保护生态环境就是保护生产力"的战略高度,"把生物多样性指标纳入经济社会发展评价体系",通过建立"生态环境保护市场化机制"加速生物多样性保护管理体制改革,有效地保护这一生产力。这也是十八届三中全会《决定》提出的"建设美丽中国,深化生态文明体制改革"的重要内容。

六、生物多样性生态服务的生物识别

生物多样性是指对生物及其与环境形成的生态复合体以及与此相关的各种生态过程的总和,包括物种遗传多样性、物种多样性、生态系统多样性。生物多样性与人类经济活动密切相关,影响到国民经济的方方面面。所以,我们首先要充分识别它能给人类提供哪些生态服务,因哪些原因而产生变迁。TEEB 将生物多样性的生态服务分为:支持(如养分循环、土壤形成和原始生产资料)、供给(如食物、淡水、木材、纤维和燃料)、调节(如气候调节、洪水和疾病管理和水净化)、文化(审美、精神、教育和休闲)等四大类二十二个小类。这些服务功能正在因人类过度利用而不断弱化,更令人担忧的是,气候变迁进一步加剧了这种服务的急剧退化。所以接下来,主要分析气候变迁条件下的生物多样性变化问题。

对生态系统服务功能的概念,不同学者虽有不同的表述,但在基本含义和内涵上已达成共识。1997年戴利等提出的"生态系统服务功能"是指生态系统与生态过程所形成的维持人类生存的自然环境条件及其效用。它是通过生态系统的功能直接或间接得到的产品和服务,是由自然资本的能流、物流、信息流构成的生态系统服务和非自然资本结合在一起所产生的人类福利(谢高地 等,2001)。MA认为,生态系统服务功能是人类从生态系统获取的惠益,它包括供给服务、调节服务、文化服务和支持服务(MA,2005)。在我国,欧阳志云等参考了戴利的定义,认为生态系统服务功能不仅为人类提供了食品、医药及其生产生活原料,还创造与维持了地球生态支持系统,形成了人类生存所必需的环境条件(欧阳志云、王如松,2000)。

戴利将生态系统服务功能分为十三类,包括缓解干旱和洪水、废物的分解和解毒、产生更新土壤及土壤肥力、植物授粉、农业害虫的控制、稳定局部气候、支持不同的人类文化传统、提供美学和文化、娱乐等(不包括产品)。康斯坦赞(Constanza et al. ,1997)将生态系统服务分为十七类,包括气体调节、气候调节、干扰调节、水调节、水供给、基因资源、休闲娱乐、文化等。

国内学者认为生态系统服务功能的内涵可以包括有机质的合成与生产、生物多样性的产生与维持、气候调节、营养物质贮存与循环、土壤肥力的更新与维持、环境净化与有害有毒物质的降解、植物花粉的传播与种子的扩散、有害生物的控制、减轻自然灾害等方面(欧阳志云、王如松,2000)。

由于生态系统的复杂性和动态性以及评价方法的多样性,使得生态系统服务价值研究存在很多不确定的因素,如数据获取、取样偏差和分析错误等;同时,由于科学家对于生态系统服务认识和经济学方法的局限,使得我们对生态系统服务价值进行时间和空间尺度外推时产生了不确定性;再者,就生态系统服务价值时空动态模型而言,现阶段很少对于模型的参数和模型曲线的不确定性进行分析。所以,如何定量地评价生态系统服务价值研究中的不确定性,这也是制约生态系统服务价值研究的重要因素之一。

(一)丝绸之路经济带生物多样性现状

中国丝绸之路经济带的地理位置多样性培育了丰富的生物多样性。目前,丝绸之路经济带有植物 4800 种,淡水鱼类 700 多种,其中,粮食作物 30 多种,蔬菜 200 多种,果树近 300 种。在丝绸之路经济带不同的区域又呈现出不同的生物多样性特征。在热带季雨林、雨林地区,植物和动物种类分别占全国总数的 15% 和 27%。在亚热带森林,有种子植物14600 多种,脊椎动物 1000 多种。在云贵高原,有植物 4200 多种,动物5560 种。《中国植被》记录的 29 个植被型中,西北就占全国的 65.6%,其中,秦岭脊椎动物的目、科、种分别占全国相应类别的 70%、53%、22%。青藏高原的植被分布类型涵盖温性草原、小半灌木荒漠、高寒灌丛、高寒草甸四大类,有种子植物 445 种,其中,青海就有高等植物约 3000 种,动物 466 种。但是,丝绸之路经济带生物多样性极其脆弱,不可逆性强。气候变迁一旦成为影响该地区生物多样性的主要因素,那么后果就会比其他地区更严重。

丝绸之路经济带生态保护问题日益突出,尽管中国与俄罗斯、巴基斯坦、韩国等国家在生态保护领域开展了一些合作,但实质性合作项目较少,缺乏统一的协调机制,共同应对区域性环境问题的能力较弱。

丝绸之路经济带是未来发展前景极为广阔的地区,也是世界上生态环境建设最为敏感薄弱的地区。陕西南部和北部山地地质灾害多发,中部黄土高原水土流失严重,沙尘天气和城市雾霾日益严重。甘肃水土流失、土地荒漠化、土壤盐渍化等地质环境问题突出,森林及植被覆盖率低,涵养水源功能弱。新疆和哈萨克斯坦、乌兹别克斯坦、土库曼斯坦均属于亚欧大陆中最为干旱的地区,在地域上连成一片,在自然环境上也具有明显的一致性,光热条件优越,但年降水量少,水资源紧缺且时空分布不均。干旱、盐碱、沙暴以及地震、泥石流等自然灾害时有发生,生态环境"四化"问题突出。丝绸之路经济带各国土壤和植被存在地带性梯度变化规律,使得大气污染物、水环境及其污染物存在跨境传输的通道,需要各国政府间合作进行跨国环境治理,共建丝绸之路经济带生态文明。

丝绸之路经济带横跨亚、欧、非三大洲,沿线生态比较脆弱,部分地区土地荒漠化和沙漠化等生态问题非常严重。随着气候变暖和人类活动加剧,丝路沿途的生态环境与过去相比发生了很大变化,最近 NASA 卫星资料发现世界第四大湖咸海几乎已经消失,世界最大的咸水湖里海面积也不断缩小。自 2000 年以来,由于水中污染物使海豹的免疫系统减弱已有几千只海豹死亡。此外,由于过度捕捞,里海鱼类资源也大大减少。针对丝绸之路沿线严峻的生态环境现状和全球变暖趋势,周边国家需要通力合作,共同应对气候变化带来的影响。

丝绸之路经济带对流层中上层大气坏流完全受西风带控制。中高空全年受西风带控制,从西向东,风速越来越大。丝绸之路经济带周边春季沙尘天气非常频繁,大气污染物主要分布在东亚、印度和欧洲等地区。沙尘沿着北非、西亚一直到中国,形成一条传输通道,其中非洲的撒哈拉大沙漠周边最为严重;硫酸根主要分布在中国东南沿海、印度、西欧及俄罗斯西部。

丝绸之路经济带的东亚、西欧部分是全球硫、氮主要排放源和沉降区。通过硫、氮的干湿沉与排放通量分析表明,硫的人为排放源主要在东亚和西欧,干湿沉降通量的最高峰值也在东亚和西欧;氮的排放和沉降源除了东亚和西欧,还包括东南亚(主要是印度)。

丝绸之路经济带存在明显的污染物和沙尘跨界传输及复合污染问题。高空的西风带在自西向东的传输过程中把北非、中东的沙尘和欧洲的污染物携带到东亚甚至更远的地方。如吉尔吉斯斯坦本国污染源对汞沉降的影响值仅为总量的10%，有大约1/3的沉降来自哈萨克斯坦，还有6%来自欧洲，3%源自美洲。（V. N. Bashkin，2009）哈萨克斯坦铅沉降的外部污染源中，俄罗斯和欧洲的"贡献"分别为27%和15%。2003年3月25—27日在日本发生的一次沙尘暴来源中，50%和30%分别来自北非和中东。（Y. Tanaka etal.，2005）丝绸之路长程越境空气污染物主要包括氮、硫和重金属等。1990—1991年的海湾战争，油井燃烧产生的烟尘向外扩散，产生的污染物在中国喜马拉雅山北坡的达索普冰芯和珠峰北坡的河水中已有记录。（S. C. Ang etal.，2001）

丝绸之路经济带沿线的大河湖泊和陆间海主要有：伏尔加河、多瑙河、莱茵河、地中海、里海、黑海、贝加尔湖、黑龙江、长江和黄河等。主要地表水环境比较分析看出，欧洲的多瑙河水质最好，重金属含量很低，其次是伏尔加河，而东部的长江中各类重金属含量较高。陆间海水环境堪忧，地中海中各类重金属含量最高，其次为黑海，里海最低但也比长江重金属含量要高出10倍以上。

（二）气候变迁对生物多样性生态服务的影响

受全球及我国气候变迁影响，我国丝绸之路经济带的气候也正在经历急剧变迁。首先，地区气温呈现总体上升趋势，而且局部差异明显。其次，丝绸之路经济带气候整体干旱趋势明显。气温上升加剧了本来就缺水少雨的丝绸之路经济带的干旱程度。自1950年以来，丝绸之路经济带干旱受灾面积在持续增加，年均增幅基本维持在2%—5%。虽然丝绸之路经济带自1961年以来降水存在略有增加的趋势，但是新增降水远不能补偿气温升高而蒸发的水分，加之年降水空间分布极不均匀，绝大部分地区是向干旱化发展的。其中干旱化趋势最显著的区域在丝绸之路经济带国内段东部。

气候变迁已经对丝绸之路经济带的生物多样性产生了不可逆转的急剧退化影响,正在成为我国丝绸之路经济带生物多样性丧失的主要因素,而且这种危害程度要远大于其他地区。

首先,气候变暖使丝绸之路经济带物种数量和生态系统结构发生变化。①气候变暖引起丝绸之路经济带许多物种濒临灭绝,栖息地面积缩小。目前,丝绸之路经济带已有 188 种植物和 258 种动物濒临灭绝。其中,1—3 级植物达到 64 种,1—2 级动物达到 202 种(见图 3.3),之所以产生这样的结果,除了人为因素之外,就是在一定程度上受到了气候变暖的影响。②气候变暖改变了生态、物种的分布格局,使一些动植物迁移,导致许多荒漠植物大片死亡,从而增加了牧场退化,增加了畜牧业的迁徙成本和农业生产成本。③气候变暖令干燥的丝绸之路经济带更加干燥,使生态保护热点区域规模迅速增加,生物多样性优先保护区数量上升,为丝绸之路经济带地方政府带来巨大的财政压力。④随着气温上升,土壤中含氮量上升,从而抑制了真菌活动,也威胁到丝绸之路经济带冰川下面微生物的生存环境,但是国内研究还很少关注这个问题,也无法估量由此带来的经济成本。

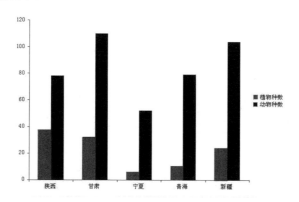

图 3.3 西北各省区珍稀濒危动植物种类统计

注:植物统计 1—3 级,动物统计 1—2 级。

资料来源:张文辉等,《西北地区生物多样性特点及其研究思路》,《生物多样性》,2000 年 4 月,第 422—428 页。

其次,严重的干旱趋势已成为该区域生物多样性的最大威胁。丝绸之路经济带的干旱趋势已经引起物种的种群数量变化率增加,物种稳定性降低。持续干旱所造成的栖息地退化已经造成一些狭域分布物种的灭绝或局部灭绝,引起植物开花结实率降低。如2009—2010年云南冬春季的大旱,导致野生动物饮水困难,大量两栖类动物因干旱死亡,候鸟提前回迁,苏铁、红豆杉等国家重点保护野生植物出现枯死现象。在三江源地区,由于干旱,牦牛产奶期缩短,直接影响到了小牛的成活率和牧民生活。事实上,干旱对昆虫和微生物的影响最大,但这方面的相关研究很少。

再次,极端天气正在威胁丝绸之路经济带的生物多样性。随着气候变迁,一些极端天气对丝绸之路经济带生物多样性的影响也发生了变化。①丝绸之路经济带拥有塔克拉玛干沙漠源区和以巴丹吉林沙漠高粉尘源区两个最大的亚洲粉尘贡献源区。1960年以来,两个区域沙尘暴速率及频率呈显著减小趋势(李晋昌,康晓云,张彩霞,2012),但是沙尘暴天气来势迅猛,仍然是丝绸之路经济带农林业、畜牧业威胁因素。②1961年以来,中国雾霾灾害发生次数总体呈上升趋势,事实上已经对丝绸之路经济带生物多样性产生深远影响,但是还没有相关经验性文献研究雾霾究竟产生了多大危害。③泥石流也对丝绸之路经济带生物生存产生了不可逆的严重威胁。例如甘肃舟曲发生的特大泥石流就造成当地8201头(只)畜禽死亡,毁坏耕地98.4hm^2。(中国环境科学研究院,2011)

最后,气候变迁对丝绸之路经济带农业产生了深远影响。①气候变暖对农作物造成威胁,使冬小麦播种期延迟,生长期缩短,春小麦和春玉米播种期提前,生长期也缩短,夏玉米生育期也明显缩短,对物质积累和籽粒产量有负面影响,也促使小麦条锈病越冬、越夏和南下流行,害虫繁衍周期缩短。②局部性持续低温也对丝绸之路经济带的农业造成了不利影响,尤其是冰雹、暴风雪等极端天气对农作物和牛羊生产的危害很大。③丝绸之路经济带整体趋于干旱的趋势,已经给部分地区的农作物造成大面积减产,尤其是因为干旱产生的沙尘暴天气,对丝绸之路经济带国内段的农作物危害更大。④酸雨严重影响了农作物生长,酸雨严重地区,湖泊水体、土壤酸化使鱼类和多种无脊椎动物受害。

综上所述,气候变迁已经引起我国丝绸之路经济带生物多样性急剧退化,正在给该地区的农业生产带来一场深远的生态影响。虽然,国家和丝绸之路经济带的各级政府正在努力保护丝绸之路经济带生物多样性,但是丝绸之路经济带生物多样性退化的总体趋势没有得到有效遏制。主要原因在于:①生物多样性客观上存在复杂的物理属性、非市场化、公共产品等属性,为价值识别、展示和捕获设置了技术难度和制度困境,也决定了其服务价值很难通过市场货币化,致使大部分生态服务价值被隐性化。②谋求基本生存和改善收入条件依然是当地居民努力的主旋律,造成他们忽视生物多样性生态服务的常态化现象。③地方政府迫于欠发达地区的发展压力,被迫忽视了生物多样性价值的保护和捕获,即使有重视生物多样性保护的方面,也主要是针对人为因素引起的局部性生物多样性保护问题,往往缺乏对生物多样性恶化问题的全面认识,更没有意识到市场化调控手段的重要性。④研究不到位,虽然有大量文献研究了气候变迁对生物多样性的物理影响,但是仅有少量文献从价值展示角度研究丝绸之路经济带生物多样性物理服务功能和经济价值,或者从制度层面提出具体保护的举措,而对生物多样性生态服务识别研究则明显不足,尤其缺乏对气候变迁条件下的生物多样性生态服务的价值识别、展示和捕获等系统性研究。这些原因不仅限制了我们对丝绸之路经济带生物多样性退化的主要因素和保护对象的认识,也制约了决策者在保护范围、投入等方面的决策选择。

所以,我们必须认真对待这个影响,并通过生态服务价值识别的一系列手段扭转这种不利局面,促使生物多样性生态服务极大化地纳入国民经济体系,使决策者认识到生物多样性服务价值对地方经济的重要性,做出保护丝绸之路经济带生物多样性的正确决策选择,让个人和企业充分认识到生物多样性的经济服务价值所在,并自觉自愿地保护丝绸之路经济带生物多样性。

七、丝绸之路经济带生物多样性生态服务价值识别

生态价值,是指哲学上"价值一般"的特殊体现,是对生态环境客体满足其需要和发展过程中的经济判断、人类在处理与生态环境主客体关系上的伦理判断以及自然生态系统作为独立于人类主体而独立存在的系统功能判断。

生态价值主要包括以下三个方面的含义:第一,地球上任何生物个体,在生存竞争中都不仅实现着自身的生存利益,而且也创造着其他物种和生命个体的生存条件。在这个意义上说,任何一个生物物种和个体,对其他物种和个体的生存都具有积极的意义(价值)。第二,地球上的任何一个物种及其个体的存在,对于地球整个生态系统的稳定和平衡都发挥着作用,这是生态价值的另一种体现。第三,自然界系统整体的稳定平衡是人类存在(生存)的必要条件,因而对人类的生存具有环境价值。

对于生态价值概念的理解有两点尤其值得我们关注:首先,生态价值是一种自然价值,即自然物之间以及自然物对自然系统整体所具有的系统功能。这种自然系统功能可以被看成一种广义的价值。对于人的生存来说,它就是人类生存的环境价值。其次,生态价值不同于通常我们所说的自然物的资源价值或经济价值,生态价值是自然生态系统对于人所具有的环境价值。人也是一个生命体,也要在自然界中生活,人的生活需要有适合于人的自然条件——可以生息的大地,清洁的水,由各种不同气体按一定比例构成的空气,适当的温度,一定的必要的动植物伙伴,适量的紫外线的照射和温度,等等。由这些自然条件构成的自然体系就构成了人类生活的环境。这个环境作为人类生存须臾不可离开的必要条件,是人类的家园,是人类的生活基地。因而生态价值对于人来说,就是环境价值。

人与自然之间始终存在着两种不同的基本关系:首先,从实践论(人

126

本学)的关系看,人是主体,自然是人的实践和消费对象。在这个关系中,只有当自然物进入人的生产实践领域,作为生产的原料被改造时,自然物才具有了价值。这就是人们常说的资源价值和经济价值。这种人与自然之间的实践关系所引发的后果,一方面使人获得了生活资料,满足了人的消费需要与欲望;另一方面也使自然物在人的生产与消费中被彻底毁灭,失去了其本来的存在性。其次,人与自然之间还有一种存在论的关系。在这个关系中,人与其他自然物种一样,都是自然生态系统整体中的一个普通的存在者,它们都必须依赖于作为整体的自然系统才能存在(生存)。自然生态系统整体的稳定平衡是一切自然物(也包括人)存在的必要条件,在这个意义上说,自然物以及自然生态系统的整体对人的生存具有环境价值。

对人而言,自然所具有的经济价值与环境价值是两种不同性质的价值:自然的经济价值或资源价值,是一种消费性价值。消费就意味着对消费对象的彻底毁灭,因而自然物对于人的资源价值或经济价值是通过实践对自然物的毁灭实现的;而环境价值则是一种非消费性价值,这种价值不是通过对自然的消费,而是通过对自然的保存实现的。例如,森林对于人来说,具有经济价值和资源价值。要实现森林的这种价值,就必须把森林砍掉。只有如此,森林才能变成木材进入生产领域,以实现其经济价值。与此相反,森林只有在得到保存(不被砍伐)的条件下,其对人才有环境价值。当人类把森林作为木材消费掉以后,森林以及它对人的环境价值也不复存在了。这就使人类生存陷入了一个难以克服的生存悖论:如果我们要实现自然物的经济价值(消费性价值),就必须毁灭自然物;而要实现自然物的环境价值,就不能毁灭它,而要保护它。也就是说,人类不改造自然就不能生存;而改造了自然,又破坏了人生存的环境,同样也不能生存。解决这个生存悖论的唯一途径就是,必须把人类对自然的开发和消费限制在自然生态系统的稳定、平衡所能容忍的限度以内。要做到这一点,就必须减少人类对自然的消费,以维护自然生态系统自我修复能力。关于这一点,十八大报告中明确指出:"坚持节约资源和保护环境的基本国策,坚持节约优先、保护优先、自然恢复为主的方针",为的是"给自然留下更多修复空间",以推进绿色发展、循环发展、低碳发展。

生态服务价值是指人类直接或间接从生态系统得到的利益,主要包括向经济社会系统输入有用物质和能量、接受和转化来自经济社会系统的废弃物以及直接向人类社会成员提供服务。随着生态经济学、环境和自然资源经济学的发展,生态学家和经济学家在评价自然资本和生态服务价值的变动方面做了大量研究工作,将评价对象的价值分为直接和间接使用价值、选择价值、内在价值等,并针对评价对象的不同发展了直接市场法、替代市场法、假想市场法等评价方法。生态环境评价已经成为今天的生态经济学和环境经济学教科书中的一个标准组成部分。康斯坦赞等人(1997)关于全球生态系统服务与自然资本价值估算的研究工作,进一步有力地推动和促进了关于生态系统服务的深入、系统和广泛研究。

全球生态系统服务价值。美国的康斯坦赞等人在测算全球生态系统服务价值时,首先将全球生态系统服务分为十七类子生态系统,之后采用或构造了物质量评价法、能值分析法、市场价值法、机会成本法、影子价格法、影子工程法、费用分析法、防护费用法、恢复费用法、人力资本法、资产价值法、旅行费用法、条件价值法等一系列方法分别对每一类子生态系统进行测算,最后进行加总求和,计算出全球生态系统每年能够产生的服务价值。他们的计算结果是:全球生态系统服务每年的总价值为 16—54 万亿美元,平均为 33 万亿美元。33 万亿美元是 1997 年全球 GNP 的1.8倍。

在传统的价值分类中,生态价值时常归隐于物质价值、自然价值、经济价值、生理需要价值、综合价值之中,但这些分类都无法刻画出生态价值的独有特性和存在形态。目前的研究表明,生态价值可具体分为环境的生态价值、生命体的生态价值、生态要素的生态价值、生态系统的生态价值四类。所以,从不同的角度,生态服务价值又具体分为不同的类型。我们认为,生态服务价值应包含以下几个方面。

①外部经济效益。生命支持系统功能属于外部经济效益。外部经济效益是指不通过市场交换,某一经济主体受到其他经济主体活动的影响,其效益被有利者称为外部经济,如林业部门栽树水利部门受益,旅游业兴旺服务业受益;其影响无利而有害者称为外部不经济,如水土流失、大气污染等公害。森林生态系统能给社会带来多种服务,如涵养水源、保持水土、固定 CO_2、提供游憩、保护野生生物等,因此森林生态系统提供的服务属于典型的外部经济效益。目前,国内外的理论和实践证明:生态系统服务的价值主要表现在其作为生命支持系统的外部价值上,而不是表现在作为生产的内部经济价值上。外部经济价值能影响市场经济对资源的合理分配。市场经济的最重要功能之一是资源的最佳分配,市场经济充分发挥资源最佳分配功能的前提是要有完全竞争的市场,但完全竞争的市场除了受垄断和社会制度影响外,外部经济效果对它影响也很大。完善市场经济结构、实现资源最佳分配的有效方法之一是先对外部经济效果进行评价,然后再把外部经济内部化。作为外部经济的生命支持系统功能关系到国家资源的最佳分配,因此有必要对生态系统的外部经济效果进行经济评价,实现外部经济内部化。

②属于公共商品。不通过市场经济机构即市场交换用以满足公共需求的产品或服务就称为公共商品。公共商品的两大特点是:一是非涉它性,即一个人消费该商品时不影响另一个人的消费;二是非排他性,即没有理由排除一些人消费这些商品,如新鲜的空气、无污染的水源。生态系统在许多方面为公众提供了至关重要的生命支持系统服务,如涵养水源、保护土壤、提供游憩、防风固沙、净化大气和保护野生生物等。因此,生态系统的生命支持系统服务是一种重要的公共商品。

③不属于市场行为。私有商品可以在市场交换,并有市场价格和市场价值,但公共商品没有市场交换,也没有市场价格和市场价值,因为消费者不愿意一个人支付公共商品的费用而让别人都来消费。西方经济学把这种现象称之为"灯塔效应"和"免费搭车"。生态系统提供的生命支

持系统服务,如涵养水源、提供氧气、固定 CO_2、吸收污染物质、净化大气等都属于公共商品,没有进入市场,因而生命支持系统服务不属于市场行为,这给公共商品的估价带来了很大的困难。

④属于社会资本。生态系统提供的生命支持系统服务有益于区域,甚至有益于全球全人类,绝不是对于某个私人而言的,如森林生态系统的水源涵养功能对整个区域有利,森林生态系统的固碳作用能抑制全球温室效应。因此,生命支持系统被视为社会资本。

根据生物多样性的分类,不同的机构和研究人员,又依据自身的研究角度,构建了不同的价值识别体系,从侧重点来讲,主要包括生物性识别和经济价值识别,前者属于生态学等自然学科的范畴,后者属于环境经济学、福利经济学、制度经济学以及市场经济学科的研究范畴。就经济学的角度,目前已经形成了联合国环境规划署的总价值体系和 TEEB 的生态系统与生物多样性价值识别体系。联合国环境规划署的总价值体系是一个综合性的体系,不仅考虑了生物多样性的价值问题,还兼顾了其他生态环境的价值识别问题;而 TEEB 生态系统与生物多样性价值评估体系,主要是针对生物多样性的价值体系,所以,TEEB 的体系更符合我们的价值评估要求。

(一)联合国环境规划署的总价值体系下的识别

按照联合国环境规划署的总价值体系,丝绸之路经济带生物多样性的生态服务价值也包括市场价值和非市场价值,但是,丝绸之路经济带贫困和经济欠发达特征造成了丝绸之路经济带生物多样性生态服务价值直接通过市场识别的价值比重偏低、非市场价值部分比重偏高现状,致使大量生态服务价值被忽略,从而形成了生物多样性十分脆弱且亟待保护,但保护极为不力的局面。显然,该评估体系还不完全适合丝绸之路经济带生物多样性生态服务价值识别。不过,为了与 TEEB 体系做比较,笔者仍然按照该体系对丝绸之路经济带生物多样性的生态服务价值加以归纳,具体如下:

丝绸之路经济带生物多样性市场价值也包括直接价值和间接价值。直接价值包括真实价值和虚拟价值。真实价值主要包括农牧产品、野生动物皮毛、野生中药材、自然保护区旅游观光等通过市场交易体现的市场价值以及丝绸之路经济带丰富的原生态生物多样性所蕴含的期权价值。丝绸之路经济带的生物多样性虽然丰富，但是极其脆弱且适应性差，一旦退化或消失就很难逆转，所以，它的生态服务价值就显得更加珍贵。然而，气候变迁进一步促使丝绸之路经济带生物多样性的生态服务价值呈现出个别数量型增长与整体质量型下降的态势，成为我国公布濒危物种最多的地区。这些特征决定了丝绸之路经济带生物多样性退化的不可逆程度显著高于其他地区，也就决定了丝绸之路经济带生物多样性的生态服务的比较价值必然高于其他地区。不幸的是，丝绸之路经济带经济欠发达，居民收入水平偏低，客观上决定了支付意愿低于发达地区，也低于生物多样性保护需要的实际预期价值，由此也导致大量生物多样性生态服务价值被纳入到了间接价值或非市场价值之中，甚至非指定保护价值范畴之中，从而大大增加了丝绸之路经济带生物多样性丧失的种种风险。

间接价值包括真实价值和虚拟价值两部分。真实价值是指丝绸之路经济带生物多样性的破坏成本，如沙尘暴、暴风雪、干旱、雾霾等对生物多样性造成的破坏成本。虚拟价值是对生物多样性的修复以及避讳、重置成本的总和。限于丝绸之路经济带经济文化欠发达、生物多样性市场化程度极低、生态脆弱性高等因素，这部分价值一般不易识别，也很容易被忽视，往往造成大量生物多样性价值无法通过市场识别、价值评估和管理被严重扭曲，最终形成生物多样性退化迅速与保护修复缓慢的巨大反差窘境。所以，通过有效价值识别手段，尽早将生物多样性纳入国民经济核算体系，有利于国家从经济体制上统筹规划生物多样性价值，并通过财政税收体系以及市场体系杠杆作用，更有效地保护丝绸之路经济带生物多样性。

丝绸之路经济带生物多样性的非市场价值包括显示性偏好和描述性

偏好两个方面。显示性偏好主要有享乐价值和旅行成本。在丝绸之路经济带,针对生物多样性的享乐价值主要包括原生态的自然风光欣赏、特有性极高的珍稀动植物观赏、以娱乐性为主的服务于休闲与体育竞赛等活动价值。旅行成本主要包括游客在丝绸之路经济带旅途中产生的景点门票、交通食宿费用等开支。描述性偏好主要包括两部分,第一部分是或然行为、选择模式、联合选择,该部分价值主要是无法通过替代和或然归纳与演绎而评估得出来的价值以及服务价值多元化条件下所做出的归一化或联合价值选择;第二部分联合价值,包含了接受意愿和支付意愿等价值。

目前国内学者主要基于上述供给服务的价值体系展开对丝绸之路经济带生物多样性的研究。显然,这些研究还不能完全满足丝绸之路经济带生物多样性的价值识别要求,需要进一步借鉴和使用更为合理的新评估体系。

(二)TEEB 框架体系下的生物多样性服务价值识别体系

按照 TEEB 的价值分析框架,丝绸之路经济带生物多样性生态服务价值包含指定和非指定价值。除了全国共性的生态服务价值之外,丝绸之路经济带生物多样性生态服务的指定价值主要包括对丝绸之路经济带有用、稀缺和濒危的生物多样性的生态服务价值。尤其是,与其他区域不同,为丝绸之路经济带生物多样性所独有的生态服务价值。因为,有些生态服务价值对丝绸之路经济带十分重要,但对其他地区可能价值不明显或未必有价值;反言之,其他地方有价值的生物多样性也可能对丝绸之路经济带未必有价值,比如物种入侵就是如此。非指定价值是指那些对丝绸之路经济带非稀缺、暂时没有发现其使用价值的生物多样性服务。

根据 TEEB 框架,丝绸之路经济带生物多样性生态服务价值也包括供给服务、文化服务、调节服务和生境服务四个方面。

第一,供给服务包括食物、原材料两个方面。食物是丝绸之路经济带生物多样性最直接、最重要的生态服务价值,可分为粮食、肉奶制品、蔬菜、水果、纯净水等。丝绸之路经济带是小麦、玉米、小米的主产地,也生产少量的水稻、花生等,盛产牛羊肉,是全国主要的奶制品生产基地(像蒙牛、伊利、夏进、银桥等著名奶制品企业就位于丝绸之路经济带),主产大白菜、辣椒、土豆、西红柿等各类蔬菜,出产苹果、梨、猕猴桃、板栗、石榴、柿子等水果。相对于东部地区,大气和水污染程度相对较轻,也是我国为数不多的新鲜水源聚集地,而三江源更是我国的生命之源。丝绸之路经济带的生物多样性还为我国提供了丰富的生物性原材料,为全国皮毛厂商提供了大量的皮毛制品;也是全国闻名的中药材仓库,其中,丝绸之路经济带国内段的冬虫夏草、雪莲花、当归、枸杞子等,西南地区的川贝母、吴茱萸等十分著名。丰富的中草药资源也催生了具有浓郁地方特色的藏、彝、苗、傣、侗、土家族和布依族等特色医疗技术和医药产品,为丝绸之路经济带的医疗事业做出了突出贡献。

第二,文化服务包括娱乐消遣、观光旅游、审美欣赏。在丝绸之路经济带上,针对生物多样性的娱乐消遣价值主要有乡村农家乐、果园和花卉基地等休闲式娱乐活动场所的生态消遣活动,比如农家乐、垂钓、游泳、餐饮、喂养动物、果园采摘、花卉观赏等。观光旅游价值主要是在一些自然风景区、生物保护区的自然风景服务价值。审美欣赏主要是参观园林、动植物园以及欣赏一些生物工艺制品给人们视觉感官和心情带来愉悦的心理价值。

第三,调节服务包括气候和空气调节、环境改善、非消耗服务、生态控制。其中,生物多样性的气候和空气调节价值主要有:调节气温和降水、空气净化、抵御极端天气、碳捕集与封存,尤其是地处干旱、半干旱、生态十分脆弱的丝绸之路经济带国内段,这些服务功能尤其重要。环境改善主要识别生物分解和固定污染物的状况。非消耗服务包括生物水源净化和涵养、传粉等价值识别,如三江源对我国水资源的服务价值。生态控制具体包括自然保护区、生物保护基地、生境廊道的价值。

第四,生境服务。它是指物种栖息地的生物个体、种群或群落生活地域等的存在价值,包括必需的物种生存条件和生态系统完整性的价值。生境虽然不能为人类提供直接生态服务,但是其好坏却决定了物种的丰裕程度、分布结构、隐蔽场所结构以及遗传多样性等,也决定了生物多样性生态服务的质量、程度等。因此生境服务也是价值识别的主要组成部分。生境服务识别具体包括:水平、时间、垂直结构三个方面。水平结构具体包括物种丰裕度、隐蔽场所、生境选择。其中,隐蔽场所主要包括生物的逃逸、越冬、休眠、休息、繁殖场所。时间结构包括生物灭绝和濒危周期、生物多样性的期权价值等。垂直结构包括对遗传多样性、基因保护等。

(三)气候变迁条件下生物多样性生态服务价值变化识别

由于气候变迁已经引起生物多样性结构、变迁过程和结构等生态服务的变化,显然也对生态服务的价值产生了影响,这种影响有负有正。根据 TEEB 框架,笔者认为,丝绸之路经济带生物多样性的生态服务价值变化主要包括以下几个方面。

①在气候变迁条件下,丝绸之路经济带生物多样性生态服务总体功能日益弱化,致使生态服务价值总量呈现下降趋势。从局部角度来看,气候变迁对不同时空的生物多样性生态服务价值的影响有所不同,有正有负。但是从丝绸之路经济带生物多样性整体生态服务价值来看,气候变暖、干旱、极端天气、酸雨等已经造成丝绸之路经济带的草场退化、土地沙化、生物严重减少、物种分布结构变迁、大量水陆生物濒临灭绝、生境破碎,从而抑制了生物多样性的总体生态服务价值,也造成丝绸之路经济带生物多样性服务价值在数量和质量上的整体下降。

②从价值内部结构来看,气候变迁对生物多样性的生态服务价值影响是全面性的,具体表现在:第一,弱化了生物多样性的生态服务价值支持功能,导致生物多样性的养分循环价值弱化、土壤利用价值下降,所提供的原始生产资料日益稀缺。第二,生物多样性生态服务供给的品质下降,供给数量日益减少,从而抑制了生态服务供给价值。第三,湿地萎缩、

冰川消退、雪线上升敲响了丝绸之路经济带淡水供给的警钟,造成水资源利用成本不断攀升。从 1960—1990 年的 30 年间,每年因缺水造成的直接经济损失达 1000 亿元。(张敏,2009)第四,丝绸之路经济带的林木蓄积量有所增加,但可利用程度低,大多属于水源涵养和水土保持的天然林,能直接作为燃料产生经济价值的品种和数量却日益稀缺。第五,生物多样性的调节价值正在弱化,主要表现为,日益退化的植被覆盖率弱化了生物多样性对气候的调节功能,加剧了丝绸之路经济带尤其是丝绸之路经济带国内段的升温和干旱程度,也造成洪水泛滥,给当地经济带来巨大损失。雾霾等天气弱化了生物多样性对丝绸之路经济带传染性疾病的调节作用,造成居民医疗费用增加。气候变迁弱化了生物多样性对水资源的净化功能,大大增加了居民和农林牧产业用水成本。第六,气候变迁造成生物多样性文化功能的严重退化。让当代人丧失了欣赏大自然和直接从大自然获得教育的机会,也为人类的生态期权带来极大的选择成本。

③从生态服务区域比较价值看,丝绸之路经济带是我国生态环境极其脆弱地区,生物多样性一旦丧失就几乎不可逆,而且恢复周期要远长于其他地区。加之丝绸之路经济带地处中国生命之源的三江源和中国后花园的秦岭地区,这些地区生物多样性的生态服务价值不仅关系到丝绸之路经济带居民的生态福利,也与全国人民的生态福祉密切相关。所以无论从恢复周期和价值地位上都决定了丝绸之路经济带生物多样性所具有的极高比较价值。气候变迁却正在让这种比较价值丧失。

上述识别分析表明,丝绸之路经济带脆弱的生物多样性对丝绸之路经济带和全国都具有十分重要的生态服务价值,但是气候变迁正在加剧这种生物多样性丧失,从而严重弱化了它的生态服务功能,不仅造成丝绸之路经济带生态服务价值的下降,也影响到了全国生态服务价值。这种影响有直接和非直接的生态服务价值丧失,有可以通过市场化的部分价值变化,也有能感觉到但无法通过市场货币化的绝大多数价值变迁。因此,我们必须要借鉴和利用诸如 TEEB 这样的科学框架,从制度上设计出合理的价值识别、展示和捕获体系,有效地保护丝绸之路经济带的生物多样性。

注　释:

[1]《后汉书·西域传》:"永元九年,都护班超遣甘英使大秦,抵条支,临大海欲渡,而安息西界船人谓英曰:海水广大,往来者逢善风三月乃得渡,若遇迟风,亦有二岁者,故入海人皆齐三岁粮。海中善使人思土恋慕,数有死亡者,英闻之乃止。"

[2]《后汉书·孝和孝殇帝纪》:永元十二年,"冬十一月,西域蒙奇、兜勒二国遣使内附,赐其王金印紫绶"。

[3]《元河南志》卷三:"永桥以南,圜丘以北,伊洛之间,夹御道,东有四夷馆,一曰金陵,二曰燕然,三曰扶桑,四曰崦嵫。西有四夷里,一曰归正,二曰归德,三曰慕化,四曰慕义。……西夷来附者,处崦嵫馆,赐宅慕义里。"《洛阳伽蓝记》卷三:"自葱岭以西,至于大秦,百国千城,莫不欢附;商胡贩客,日奔塞下,所谓尽天地之区已。乐中国土风因而宅者,不可胜数。是以附化之民,万有余家。"

[4]《隋书·西域传序》卷八十三:"炀帝时遣侍御史韦节、司隶从事杜行满使于西蕃诸国。至罽宾,得玛瑙杯;王舍城得佛经;史国得十舞女、狮子皮、火鼠毛而还。"

[5]《隋书·列传第三十二》:"炀帝即位,营建东都,矩职修府省,九旬而就。时西域诸蕃,多至张掖,与中国交市。帝令矩掌其事。矩知帝方勤远略,诸商胡至者,矩诱令言其国俗山川险易,撰《西域图记》三卷,入朝奏之。"

[6]《隋书·百官志下》:"炀帝即位,多所改革。……鸿胪寺改典客署为典蕃署。初,炀帝置四方馆于建国门外,以待四方使者,后罢之,有事则置,名隶鸿胪寺,量事繁简,临时损益。"

[7]由于对王勋陵先生丝绸之路经济带生物多样性的变化做了深入研究,本书直接引用了王先生的研究。王勋陵:《我国境内丝绸之路生态环境的变化》,《西北大学学报》(自然科学版),1999年第3期,第250—254页。

[8]MA认为,生态服务应该包括:支持(如养分循环、土壤形成和生产)、供应(如食物、淡水、木材和燃料)、调节(如气候调节、洪水和疾病管理和水净化)和文化(审美、精神、教育和休闲)等范畴。本书将生物多样性服务限定于经济价值范畴,认为服务价值就是一种经济价值。这种认识也符合党中央关于保护生态环境就是保护生产力的价值判断。

第四章 丝绸之路经济带生物多样性生态服务价值识别

一、水资源的生态服务价值识别

丝绸之路经济带范围内的跨界（或边界）河流众多，主要有中亚咸海流域的阿姆河和锡尔河，中国与哈萨克斯坦之间的伊犁河和额尔齐斯河，东南亚和南亚的澜沧江—湄公河、雅鲁藏布江—布拉马普特拉河—恒河、印度河以及欧洲的多瑙河和莱茵河等。在这些流域中，或多或少存在流域国之间的水资源配置、水电开发、水污染等矛盾。尤以中亚咸海流域和西亚地区两河流域的跨界河流最为典型。中亚咸海流域和西亚地区两河流域，具有相似的水文气象条件。主要表现为，干旱少雨，水资源量短缺，水资源时空分布不均，所以流域国间的用水矛盾冲突剧烈，而且生物多样性十分脆弱。新时期，在丝绸之路经济带建设不断推进过程中，这两个流域的跨界用水问题更容易成为影响经济带建设及区域发展的重要约束之一。因此，充分了解和评估丝绸之路经济带上的水资源分布及其价值，将关系到丝绸之路经济带的水资源安全和保护问题。

水是地球上生命繁衍系统的重要因子，自古以来，人类都是生活在容易得到淡水的江河湖泊沿岸。在全球 14 亿 km^3 水资源中，海水占 94%，陆地淡水仅占 6%，而且也仅仅有 0.4% 可供循环利用。淡水资源短缺已成为一个世界性的普遍现象。据联合国统计,全世界有100多个国家存在着不同程度的缺水问题,严重缺水的国家达43个,约占全球陆地面积的一半。而与此同时,对水资源的需求也迅速增长。据测算,公元前人均日耗水约12L;中世纪人均日耗水增加到20L—40L;20世纪80年代,发达国家大城市的人均日耗水量达到500L左右。2000年,全世界的淡水使用量从1985年的3900亿 m^3 增加到6000亿 m^3 ,届时世界淡水资源的短缺将更趋严重。

无论从历史上丝绸之路的兴衰经验,还是现实中丝绸之路经济带沿线的自然条件看,水资源安全始终是沿线各国的战略约束条件和矛盾冲突的焦点。历史上,中亚地区在通过进行大规模的农业开发和水利建设创造经济发展奇迹的同时,也曾造成该区域的河流断流、湖泊干涸等一系列水文地理系统和生态环境状况的重大变化,酿成了咸海流域不可逆转的生态灾难。

1. 国外水资源情况

在丝绸之路经济带上的中亚、西亚和中国丝绸之路经济带国内段,由于地处干旱和半干旱地区,常年干旱少雨(见表4.1),中亚地区咸海流域和西亚地区两河流域,具有相似的水文气象条件、流域国间剧烈的用水矛盾冲突(上下游国之间因水资源和能源资源分布不均而产生的水能供需矛盾)、脆弱的生态环境特征(人类活动影响造成的咸海萎缩和生态危机以及美索不达米亚湿地的消失),所以丝绸之路经济带上的降水量不足以维持当地的雨养农业,灌溉农业成为流域各国的唯一选择,农业用水是各流域国家的主要用水大户,所以,中亚和西亚地区都是世界上水资源最为短缺的地区。(具体水资源状况分布见表4.2)

表4.1　中亚部分地区的多年平均降水量

区域	年均降水量（mm）	统计时段（年）
新疆	157.40	1956—2005
塔里木河流域	61.00	1980—2004
咸海水体附近	245.40	1932—2005
巴尔喀什湖水体附近	124.25	1936—2005
阿拉湖群附近	288.50	1949—2005

资料来源：郭利丹等，《丝绸之路经济带建设中的水资源安全问题及对策》，《中国人口·资源与环境》，2015年第25卷第5期，第114—120页。

表4.2　2013年世界各国水资源分布

地区	年降水量（mm）	年可更新淡水资源量（亿 m³）	人均可更新淡水资源（m³）
亚洲	828	118650	2756
中东/西亚	217	4840	1503
中亚	273	2420	2545
南亚和东亚	1139	111390	2865
欧洲	545	65780	8846
非洲	677	39310	3545
北非	96	470	274
世界	814	429210	5996

数据来源：FAO，2014 AQUASTAT database. http://www.fao.org.nr/aquastat。

从流域内各国水资源占比来看，也是十分不均衡的。从中亚地区来看，塔吉克斯坦的占比最高，达到57%左右，土库曼斯坦占比较低，不足5%。从西亚地区来看，土耳其水资源分配占比达到60%，而叙利亚则不足5%。（见图4.1）

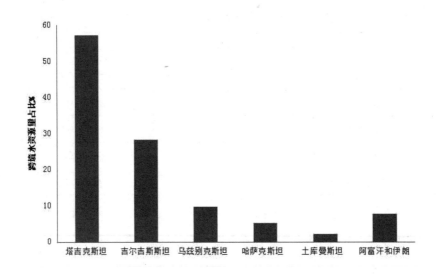

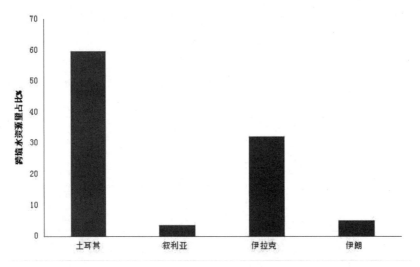

图4.1　中亚、西亚地区跨界河流水资源量在国家间构成

　　从用水结构来看,各国的用水结构极不均衡,绝大部分用于农业,而工业用水和生活用水比重极低,其中土库曼斯坦的生活用水比重仅为1%。(见表4.3)

表4.3　中亚和西亚跨界河流流域国家的用水结构对比　（单位：%）

国家		生活用水	农业用水	工业用水
中亚国家	吉尔吉斯斯坦	3	90	7
	塔吉克斯坦	5	88	7
	土库曼斯坦	1	91	8
西亚国家	土耳其	15	75	10
	叙利亚	9	87	4
世界平均水平		8	69	23

　　从城乡用水情况来看,中亚地区的农村水资源获得改善状况也十分不均衡,其中哈萨克斯坦改善状况较好,达到86%以上,而塔吉克斯坦和土库曼斯坦的改善就相对滞后。与此同时,城市改善的状况又好于农村,总体在90%以上。（见表4.4、表4.5、表4.6、表4.7）

表4.4　中亚五国获得改善水源的农村人口比例　　（单位:%）

国家 年份	哈萨克斯坦	乌兹别克斯坦	塔吉克斯坦	吉尔吉斯斯坦	土库曼斯坦
1992	90	85	44（1993）	59	76（1994）
1997	89	84	44	64	76
2002	88	83	51	72	67
2007	87	81	57	81	56
2012	86	81	64	82	54

数据来源:世界银行数据库网站。

表4.5　中亚五国获得改善水源的城市人口比例　（单位：%）

年份 国家	哈萨克斯坦	乌兹别克斯坦	塔吉克斯坦	吉尔吉斯斯坦	土库曼斯坦
1992	97	97	/	96	99
1997	98	97	92	96	99
2002	98	98	92	97	95
2007	99	98	93	97	90
2012	99	99	93	97	89

数据来源：世界银行数据库网站。

表4.6　中亚五国农业、工业和生活用水比例　（单位：%）

国家	项目	1997	2002	2007	2012	2013
哈萨克斯坦	农业	81	75	68	66	66
	工业	17	21	28	30	30
	生活	2	4	4	4	4
乌兹别克斯坦	农业	94	90	90	/	90
	工业	2	4	3	/	3
	生活	4	6	7	/	7
塔吉克斯坦	农业	92	92	91	/	91
	工业	4	5	4	/	4
	生活	3	4	6	/	6
吉尔吉斯斯坦	农业	94	94	93	/	93
	工业	3	3	4	/	4
	生活	3	3	3	/	3
土库曼斯坦	农业	98	97	94	/	94
	工业	1	1	3	/	3
	生活	1	2	3	/	3

表 4.7　中亚五国公众参与水资源管理概要

项目 国家	公众管理的机构载体	信息交流平台	配套法律法规
哈萨克斯坦	用水户层级,包括用水户协会、用水户农业生产合作社、农业生产者和其他用水户	以网络为载体,广泛建立沟通平台;建立节水咨询服务网络	新水法《哈萨克斯坦共和国水资源一体化管理与节水的国家计划》
乌兹别克斯坦	公众委员会(流域委员会、用水户协会联盟和用水户协会);公共机构,吸引专家学者、专业团体参与水管理	国家水生态信息中心	《用水户协会(联合会)法》和公众委员会条例
塔吉克斯坦	用水户组织(包括大型农业企业用水户协会和用水户联盟等类型的公共组织)	国际水、能源和生态信息中心	建立水资源一体化管理的标准法规
吉尔吉斯斯坦	各级灌溉与排水委员会、用水户协会	国家水伙伴网络	研制水资源一体化管理的标准法规
土库曼斯坦	社会公众参与度有限,主要依托"阿姆河和锡尔河下游水资源一体化管理"项目逐步建立用水户协会	项目信息库	修订水资源一体化管理的法律法规

资料来源:林黎,《丝绸之路经济带上中亚五国水资源一体化管理探析》,《西部论坛》,2015 年第 25 卷第 4 期,第 77—83 页。

跨界水资源矛盾对区域各国间及区域间的合作具有重要影响。丝绸之路经济带贯通的中亚、西亚地区分布有众多跨界河流,流域国间存在着复杂的跨界水资源矛盾。在中亚地区,苏联时期已在阿姆河和锡尔河上游建设了很多水利设施,塔吉克斯坦控制了阿姆河 58% 以及锡尔河 9% 的水量,吉尔吉斯斯坦控制了锡尔河 58% 的水量。下游国家(哈萨克斯坦、土库曼斯坦和乌兹别克斯坦)虽然拥有广阔的土地资源,却没有足够的蓄水,唯有依靠上游国家的水库下泄水量来满足需求。苏联解体后,一方面,上游国家因自身发展所需改变了阿姆河和锡尔河上游水库的运行方式,滋生了上下游国家之间的水资源供需矛盾;另一方面,下游国家开始通过各种条约和协议限制上游国家的用水和水资源开发,上游国家则全然不顾,继续加大水电开发力度,造成了上下游国家间的水资源冲突日益激烈。(夏自强,2013)在西亚地区,幼发拉底河和底格里斯河流域的水资源分配问题具有高度政治化的特点,流域国之间很难达成各方都满意的分水协议。在过去几十年中,土耳其、叙利亚、伊拉克都单方面地开发两河的水资源,用于发电和灌溉。

1961 年以来,土耳其在两河上游大规模修建水利工程,减少了流入叙利亚、伊拉克的水量,由此引起了土耳其与叙利亚和伊拉克两国的关系紧张。(Aggestam k. , Sundell-Eklund A. , 2013)近些年来,伊朗在卡伦河和卡尔黑河上进行的水利工程开发又导致了伊朗与伊拉克之间的水资源争夺。历史以来,两河流域水资源的争议主要集中在幼发拉底河上,近年来随着土耳其和伊朗对底格里斯河及其支流的开发,底格里斯河的水争端问题开始逐渐显现。

中国丝绸之路经济带国内段、中亚地区和西亚地区的生态环境问题将成为丝绸之路经济带建设过程中的重要约束条件之一,对经济带建设中的资源开发与保护提出了严格要求。伊犁河、额尔齐斯河、额敏河和阿克苏河—塔里木河是我国丝绸之路经济带国内段与中亚毗邻国家间的重要跨界河流。我国虽然处于这些国际河流(除阿克苏河—塔里木河外)

的上游,具有进行水资源开发的相对地理优势,但是长期以来对丝绸之路经济带国内段国际河流水资源的开发利用程度低于当地非国际河流,也远低于相应河流境外部分的开发利用程度,与周边邻国之间没有突出的跨界水资源问题。中国和哈萨克斯坦之间就跨界水资源相关问题进行了一系列切实有效的合作,并正与吉尔吉斯斯坦磋商关于中吉跨界河流水资源利用和保护方面的合作。

2.国内水资源情况

就国内流域而言,丝绸之路经济带是我国水资源短缺最严重的地区之一(见表 4.8)。西北干旱区面积约 $250 \times 10^4 km^2$,平均年降水量230 mm,蒸发能力为降水量的 8—10 倍;水资源总量约 1979 $\times 10^8 m^3$,占全国的 5.84%,可利用的水资源量约为 $1364 \times 10^8 m^3$,人均水资源占有量约为 $1573 m^3$;每年总用水量 811 亿 m^3,人均用水量 $940 m^3$。丝绸之路经济带国内段平均引水率高达 60% 以上,远远超过国际上引水率低于 50%的参考警戒值。(张强 等,2008)人均和地均水资源占有量分别约为全国人均水平的 68% 和 27% 。

表 4.8 国内丝绸之路经济带水资源

项目 省区	年降水量 ($10^8 m^3$)	年径流量 ($10^8 m^3$)	地下水 ($10^8 m^3$)	水资源总量 ($10^8 m^3$)	人均水资源量 (m^3/人)	单位面积水资源 ($10^4 m^3/km^2$)
陕西	1371	420	165	442	1258	21.5
甘肃	1297	273	133	274	1124	6.0
宁夏	157	8.5	16	10	195	1.9
青海	2046	623	258	626	13015	8.7
新疆	2429	793	580	883	5316	5.3
合计	7300	2117.5	1152	2231	2482	7.2

资料来源:根据师守祥,《中国西北地区水资源可持续发展利用的问题与对策》,《西北师范大学学报》,2001 年第 37 卷第 4 期,第 93—98 页整理。

①降水资源。西北五省区的绝大部分地区处于我国 400 mm 等降水量线西北一侧,因深居内陆,远离海洋,境内高山阻隔,季风影响弱,降水量显著偏少,气候十分干旱。区内年降水量呈自东南向西北递减趋势,降水系数高的地区达 1200mm·a^{-1}(陕西东南部),陕南、陇南和青海东南部少数地区可达 600—1000mm·a^{-1},但西北大多数地区年降水量不足 200mm·a^{-1},降水量最低地区不足 50mm·a^{-1},如新疆吐鲁番盆地和塔里木盆地、青海柴达木盆地、甘肃河西走廊西部等地,是全国的极干旱地区。而蒸发量与降水量呈相反分布趋势,从东南向西北从 1500mm·a^{-1} 增至 3000mm·a^{-1},在沙漠内部常达 3000—3800mm·a^{-1},干燥度从 1.5 增至 2.0 直至远大于 4.0(贺兰山以西)。

②地表水资源。西北地区的地表水资源主要分属黄河、长江、澜沧江、额尔齐斯河等外流水系以及塔里木河、伊犁河等内陆水系。我国两条最大的河流——黄河、长江均发源于区内。青海南部大部分地区、甘肃陇南地区和陕西南部属长江流域,黄河是本区内流程最长的河流,流经除新疆以外的四省(区),包括青海东部、甘肃中东部、宁夏西北部和陕西大部分地区。同时,西北是中国主要的内陆河区,内陆河流域面积约占西北总面积的 64%。内陆河主要分布于新疆、甘肃河西地区和青海。其中新疆内陆河径流量占全疆水资源总量的 86%。

③地下水资源。据估算,全球的地下水总量为 840 万 km^3,占淡水资源的 95%,地下水资源是水资源的极重要的组成部分。地下水的补给源主要是大气降水和地表水,高山冰川融化形成的径流也源于大气降水。西北干旱区年降水量在 150—500mm 以下地区,地下水中降水入渗量较少,地表水和地下水在一定条件下可以相互转化,在西北干旱区内陆河流域,这种转换因频繁而表现得较为明显,组成独特的河流—含水层系统。

④冰川融水资源。冰川融水年径流量是西北水资源的重要组成部分,冰川在干旱区具有多年调节河川径流的作用,对气候变化十分敏感,降水、气温的变化对雪线的移动、冰川运动都会产生影响。我国是世界上

低纬度山丘冰川最多的国家之一,冰川总面积 $58522km^2$,冰川主要分布于西北各大山系,较为集中地分布于天山、昆仑山。西北地区冰川分布于新疆、青海、甘肃三省(区),以冰川面积、总储量、年融水量排序为:新疆 > 青海 > 甘肃。

⑤湖泊。西北湖泊主要分布在青海、新疆,共有 405 个面积大于 $1km^2$ 的湖泊,总面积约 1.5 万 km^2 ,绝大部分湖泊为咸水湖,少部分为盐湖,淡水湖约占 1/5,其中博斯腾湖是我国最大的内陆淡水湖,罗布泊是我国内流区最大的咸水迁移湖,青海湖是我国最大的咸水湖。青海湖泊率为 2% ,仅次于西藏(湖泊率为 2.04%),占全国湖泊面积的 19.22% ;新疆是多湖泊的地区,据中科院南京湖泊地理研究所统计,现有面积大于 $1km^2$ 的湖泊 139 个,总面积 $5505km^2$,居全国第四位。

与国内的其他区域相比,丝绸之路经济带国内段的水循环和水资源特征比较鲜明,主要表现为:水资源形成区与消耗利用区相互分离(水资源形成在高原或高山地区,而消耗在平原、绿洲和荒漠地区),水资源的时空分布显著不均匀,地表水与地下水相互转换十分频繁,水资源受全球变暖影响比较敏感,水资源以冰川、积雪、地下水、湖泊及地表径流等多种形式共存。

目前,气候变化引起的水资源无论在量上还是时空分布上的变化,都使得丝绸之路经济带在资源开发利用过程中生态维护与经济发展的矛盾更加突出。

在过去30年里,由于过度开发水资源,导致荒漠植被退化和生态系统受损。黑河尾闾湖泊东、西居延海相继干涸,荒漠化过程加剧,成为沙尘暴的策源地之一;石羊河地区地下水位大幅度下降,生态环境加剧恶化;塔里木河下游321 km 河道长期断流。河道断流引起下游绿洲萎缩乃至消失,取而代之的是盐碱地、沙尘暴和生态难民等一系列生态问题。

丝绸之路经济带国内段水资源补给来源单一,均来自山区降水和冰雪融水,而这部分水资源对全球气候变化的响应十分敏感,存在较大的不确定性。山区为水资源形成区,由高山区冰川(雪)融水、中山带森林降水和低山带裂隙基岩水三元构成,气候变化导致山区的冰川、积雪消长过程不确定性增加,降水的时空过程改变,气候变化环境下的未来水资源变化趋势尚不清楚。平原区的绿洲与荒漠为耗水或缺水区,水土异源,绿洲与荒漠生态系统受制于水文过程的影响,绿洲规模由来自山区的冰雪融水和降水形成的径流量所决定,对水文过程和水分条件的变化极为敏感。

近40年来,中国冰川面积缩小5.5%,冰面平均降低6.5 m。在西北干旱区,水资源有85%以上形成于盆地周围的中高山区,其中冰川(雪)融水和山区降水是内陆河流的主要补给源。研究表明,西北干旱区的冰川对气候变化的反应十分敏感,如乌鲁木齐河源天山1号冰川的面积自1962年以来减少了14%,并呈现出加速趋势。强烈的消融使得冰川融水径流量自20世纪80年代中期以来增加了近1倍。

除了自然条件之外,人类活动在一定程度上逐渐无意识地破坏着丝绸之路经济带国内段水循环的系统性和有机性,并在某种程度上已经打破了自然界水资源原有的脆弱平衡:如江河中上游大量拦水或引水,使下游出现断流;过量开采地下水,造成许多区域地下水漏斗。甘肃省武威市漏斗区面积扩大到10km²以上,漏斗中心水位深达75m;甘肃省永昌县漏斗面积扩大到150km²以上,中心水位埋深达57m。这些漏斗区水位埋深已经远远超出了农作物和自然植被根系所能分布的深度。

随着人口增长和经济发展对水资源需求的进一步增加,以及全球变暖对水循环过程和生态需水规律的改变,丝绸之路经济带国内段水资源危机将会更加突出,影响也更加深刻。据初步估计,丝绸之路经济带国内段2030年以前经济社会发展对水资源的需求量每年还将比现用水量新增80亿m³。丝绸之路经济带国内段许多流域水资源供需矛盾将会更加突出,水资源的合理调配和开发及高效利用无疑会成为该地区社会、经济发展中亟须解决的重大科学问题之一。

国内从20世纪60年代就已经开始了对全国水资源的初步调研工

作。丝绸之路经济带国内段是我国主要干旱地区之一,水资源问题是社会发展的最大限制因素,所以对丝绸之路经济带国内段水循环和水资源研究在国内起步相对比较早。但最初的研究主要集中在对冰川、积雪和江河流量等水资源的普查和分析方面,比较系统的科学分析和研究工作则起步相对比较迟。最近 20 年来对水文循环和水资源的关注程度逐步增加,并且该领域的研究也取得了较大进展,已经初步形成了对丝绸之路经济带国内段水循环和水资源及其与全球变化关系的部分认识,使我们可以大致了解在全球变化背景下丝绸之路经济带国内段水资源演化和水循环过程的初步特征。

二、丝绸之路经济带上森林资源的生态服务价值识别

联合国粮农组织在"2005 年世界森林资源评估"中,汇集了世界 229 个国家和地区的森林面积、森林蓄积以及森林覆盖率等数据,丝绸之路经济带各国/地区森林资源数据情况见表 4.9。

表 4.9　丝绸之路经济带各国/地区森林资源数据情况

国家/地区	2005 年森林面积（万 hm²）	森林覆盖率（%）	2000—2005 年森林面积变化率（%）	森林蓄积（m³/hm²）
中国	197290	21.2	2.2	67
伊朗	1107.5	6.8	0	48
哈萨克斯坦	333.7	1.2	−0.2	109
阿富汗	86.7	1.3	−3.1	16
伊拉克	82.2	1.9	0.1	/
吉尔吉斯斯坦	86.9	4.5	0.3	34
塔吉克斯坦	41.0	2.9	0	12
土库曼斯坦	412.7	8.8	0	4
乌兹别克斯坦	329.5	8.0	0.5	7
西亚·中亚	4358.8	4.0	少许	73

哈萨克斯坦由于特定的地理和自然气候条件,森林资源禀赋不高。根据 FAO 统计数据,2010 年哈萨克斯坦林地总面积为 1978.8 万 hm²,其中森林 330.9 万 hm²,占国土 16.7%;其他林地 1647.9 万 hm²,占国土 83.3%;天然林面积为 240.8 万 hm²,占森林总面积的 73%;人工林面积 90.1 万 hm²,占森林总面积的 27%。2010 年森林资源林木总蓄积量为 3.64 亿 m³,其中阔叶林 1.25 亿 m³。全国森林单位蓄积量为每公顷 110m³,与世界水平持平。土库曼斯坦拥有 380 万 hm² 森林,森林覆盖率为国土面积的 7.9%。(见表 4.10)

表 4.10　中亚五国濒危物种占物种总数的百分比　(单位:%)

国家	植物	动物
哈萨克斯坦	2.2	44.17
吉尔吉斯斯坦	/	0.78
塔吉克斯坦	1.5	4.9
土库曼斯坦	1.56	1.17
乌兹别克斯坦	2.7	1.07

资料来源:United Nations Environment Programme,Environment in Central Asia 2000,(CD 版)。

地处丝绸之路经济带的我国西北地区,位于欧亚大陆腹地,远离海洋,除秦巴山区外,大部分地区是半干旱、干旱气候,灌溉农业和稀少的植被勾绘出了荒漠化植被景观的特色。但山地的耸起和山地气候的形成为天然森林的发育提供了优良的生境,形成了独具特色的森林资源和品种多样的森林类型。绿洲灌溉农业的发育又为发展林业、扩大森林资源、建立现代林业地提供了良好的条件。西北的森林资源按其起源分为天然林、人工林两大类,天然林中包括山地森林、平原次生林、次生灌木林、河谷林、荒漠灌木林和胡杨林等。据统计资料计算,西北五省区共有林地面积 2738.63 万 hm²,占本区土地面积的 9.0%,其中有林地 857.98 万 hm²,

占林地面积的31.3%。(见表4.11)

全区森林按其山系划分,主要分布于天山、祁连山、西倾山、马衔山、巴颜喀拉山、昆仑山、阿尔泰山、唐古拉山、小龙山、子午岭、关山、秦岭、贺兰山、六盘山、罗山等地。

表4.11　中国丝绸之路经济带森林资源情况

省区	林业用地面积(万 hm²)	森林面积(万 hm²)	人工林面积(万 hm²)	森林覆盖率	活立木总蓄积量(万 m²)	森林蓄积量(万 m²)
陕西	1228.47	853.24	236.97	41.42	42416.05	39592.52
甘肃	1042.65	507.45	102.97	11.28	24054.88	21453.97
宁夏	180.10	61.8	14.43	11.89	872.56	660.33
青海	808.4	406.39	7.44	5.63	4884.43	4331.21
新疆	1099.71	688.25	94	4.24	38679.57	33654.09
合计	4359.33	2517.13	455.81	74.46	110907.5	99692.12
全国	31259	20768.73	6933.38	21.63	1643280.62	1513729.72

资料来源:国家林业局,《中国林业统计年鉴》,中国林业出版社,2014年。

三、丝绸之路经济带上物种资源的生态服务价值识别

历史上,丝绸之路上的商业贸易往来,也促进了十分频繁的物种交流,不仅从国外经西域向国内输送了大量的物种,国内也将大量物种输出到国外(见表4.12)。这些物种交流丰富了各国文化和经济,也为我国目前的丝绸经济之路经济带建设奠定了良好的发展基础。

表4.12　丝绸之路经济带中西交流的物种

传入物种	植物	葡萄、苜蓿、香菜、胡桃、胡麻、石榴、胡椒、大蒜、黄瓜、指甲花、茉莉、西瓜、菠菜、无花果、扁桃、胡萝卜、乳香、芦荟、迷迭香、蚕豆、莴笋、棉花、芹菜、小茴香、巴旦木、甘草、甘松、罗望子、蜜枣、鸦胆子、蔓菁、橄榄
	动物	马、骆驼、狮子、鸵鸟、孔雀、大雀、犀牛、大象
输出物种	植物	茶叶、大黄、桑蚕、方竹、桦树、蜀葵、生姜、黄连、肉桂、白术、土茯苓、桃、韭菜、葱
	动物	

资料来源:赵阳阳,《略论古代丝绸之路中西动植物物种的交流》,《历史教学问题》,2015年第1期,第122—125页。

　　丝绸之路经济带的国内部分,地理环境复杂,植被景观组合多样,为野生生物提供了广阔的活动空间和多样的栖息场所,形成了生态习性各不相同的温带荒漠、半荒漠动物,温带草原、森林草原动物,山地高原森林、草原、寒漠动物和亚热带林灌草地动物等生态地理动物群。包括金丝猴、大熊猫等珍稀动物,毛皮、制革动物,药用动物,肉用动物以及经济价值较高的鱼类资源。同时,西北地区拥有3000余种野生经济植物。其中不乏经济价值高的食用植物、药用植物和工业用植物资源,但目前大宗利用的不过数百种,而且以食用植物资源为主,因而在现代工业原料和药用植物等方面还有很大的开发潜力。

　　位处丝绸之路东段的西北地区,动植物区系的丰富度居全国之首。在植物地理区系区划上,西北地区跨经泛北极植物区的四个亚区,即欧亚森林植物亚区、亚洲荒漠植物亚区、青藏高原植物亚区和中国—日本森林植物亚区。在漫长的地质历史发展的过程中,动物与植物形成了互相依存的复杂的生态系统。西北地区地域辽阔,地形条件复杂,东西气候差异显著,因而植被类型复杂多样,水平分布和垂直变化极为明显。其中属国家一级保护动物的有39种,占全国一级保护动物的38.1%;属二级保护的有104种,占全国二级保护动物的38.38%。西部地区在我国野生动物保护上占有重要的位置,拥有大熊猫、羚牛、朱鹮、金丝猴、白唇鹿、藏羚羊、林麝、马麝、黑麝、黑颈鹤等大量珍稀濒危动物。

在植物区系地理成分上,我国15个种子植物属的分布区类型,在西北地区均有不同程度的体现。其中,中亚分布、地中海分布、西亚至中亚分布等是西北地区最具特色的地理成分,不可取代。全区维管植物4200多种,其中被子植物3800多种,裸子植物100余种,蕨类300多种。此外,还有丰富的苔藓、地衣等。经济潜力不可限量,仅重要的经济植物就有2000多种,可以划分成12类经济用途,如药用、淀粉、油脂、色素、蜜源、纤维、糠料、芳香油等。多种多样的植被类型以及丰富的植物种类,为野生动物提供了充分的食物条件以及良好的栖息、繁殖场所。全区包括古北界华北区的黄土高原亚区、东洋界的蒙新区、东部草原区、西部荒漠区、华中区等多种区系成分。在西北地区,食肉类、灵长类和有蹄类种类丰富,如黑熊、棕熊、马来熊、大熊猫、小熊猫、雪豹、云豹、金丝猴。有蹄类、鹿类、藏羚羊、藏原羚、黄羊为优势种,还有野马、藏野驴、野骆驼等兽类120多种,鸟类400余种,爬行类40多种,并有200多种益鸟和大量益虫、资源昆虫(见表4.13、表4.14)。

表4.13　中国丝绸之路经济带动物种类统计

省份	哺乳类	鸟类	爬行类	两栖类	总计
陕西	146	397	51	26	620
甘肃	146	506	57	24	733
宁夏	73	273	20	6	372
青海	103	291	7	9	410
新疆	138	310	38	5	491

表4.14 中国丝绸之路经济带重点保护野生动物

省区	Ⅰ类(种)	Ⅱ类(种)	总计(种)	在全国占比%
陕西	13	65	78	23.28
甘肃	25	85	110	35.83
宁夏	7	45	52	15.52
青海	21	58	79	23.58
新疆	24	82	106	31.64

资料来源:刘文华等,《西北濒危动物资源现状与保护对策》,《陕西师范大学学报》(自然科学版),2006年第34卷,第197—202页。

中国政府为保护、拯救珍贵濒危野生动物和合理利用野生动物资源,从1962年起曾多次制定了野生动物保护条例(草案)。其中,1985年的条例涉及青藏高原哺乳动物的有40—43种,而1988年的条例则增至49种,内含国家一级保护动物19种,二级计30种。我国的野生动物保护工作起始于20世纪50年代中期,特别是改革开放以来,我国野生动植物保护事业举世瞩目,取得了巨大成就。西北地区共有自然保护区283处(占全国保护区总数的30.56%),其中国家级41处,省级138处,市级43处,县级61处。

野生动物生存环境所受到的威胁包括生境退化、生境丧失和生境碎裂,这些变化的速度在近40年明显加快。在西部地区,由于人口增长和经济活动加强,越来越多的人挤占林地、耕地,甚至沼泽地,使动物的生境被大量地占有和分割,发生人与动物严重争夺空间的现象。人类活动使羚羊栖息地缩小和破碎化。以普氏原羚为例,人类活动加大了其栖息地沙化、荒漠化程度,牧场圈地不准普氏原羚进入好草地采食,家畜与羚羊竞争有限空间和食物以及增加普氏原羚被狼捕食的概率都使普氏原羚的生存质量下降,都是其走向灭绝的主要原因。森林的过度砍伐、草地的严重退化、过度狩猎以及化学农药的大量使用,给野生动物带来了严重危害。

濒危动物具有极高的经济价值,利益驱动导致盗猎者疯狂猎杀野生动物追求高额利润,猎杀包括大熊猫、雪豹、藏羚羊等在内的国家重点保护动物。在西安、广州、成都等大城市,市场上可发现数目很大的野生动物皮张及野生动物身体的某些部位。

我国虽然建立了很多保护区,但是由于保护资金严重不足,造成管理工作薄弱,保护工作跟不上。许多市县级保护区机构建设更不完善,管理人员缺乏,专业人员更少,尤其在西藏、新疆、青海的边远地区,这一现象更为突出。多数保护区管理水平偏低,同时尚未配备专职的科研人员。应设法举办管理人员培训班,借以提高在职人员的业务管理水平;应逐步配备专职科技人员,并与科研单位或教育部门合作,进行区内野生动物种群动态及其他生物学问题的调查,为科学合理地保护与利用资源提供依据。同时,现阶段我国对野生动物的管理多部门交叉,形成政出多门,谁都管、谁都管不了的局面。

四、粮食作物的生态服务价值识别

"一带一路"沿线地区具有悠久的农业文明史,农林牧渔资源丰富,市场广阔,在世界农业中居于突出位置,是中国开展对外农业合作的重点对象。

(一)国外农业状况

(1)中亚地区

中亚的农作物主要有小麦、棉花、大麦、水稻等。哈萨克斯坦是世界粮食出口大国,每年出口粮食200—500万t,以小麦和面粉为主。乌兹别克斯坦的支柱产业是棉花,年产约370万t,是世界第五大产棉国、第二大棉花出口国;该地区草场广阔,畜牧业占有重要地位,年产羔羊皮约160万张,居世界第二位。土库曼斯坦有世界闻名的阿哈尔捷金马。吉尔吉斯斯坦的羊毛产量居中亚国家之首。

（2）西亚地区

该地区气候干旱，各国主要发展畜牧业，与畜产品相关的手工业品是重要出口商品，如土耳其的安卡拉羊毛、伊朗的羊毛地毯等。经济作物有椰枣、榛子、橄榄油等。以色列的滴水灌溉、土壤暴晒、低毒农药等多种农业技术走在世界前列。

（3）东欧地区

东欧农业发展基础较好，拥有大量的可耕地、充足的水资源和丰富的劳动力。其中，俄罗斯是世界上最大的国家，农业资源十分丰富，可耕地面积约 1.3 亿 hm^2，草场牧场面积约 7260 万 hm^2，淡水资源约占全球的 20%。近年来，俄罗斯粮食产量不稳定，每年需大量进口。乌克兰拥有约全球 1/3 的黑土地，人均粮食产量达 1.5 万 t，居世界前列。它是世界小麦、大麦和玉米的五大出口国之一。

（4）东北非地区

在尼罗河的滋养下，该地区曾是世界农业文明的发祥地之一。农业是本地区各国经济的主要支柱，但机械化和生产率水平较低。埃及是传统农业国，小麦、大米等农产品产量居世界前列，棉花在该国农产品出口中占重要位置。苏丹经济作物大多数以出口为导向，其中，长绒棉产量较高，居世界第二，花生产量居世界第四位，芝麻出口约占全世界的一半；阿拉伯胶占世界总产量的 60%—80%。

（二）国内农业状况

由于气候条件各异，西北地区形成了各具特色的农林牧区。汉中是西北最大的水稻产区。关中平原、渭北旱原、河西走廊和河套引黄灌区是西北的重要粮仓。新疆的长绒棉、青海的春小麦无论产量和品质均为全国之冠。关中平原、河套平原、宁夏平原及各江河湖泊冲积平原，皆可引水溉田。河西走廊、新疆戈壁绿洲借雪水可滋养灌溉农业。北疆和青海高原的各种牧场，或土地广大坦荡，或依山傍原垂直分布，无不水草肥美，正好畜牧。博大深厚的黄土高原，使农林牧业皆可因地制宜。

　　农业生产资源丰富。陕西的猕猴桃、红枣、核桃、柿子、石榴,新疆的甜菜、哈密瓜、香梨、无核葡萄,青海的油菜、蚕豆以及适合于发展水产业的大面积水面等,为调整农村的产业结构、发展多种经营、提高农民收入、增强农业发展后劲提供了重要的资源基础。

　　经过"六五"至"八五"国家在黄土高原区组织的科技攻关,初步探索出适合于不同类型旱区农业综合发展与综合治理的开发模式,为西北地区农业的进一步发展提供了宝贵经验。如干旱陕北黄土高原丘陵沟壑区米脂模式、半湿润偏旱区合阳模式、半干旱黄土台阶区乾县模式、干旱内陆流域的民勤绿洲农田生态系统模式、甘肃旱区节水集水生态农业模式等,都正在西北各类旱区农业综合治理与开发中产生越来越大的辐射带动作用。经过治理,西北地区减少侵蚀面积达25%以上。盐碱化和治理中低产田改造也有相当起色,西北地区森林覆盖率已发展到8%—14%的水平。

　　然而,西北地区的农业发展也存在以下主要问题:①资源相对不足。西北地形四周多山,黄土高原多属季风区,年降水量在400 mm左右,陕西关中降雨最多,全年雨量为500—700 mm。河西、新疆以及青海大部属非季风区,降雨量一般在200 mm以下。新疆北部降水较多,但南疆的塔里木盆地和青海的海西柴达木盆地年降雨量多在100 mm以下,有的地方甚至常年无雨雪。西北地区降水量如此稀少,但蒸发量却非常之大。此外,西北许多地区的地表水和地下水资源也相对奇缺。这些成为农业生产发展的严重制约因素。

　　②生态环境恶劣。西北黄土高原过去曾塬顶宽平,川底平广,植被茂密,沃野万里。但由于近千年来不合理的农业开发,过度的放牧,终年不断的开采,大面积的林木砍伐,水资源的污染和浪费,使西北地区水土流失,环境污染,土地沙漠化,灌区盐渍化,自然灾害增多,生态环境恶化。有关资料显示,陕西是全国水土流失最严重的地区之一,水土流失面积达13.75万 km²,占土地总面积的67%。黄河中游138个水土流失重点县

中,陕西就有 48 个。这些已成为制约西北地区农业和社会发展以及居民生活质量提高的主要因素。

(三)丝绸之路经济带上的中外农业合作

古丝绸之路曾是中西方农业交流的重要通道,借助丝绸之路,中国从西方引入了石榴、苜蓿等作物品种。在古丝绸之路开辟两千多年后,加强农业科技合作成为丝绸之路经济带沿线国家的共识。农业目前依然是丝绸之路经济带建设的重要组成部分。

中国对沿线国家的农业援助可追溯到 20 世纪五六十年代,几十年来援助了大量农业项目,涉及农场、农技推广站、农田水利工程、农产品加工厂、农机设备等。近年来,中国向东非和北非派遣了高级农业专家。与朝鲜、印度、巴基斯坦等国交换动植物种质资源,引进了印巴的摩拉水牛、朝鲜的虹鳟鱼等品种;从以色列等国引进了小麦密植、植棉技术、营造农田防护林、机械化生产、温室栽培、节水灌溉等先进技术;从东欧国家引进马拉农具和农业机械设备等;接受东欧、以色列等国农业援助项目,例如,匈牙利援助的拖拉机站、以色列的示范农场等。

五、生物多样性保护热点地区的生态服务价值识别

近年来,生物学家和环境经济学家已经注意到,人类活动导致生境丧失是对生物多样性的最大威胁,保护单一物种的作用是十分有限的,所以应该从更大尺度上来进行研究,即充分利用已有的信息,在多物种水平与生态系统水平研究保护对策,至少保证所有生态系统类型和生境出现在区域保护区系统中。然而,地球上生物的分布并不是均匀的,所以保护学家首先应该确定要保护的最重要的地区。确立生物多样性保护行动的优先序列一直受到人们关注,对于有效使用和节省人力、物力和时间具有重要的意义。因此,生物多样性保护的地区和国家的优先性研究受到人们的高度重视。生物多样性的热点地区被认为是本地物种多样性最丰富的地区或是特有物种集中分布地区。热点地区分析就是探讨怎样以最小的

代价,最大限度地保护区域的生物多样性。

（一）生物多样性保护热点地区认知

进行热点地区的研究,一般包括以下几个步骤:首先确定需要研究的区域,根据研究目的确定分区的边界,然后对各区收集资料,选择考虑的物种类群和指标。热点地区边界的确定根据研究目的而定。一个是利用已有的行政边界,进行国家之间或省之间的保护优先性比较。由于一定的行政边界内资料,特别是人口、社会经济方面的资料比较完整,因此物种调查资料容易获得,所以该种方法得到普遍应用。生物多样性的热点地区研究应该在相对比较完整的生态系统之间进行。WWF 组织了全球和中国的热点地区的研究,以自然生态区或生物地理单元作为边界,对它们进行比较。

探讨生物多样性保护的优先地区及其优先次序的主要标准是物种多样性是否高、特种物种是否多、受到灭绝威胁是否严重的地区。但在考虑物种时又有不同的选择,一般选择资料是否比较齐全的如高等植物或高等植物中的一个类群等,用来进行热点地区的分析。为了将生物多样性的保护与投资结合起来,学者们提出了投资的费用－效益指数,将生物多样性保护行动的成功概率、生物多样性的受威胁程度结合起来,并对全球部分地区的优先性进行了分析。

在考虑物种和生态系统多样性时,应在不同尺度上进行。尤其是,应考虑在全球、洲、国家、地区等不同尺度的特有动植物区系、生境和生态过程。其中,特有性与物种丰富度就不是完全相关的。因为特有性高的地区是那些真正的岛屿、隔离山峰、沙漠绿洲等特殊生境,但这些地方面积有限,又具有极高的灭绝危险,所以应该包含在保护区之内。正因为如此,所以在实践中,敏感物种和特有物种受到了特别注意,植被就被作为生物多样性的代表。

（二）生物多样性保护热点地区的保护措施

在不同地理尺度水平会出现各自的生物多样性热点地区,在热点地区研究中至少要在区域、国家和地区三个层次进行研究,所以自然保护优先性的评价也应在从全球到地方的不同尺度上进行。在较小的尺度上,人们强调在不同的生物区内进行热点地区研究。在以国家为边界的热点地区研究中,中国被认为是全球生物多样性特别丰富的国家之一。在全球200个热点地区中,有陆生生态区10个,包括印支亚热带湿润森林,中国东南亚热带森林,台湾山地森林,海南岛森林,东北、新疆、中国中部、东喜马拉雅山针叶阔叶林,东喜马拉雅山高山草甸,青藏高原草原等。海洋、海岸带和淡水生态区有5个。

在《中国生物多样性行动计划》和《中国生物多样性国情研究报告》中,根据物种丰富度和特有种的数量等提出了包括横断山、新青藏交界的高原山地、滇南的西双版纳、海南岛中南部、秦岭、长白山、天山等11处陆地、4个沿海滩涂、东北三江平原和长江中下游地区湖区的湿地以及3个海洋类地区为生物多样性的关键地区。

热点地区分析方法主要适用于大尺度的研究。由于多方面的限制,一方面在进行大范围的生物多样性分析时,只是利用已有的物种编目资料,并且这些数据具有一定局限性,用于热点地区研究的有些资料能够精确到5%,而有些则是有关地区多年从事这方面研究的专家估计出来的。另一方面因为生物多样性出现在不同的组织水平,所以热点地区分析也应该从基因、物种、群落生态系统和景观的组织层次进行。热点地区研究对于生物多样性的保护战略制定具有十分重要的意义。

热点地区保护理论并没有告诉人们如何去进行保护,也并不是所有的热点值的大小都与需要保护的程度直接相关。目前针对不同的生物分类单元分别进行热点地区分析仍受到人们重视,如特定生物类群关键生境的保护,如鸟类保护的关键地区、迁徙鸟类的保护网络等。热点地区的提出,为人们指出了生物多样性保护的注意方向。

(三)丝绸之路经济带生物多样性热点地区的保护

生物多样性热点地区的评定与划分是西部地区自然保护区建设的一

项基础工作。过去一些生态学家通常使用某一区域的物种丰富度（种数）或某一区域内物种丰富度与相对多结合的一些指数，如多样性指数（Simpson 指数或 Shannon 指数）来测定物种的多样性程度，以此来确定生物多样性热点地区。刘广超、陈建伟（2004）则运用综合分析法来确定西部地区的生物多样性热点地区，为丝绸之路经济带西北地区自然保护区的建设提供理论依据。根据他们的方法，将西部地区划分为 35 个景观区域，然后用综合指数法确定了西部地区的生物多样性热点地区。结合这一研究结果，我国丝绸之路经济带的景观包括 4 种类型（见表 4.15）。以年降水量为依据，西北大区的年降水量不足 500mm，西北大区依照降水量、植被类型和土壤类型三个指标分为 4 个带：

表 4.15　中国丝绸之路经济带的景观分带及其指标

带名	定性指标		划界指标	
	年降水量（mm）	最多降水月的降水量（mm）	植被类型	土壤类型
Ⅰ干旱半荒漠灰漠土带	150—75	50—25	半荒漠	半固定沙土
Ⅱ极端干旱荒漠沙漠戈壁带	＜75	＜25	荒漠	流动沙土
Ⅲ半干旱草原栗钙土带	350—150	100—50	草原	栗钙土
Ⅳ半湿润森林草原黑钙土带	500—350	150—50	疏林草原	黑钙土

　　用综合指数法来确定生物多样性热点地区，首先要确定评价指标，评价指标的确定一般遵循综合性和简明性的原则。综合性是指评价指标要能全面地体现生物多样性热点地区的一般特征；简明性是指在建立指标时，必须选择一些人们易于理解和接受的指标参数，便于应用。根据收集的资料和查阅的文献，把西部地区各景观区域的生物特有种的种数，国家重点保护的一级保护动物种数、二级保护动物种数、一级保护植物种数、二级保护植物种数、陆生脊椎动物种数、高等植物种数等 7 个指标作为确定生物多样性热点地区的基本参数（见表 4.16、表 4.17）。

表4.16 丝绸之路经济带各景观区域名称

	景观区域名称	序号	景观区域名称	序号	景观区域名称
1	黄土高原地区	7	柴达木盆地北部地区	13	北天山地区
2	秦巴山地区	8	玉树-黑河冻原地区	14	南天山地区
3	祁连山地区	9	柴达木盆地北部地区	15	昆仑山草原地区
4	银川地区	10	羌塘高原地区	16	塔里木盆地地区
5	贺兰山地区	11	阿尔泰山地区	17	吐鲁番-敦煌戈壁地区
6	青海湖地区	12	准噶尔盆地地区		

表4.17 西部地区各景观区域的动植物资源

景观区域名称	特有种种数	国家保护野生动物(种)		国家保护野生植物(种)		陆生脊椎动物种数	高等植物种数
		一级	二级	一级	二级		
黄土高原地区	9	4	3	0	4	250	600
秦巴山地区	150	8	9	4	5	470	3600
祁连山地区	36	12	27	0	0	274	1044
银川地区	4	5	3	0	0	200	500
贺兰山地区	10	1	15	8	12	137	665
青海湖地区	5	3	1	0	0	100	90
柴达木盆地北部地区	1	2	6	0	1	76	240
玉树－黑河冻原地区	30	2	4	0	1	56	202
柴达木盆地北部地区	2	2	3	0	0	229	190
羌塘高原地区	4	2	2	0	0	101	520
阿尔泰山地区	30	7	12	0	9	134	1000
准噶尔盆地地区	2	10	9	0	2	113	228
北天山地区	24	7	13	1	8	320	1000

景观区域名称	特有种种数	国家保护野生动物（种）		国家保护野生植物（种）		陆生脊椎动物种数	高等植物种数
		一级	二级	一级	二级		
南天山地区	2	5	6	0	8	104	290
昆仑山草原地区	2	3	2	0	1	63	182
塔里木盆地地区	0	7	5	0	0	93	200
吐鲁番-敦煌戈壁地区	1	7	19	0	1	152	347

根据刘广超、陈建伟西部地区生物多样性热点地区的等级划分标准及结果,丝绸之路经济带生物多样性热点等级如下表4.18。

表4.18　丝绸之路经济带各景观区域生物多样性热点地区的等级分析结果

景观区域名称	热点等级	景观区域名称	热点等级	景观区域名称	热点等级
黄土高原地区	四	柴达木盆地北部地区	三	北天山地区	三
秦巴山地区	一	玉树－黑河冻原地区	四	南天山地区	四
祁连山地区	一	柴达木盆地北部地区	三	昆仑山草原地区	五
银川地区	四	羌塘高原地区	五	塔里木盆地地区	四
贺兰山地区	三	阿尔泰山地区	一	吐鲁番-敦煌戈壁地区	四
青海湖地区	五	准噶尔盆地地区	三		

表中数据显示,中国丝绸之路经济带一级生物多样性热点的景观区域就包括了秦巴山地区、祁连山地区和阿尔泰山地区。

六、生态保护区的生物多样性生态服务价值识别

(一)生态保护区的定义

生态保护区是指对有代表性的自然生态系统、珍稀濒危野生动植物

物种的天然集中分布、有特殊意义的自然遗迹等保护对象所在的陆地、陆地水域或海域,依法划出一定面积予以特殊保护和管理的区域。由于建立的目的、要求和本身所具备的条件不同而有多种类型。按照保护的主要对象来划分,生态保护区可以分为生态系统类型保护区、生物物种保护区和自然遗迹保护区三类;按照保护区的性质来划分,生态保护区可以分为科研保护区、国家公园(风景名胜区)、管理区和资源管理保护区四类。不管保护区的类型如何,其总体要求是以保护为主,在不影响保护的前提下,把科学研究、教育、生产和旅游等活动有机地结合起来,使它的生态、社会和经济效益都得到充分展示。通过建立自然保护区来保护物种及其生境,是生物多样性保护中最为直接、有效的方法,因此自然保护区的设置、规划设计及其评价在生物多样性保护中具有至关重要的作用。

生态保护区又称自然禁伐禁猎区、自然保护地等。生态保护区往往是一些珍贵稀有的动植物种的集中分布区,候鸟繁殖、越冬或迁徙的停歇地,以及某些饲养动物和栽培植物野生近缘种的集中产地,具有典型性或特殊性的生态系统,也常是风光绮丽的天然风景区,具有特殊保护价值的地质剖面、化石产地或冰川遗迹、岩溶、瀑布、温泉、火山口以及陨石的所在地等。

中国建立自然保护区的目的是保护珍贵的、稀有的动物资源,以及保护代表不同自然地带的自然环境的生态系统,还包括有特殊意义的文化遗迹等。其意义在于:保留自然本底,它是今后在利用、改造自然中应遵循的途径,为人们提供评价标准以及预计人类活动将会引起的后果;贮备物种,它是拯救濒危生物物种的庇护所;科研、教育基地,它是研究各类生态系统的自然过程、各种生物的生态和生物学特性的重要基地,也是教育实验的场所;保留自然界的美学价值,它是人类健康、灵感和创作的源泉。自然保护区对促进国家的国民经济持续发展和科技文化事业发展具有十分重大的意义。

建立生态保护区的作用在于：为人类提供研究自然生态系统的场所、提供生态系统的天然本底，对于人类活动的后果提供评价的准则；是各种生态研究的天然实验室，便于进行连续、系统的长期观测以及珍稀物种的繁殖、驯化的研究等；是宣传教育的活的自然博物馆；保护区中的部分地域可以开展旅游活动；能在涵养水源、保持水土、改善环境和保持生态平衡等方面发挥重要作用。

建立生态保护区的意义在于：保留了一定面积的各种类型的生态系统，可以为子孙后代留下天然的本底。这个天然的本底是今后在利用、改造自然时应遵循的途径，为人们提供评价标准以及预计人类活动将会引起的后果。保护区是生物物种的贮备地，又可以称为贮备库，也是拯救濒危生物物种的庇护所。保护区是研究各类生态系统自然过程的基本规律、研究物种的生态特性的重要基地，也是环境保护工作中观察生态系统动态平衡、取得监测基准的地方。当然它也是教育实验的好场所。自然界的美景能令人心旷神怡，而且良好的情绪可使人精神焕发，燃起生活和创造的热情。所以自然界的美景是人类健康、灵感和创作的源泉。

（二）生态保护区的保护方式

目前对保护区网络进行评价的方法较多，对保护区地点的选取也存在很大争议。瑞福德等（Redford，2003）选取了来自 13 个保护组织的 21 种保护方案，从评价原则（代表性、有效性、功能性、国际公认度、收益程度）、保护目标、保护对象（物种、生态系统或生物多样性）等几个方面进行了总结：根据不同评价原则，优先保护地区的确立可从不可替代性与脆弱性两个标准开展（Margules，2000）。根据不同保护目标，保护方案分为被动保护与主动保护两种，前者优先保护生物多样性及其生境已经受到威胁的地区，后者则优先保护受威胁程度较低但不可替代性较高的地区（Brooks，2006）。根据不同的保护对象，保护方案大致也可分为两类：一类是基于物种的保护，例如确定物种数最丰富的热点地区（Myers，2000）

和濒危物种的优先保护地区(Slattersfield,1998)等；另一类是基于生态系统或生境的保护,例如在全球范围确定具有代表性生态区保护的"全球200"(Olson,1998),以及 GAP 分析(Pressey,1993；Scott,1993；Jennings,2000；Margules,2000；Scott,2001；Tognelli,2008)。

世界各国划出一定的范围来保护珍贵的动植物及其栖息地已有很长的历史渊源,但国际上一般都把 1872 年经美国政府批准建立的第一个国家公园——黄石公园看作是世界上最早的自然保护区。20 世纪以来自然保护区事业发展很快,特别是第二次世界大战后,在世界范围内成立了许多国际机构,从事自然保护区的宣传、协调和科研等工作,如"国际自然及自然资源保护联盟"、联合国教科文组织的"人与生物圈计划"等。全世界自然保护区的数量和面积不断增加,并成为一个国家文明与进步的象征之一。

(三)中国生态保护区的发展

中国是世界上生物多样性特别丰富的国家之一。中国的生态系统类型十分丰富,包含了地球上主要的陆地生态系统类型(森林、灌丛、草原和稀树草原、草甸、荒漠、高山冻原等)。以植被类型为依据,中国陆地生态系统可以划分为 704 类,其中 625 种生态系统类型已得到了保护,占90.6%(唐小平,2005)。同时由于长期高强度的人类活动,中国又是世界上生物多样性受威胁最严重的国家之一。为了保护中国丰富的生物多样性,在 1956 年,中国全国人民代表大会通过一项提案,提出了建立自然保护区的问题。同年 10 月林业部草拟了《天然森林伐区(自然保护区)划定草案》,并在广东省肇庆建立了第一个自然保护区(鼎湖山自然保护区),保护对象是南亚热带常绿季雨林,面积 1133hm²。相对于后建的大多数保护区而言,这是范围较小的一个。从 1976 年开始,我国保护区数量和面积开始大幅度增加,其中以 1980—1985 年、1993—1995 年、1999—2001 年三个时期保护区面积增加尤为显著。在 1976—2007 年期间建立的保护区以面积小于 100km² 为主;前期(1976—1985 年)以国家级与省级保护区为主(数量占同期建立的保护区的 79%),后期(1996—2007年)以省级与县级保护区为主。截至 2013 年 12 月,全国已建各类自然保护区 2640 处,总面积 149 万 km²,占陆地国土面积的 15.31%,涵盖了我国 25% 的原始天然林,49% 的自然湿地和 30% 的典型荒漠地区,使 90%的陆地生态系统、85% 的野生动物和 65% 的高等植物得到了初步的保护。根据环境部《国家级自然保护区名单》,截至 2015 年 1 月,我国共有428 处国家级自然保护区。

我国的自然保护区按照保护对象可分为三大类九个类别,具体详见表 4.19、表 4.20 和图 4.2。

表 4.19　中国自然保护区类型划分类型

类别	类型
自然生态系统类	森林生态系统类型
	草原和草甸生态系统类型
	荒漠生态系统类型
	内陆湿地和水域生态系统类型
	海洋和海岸生态系统类型
野生生物类	野生动物类型
	野生植物类型
自然遗迹类	地质遗迹类型
	古生物遗迹类型

我国最大的自然保护区是 2000 年 8 月设立、位于西北青海玉树地区的三江源保护区,面积达 31.8 万 km²。三江源顾名思义就是三条江河的源头。这三条江河可谓举世闻名,分别是长江、黄河和澜沧江(在境外称湄公河)。三江源原先也叫江河源,地处青藏高原,是著名的世界屋脊。周围有巍峨的昆仑山、可可西里山和巴颜喀拉山等著名的山脉,平均海拔4000 多米。这里雨雪相对丰沛,众多的冰川、湖泊和沼泽提供了长江

15%、澜沧江 25%和黄河 49%的水量。滔滔江水急剧东流,宛似自天而下。此保护区占青海全省国土总面积的 44.1%。地理上,这个区域是青藏高原的腹地和主体,以山地为主,峰岭绵连,到处是峡谷冰川。区域内的主要大山脉有唐古拉山、巴颜喀拉山、昆仑山及其支脉阿尼玛卿山等。这里属典型的青藏高原大陆性气候,寒冷,日夜温差大,空气稀薄。

独特的三江源生态造就了世界上最大面积最高海拔湿地生态景观,河流遍地,湖泊密布,沼泽众多,雪山和冰川比比皆是,异常冷峻神奇。三江源是世界上湿地分布最集中的地区,其天然湿地分河流湿地、湖泊湿地和沼泽湿地三大类,共 7.33 万 km^2。河流湿地,主要是由长江、黄河和澜沧江三大河流的干支流水系及其河床型湿地构成,境内有大小河流多达 180 多条,总面积 1607km^2,湖泊湿地由三江源的 1.6 万个大大小小湖泊构成,总面积 0.51 万平方公里,其中水面在 0.5km^2 以上的天然湖泊就有 188 个,总面积 1986km^2,最著名的湖泊有扎陵湖、鄂陵湖、依然错、多尔改错等,被列入中国重要湿地名录。沼泽湿地,是缘于多年冻土层发育和大量冰川雨雪积水而形成,面积达 6.66 万 km^2,著名的有星宿海沼泽、当曲沼泽、扎阿曲沼泽等。

三江源孕育了极丰富的野生动植物资源,据不完全统计,三江源地区有野生维管束植物 87 科 471 属 2238 种,约占全国植物种数的 8%;在野生经济植物中,仅中药材就达 400 多种,著名的红景天、雪莲、冬虫夏草、贝母、大黄、藏茵陈、黄芪、羌活等,遍地皆是。三江源的野生动物和珍奇动物也很多,国家一、二级重点保护动物有 69 种,一级保护动物有藏羚羊、野牦牛、藏野驴、雪豹、金钱豹、白唇鹿、黑颈鹤、金雕、玉带海雕、胡兀鹫等。

表4.20　中国自然保护区数量和面积($1 \times 10^3 \text{km}^2$)分类汇总

类别	总计		年份							
			1956—1975		1976—1985		1986—1995		1996—2007	
	面积	数量	面积	数量	面积	数量	面积	数量	面积	数量
保护类型										
古生物遗迹	5.2	29	0.0	0	0.0	1	0.1	6	5.1	22
荒漠生态系统	449.8	21	0.0	0	100.5	5	328.8	4	20.6	12
草原与草甸生态系统	28.8	33	0.0	0	6.7	2	2.0	11	20.1	20
地质遗迹	10.8	91	0.0	0	0.9	14	1.0	29	9.0	48
内陆湿地及水域生态系统	206.9	200	0.0	1	3.3	11	14.9	46	188.7	142
森林生态系统	278.7	1060	5.6	6	71.2	195	67.4	182	134.5	677
野生动物	447.6	476	11.2	7	97.7	80	218.6	135	120.2	254
野生植物	28.9	137	0.7	2	3.8	24	11.1	45	13.3	66
保护级别										
国家级	949.0	248	16.1	10	208	98	550	85	174.8	55
省级	373.7	673	1.2	3	72.1	165	72.4	127	228	378
市级	38.5	347	0	2	1.5	26	8.2	70	28.8	249
县级	95.6	779	0	1	2.6	43	13.3	176	79.7	559
总计	1456.8	2047	17.4	16	284.2	332	644	458	511.3	1241

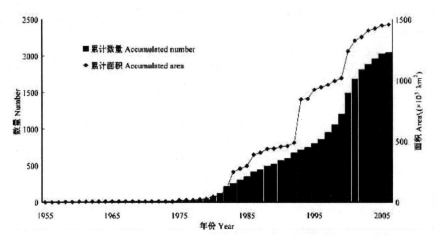

图4.2　近50年来中国自然保护区数量与面积变化趋势

资料来源：陈雅涵、唐志尧、方精云，《中国自然保护区分布现状及合理布局的探讨》，《生物多样性》，2009年第17卷第6期，第668页。

　　我国目前的保护区体系虽然是濒危物种和特定生态系统片段保护为主，但自然保护区的规划和设置缺乏区域性的整体考虑。这种单一保护措施虽可缓解部分濒危物种或生态系统片段的生存压力，但无法从根本上解决因生境破坏导致新物种濒危的问题。而缺乏结构和功能协调的保护地建设，也很难给那些由多个亚种群组成的濒危物种提供足够的安全保障。丝绸之路经济带上的新疆、西藏、青海、甘肃交界等多省区的广大区域皆存在无自然保护区覆盖的物种分布情况，进一步验证了以单一自然保护区为保护形式存在的不足。

　　从上述分析不难得知，我国现有自然保护区存在相当大的保护空缺，并没有覆盖所有的生物多样性热点地区，更有许多物种的栖息地没有自然保护区分布。但是，正如上文所述，除自然保护区外，我国的保护地形式还有很多种，主要还包括森林公园、湿地公园、风景名胜区和地质公园。因此将这五种保护地综合起来分析我国保护地体系的空缺，并与优先保护生态系统重点区域图和无保护区覆盖的物种分布图进行重叠对比，研究保护地整体的规划与建设存在的空缺和弊端,对于我国的自然保护事业发展具有一定的意义。

(四)丝绸之路经济带生态保护区的现状分析

丝绸之路经济带生态脆弱区重点保护区包括西北荒漠绿洲交替生态脆弱区和青藏高原复合侵蚀生态脆弱区。前者包括贺兰山及蒙宁河套平原外围荒漠绿洲生态脆弱重点区域、新疆塔里木盆地外缘荒漠绿洲生态脆弱重点区域、青海柴达木高原盆地荒漠绿洲生态脆弱重点区域;后者包括青藏高原山地林牧复合侵蚀生态脆弱重点区域、青藏高原山间河谷风蚀水蚀生态脆弱重点区域。

中国西北与蒙古国、俄罗斯、哈萨克斯坦、吉尔吉斯斯坦、塔吉克斯坦、阿富汗、巴基斯坦接壤,在 3400 多公里的边境及临近地区,各国已建有许多自然保护区,若相邻国家合作共建,一定会加强这些保护区的生态稳定性,有利于自然生态系统保护和野生动植物繁衍,有利于世界生物多样性保护工作。

(1)外阿尔泰戈壁国际自然保护区

中国西北内蒙古自治区、甘肃省和新疆维吾尔自治区,与蒙古接壤的边境,在蒙古国建有大戈壁公园 A 和 B,A 公园 44190km^2,B 公园 8810km^2。这里的动植物属典型的古北界蒙新区西部荒漠亚区区系类型,有兽类 57种,鸟类 106 种,爬行类 14 种,为世界珍兽野双峰驼的主要分布区,也是刚灭绝的蒙古野马的原产地,在这里还分布有棕熊的一个新亚种——戈壁熊,仅残存 25—30 只。这里还分布有珍稀动物蒙古野驴、盘羊、北山羊、雪豹、猞猁等。由于人类活动的扩大,这里的野生动物数量也在不断下降,特别是中国境内一侧,由于放牧及采矿业的发展,野生动物所受压力明显增大,分布区不断缩小,急需在中国一侧建立自然保护区,面积在 20000km^2 左右为宜,与蒙古国的 A 公园统称为外阿尔泰戈壁国际自然保护区。

（2）布尔根河河狸国际自然保护区

河狸在欧美有较大的数量,但在亚洲,仅在中国新疆与蒙古跨境的布尔根河流域不到100km的河段有残存分布,这是历史上的孑遗动物,是中国的保护动物。随着人类经济活动加剧,开垦河谷和杨柳林的破坏,它们适生环境面积越来越小。中国境内,在20世纪70年代由于捕猎而减少到数十只,但1950年在该地建成河狸保护区以后,数量迅速增加,目前已达到800多只。布尔根河蒙古河段也是亚洲河狸的主要分布区,且有较大的数量,中蒙两国若能联合在各自边境地区布尔根河段建立河狸保护区,可保证该物种不致绝灭,同时也可保护中亚干旱区河谷林景观及该区生态环境的各种动植物物种。

（3）阿尔泰山国际自然保护区

阿尔泰山最高峰为友谊峰,海拔4374m,其北部的奎屯山,是中国、蒙古、俄罗斯三国的分水岭,西部与哈萨克斯坦相邻。包括主峰在内的阿尔泰山西段属南萨彦岭动植物区系分布区。从山顶的永久冰雪带到平原的半荒漠草原,有着完整的从寒带到温带的11个垂直自然景观带。在这里,珍稀动植物物种十分丰富,该区域有116种脊椎动物和538种以上植物,已知昆虫达300多种,其中重要的珍稀动物有驼鹿、马鹿、原麝、紫貂、雪豹、猞猁、貂熊、松鸡等,珍贵植物有西伯利亚冷杉、西伯利亚红松等。在该地区建设面积较大的自然保护区,对保护这些珍稀动植物及其生存环境,对寒温带生物多样性保护,都有十分积极的作用。

友谊峰南部,中国建有哈纳斯自然保护区,这里是世界上唯存的没被人类开发破坏的原始的自然景观,哈纳斯湖上有最长近10m的大红鱼——哲罗鲑闻名于世。若将该保护区从2500km² 扩大到5588km²,与蒙古国、俄罗斯、哈萨克斯坦接壤,此三国也各在相临境内建设同样面积的自然保护区,就可使阿尔泰山主峰群一带的自然生态环境及珍稀野生动植物得到有效保护,成为阿尔泰山的自然环境保护及生物多样性保护的骨干基地。各国如能在保护区外围再建立同样面积的禁猎区,将使该阿尔泰山国际自然保护区更为稳定。

（4）中亚北鲵自然保护区

新疆北鲵在世界上仅分布于中哈边境地区,中国新疆温泉县在中哈边境中国一侧建立了两处北鲵保护区,总面积为694km²。哈萨克斯坦境内若也能建立北鲵保护区,就可使这一特有物种更为安全,免于绝灭危险。

（5）天山国际自然保护区

天山是亚洲中部最长最宏伟的山脉,西部从哈萨克斯坦始,东部到中国新疆哈密东部止,总长2700km,其最高峰托木尔峰,海拔7435.3m,位于中国和吉尔吉斯斯坦边境,海拔6995m的汗腾格里峰是中国与吉尔吉斯斯坦、哈萨克斯坦三国的分水岭。该区域有56座海拔6000m以上的高峰。这里的高山冰雪水资源是中亚绿洲农业的主要命脉。该区域野生动植物是中亚山地的代表物种,已知兽类有31种,鸟类82种,昆虫1000种以上,高等植物80科670种。1980年,中国在该区域中国境内建立了3000km²左右的托木尔峰自然保护区,若将该保护区扩大到5000—10000km²,在相邻的哈萨克斯坦及吉尔吉斯斯坦也建立同样面积的保护区,将对天山生态环境和生物多样性起到重大保护作用。

（6）帕米尔国际高原动物自然保护区

帕米尔高原是中亚最大的山脉——天山及兴都库什山、喀喇昆仑山的山结,平均海拔高度在4500m以上,有多种珍稀野生动物生存,且有较大的种群数量,如马可波罗盘羊,以其巨大的双角和体型早已闻名于世界,此外有北山羊、岩羊、藏雪鸡、兀鹫、雪豹、猞猁、棕熊等大中型珍稀鸟兽。但因近代人类活动扩大和偷猎而数量明显下降,只是因边境国界线的保护仍还有一定数量。在中国境内1983年已建立塔什库尔干自然保护区,面积15000km²,巴基斯坦在1981年后也建有动物保护区。如果在西部的阿富汗和塔吉克斯坦都能划出5000—15000km²面积作为保护区,可使该国际自然保护区面积达到40000—50000km²。这样大的面积,对保护中亚山地珍稀野生动物是足够大的,必将为中亚生物多样性保护起到重大作用。

现有的自然保护区管理体制是建立在管理机构享有对保护区的土地管理经营权这一基础上的,然而保护区土地的实际权属状况复杂多样,具体有以下三种:一是建立保护区前土地有明确的权属,但保护区的土地包括了国有、集体甚至农户的自留地(山)和责任地(山),"保护区归国家所有"的权属界定改变了原有的部分集体林和自留山权属关系,剥夺了集体和个人对原有土地及林木的权益,即变更了社区农民对部分资源的隐形权益;二是建立保护区前部分土地权属本身不清楚,保护区的建立明确了权属关系(为国家所有),导致社区或当地政府对保护区内部分土地或林木提出权属异议,甚至约25%的保护区没有土地使用权,约30%是无机构、无人员、无边界的三无自然保护区;三是权属明确,但使用权变更或管理权不明。

丝绸之路经济带地方级保护区都是自上而下的强制性管理,加上设立一直遵循"先划后建,逐步完善"的原则,从而形成了独特的分类型、分等级与分部门的重叠交叉的管理体制。国家环保部门负责全国自然保护区的综合管理,农林、国土、城建等部门在各自职责范围内主管有关的保护区,县级以上地方政府负责保护区管理部门的设置和职责。这种管理体制造成的后果是产权界定不清楚、责任不明确和管理混乱,使得保护区的管理陷入困境,且随着保护区数量的增多,要摆脱这种困境变得越来越艰难。伴随着社会经济的发展,保护区的发展对诸如生物多样性资源的利用、旅游开发、协调与周边社区的关系等能力和管理水平的要求越来越高,但目前保护区职员素质普遍较低,缺乏相应人才,保护区的管理和发展得不到应有的改进。

第五章 丝绸之路经济带生物多样性分省的经济价值展示

一、陕西生物多样性的经济价值展示

陕西(东经 105°29′—111°15′,北纬 31°2′~39°35′)位于我国内陆腹地,土地面积为 206000 km²。北山和秦岭把陕西分为三大自然区域:北部是海拔 900—1500m 的陕北黄土高原,中部是海拔 300—800m 的关中平原,南部是海拔 400—3800m 的秦巴山地。秦岭是陕西最大的山脉,横贯全省东西。秦岭山脉对南北的气候起屏障作用,陕南温暖湿润并具有北亚热带气候特征,关中和陕北则寒冷干燥而具有暖温带和温带气候特点。森林覆盖率陕北约 35%,陕南则达 80% 以上。因此,地貌、气候、植被和土壤等自然条件自北向南都具有由北方型向南方型逐渐过渡的特征。这种水平差异的现象,形成了由北向南的草原、荒漠、黄土高原、渭河谷地和秦巴山地等多种自然景观类型,为野生动物的栖息繁衍提供了极其良好的生存环境和庇护场所。

陕西境内分布有国家级重点保护野生动物共 98 种,隶属 6 纲、17 目、29 科。其中爬行类、两栖类、鱼类和昆虫分别只有 1 种、1 种、2 种和 2 种,均为国家二级重点保护野生动物;而哺乳类和鸟类则占绝大多数(93.9%),分别有 23 种和 69 种。在这 23 种哺乳动物中,属国家一、二级重点保护野生动物的分别有 7 种和 16 种;在 69 种鸟类中,属国家一、二级重点保护野生动物的分别有 12 种和 57 种。在 98 种国家级重点保护野生动物中,罕见的种类有虎、小熊猫、猞猁、雪鹑 4 种;种群数量稀少的种类有大熊猫、云豹、金钱豹、朱鹮、丹顶鹤、中华秋沙鸭、鹰号鸟、大鸨、鹰雕、三尾褐凤蝶等 50 种;数量较少的种类有川金丝猴、黑熊、水獭、大灵猫、林麝、大鸳、秃鹫、灰背隼、白冠长尾雉、遗鸥、雕号鸟、山瑞鳖、大鲵、中华虎凤蝶等 30 种;数量较多的种类有青鼬、羚牛、斑羚、赤腹鹰、红腹角雉、红翅绿鸠、斑头鸺鹠等 11 种;种群数量很多的种类有红腹锦鸡、川陕哲罗鲑、秦岭细鳞鲑 3 种。(巩会生 等,2009)

各受保护物种在陕西的分布范围存在明显差异,带有明显的地带性和区域性国家级重点保护野生动物在陕北高原分布的物种数明显低于陕南的秦岭及大巴山地区,且在中部关中平原分布的物种数最少。国家一级重点保护野生动物、国家级重点保护野生哺乳动物及鸟类的空间分布也是如此。虽然关中平原地区也分布有国家级重点保护野生动物,且分布有国家一级重点保护野生动物,但是在该区域分布的国家级重点保护野生动物主要是鸟类而非兽类。

陕西地势由北向南按地理位置、自然条件和社会经济特点的差异分为陕北、关中和陕南三个自然区,全省经济发展亦呈现三大板块。接下来就分别以三个地区生物多样性生态服务的经济价值展开研究。

(一)关中地区生物多样性的经济价值展示

关中地区,又称关中盆地、关中平原,西起宝鸡峡,东至渔关,东西长约 360km,西窄东宽,渭河横贯盆地中部,两岸为宽广的阶地平原,南部以秦岭北坡为限,北部以北山为界,总面积 39064.5km²,约占陕西省土地总面积的 19%。关中地区辖西安、铜川、宝鸡、咸阳、渭南五个市及杨凌农业高新技术产业示范区,是中华民族的发源地,在历史上是十三朝古都所在,现代是陕西省政治、经济、文化最为发达的地区,也是全省人口密度最大、人类活动最为强烈的地区。

关中地区生物多样性比较丰富。渭河平原以人工生态系统为主体,农作物、人工林和饲养动物种类较多,而平原南北两侧的山地以森林生态系统为主,野生动植物种类繁多,生物资源丰富区内有种子植物 2300 余种,其中经济植物 1500 余种,有国家重点保护植物 20 余种。

根据生态足迹方法,生态服务的经济价值包括气候调节、水源涵养、原料生产、娱乐文化四部分,这四部分在整个生态系统中发挥的作用和功能不尽相同,所以要进行相应的估值。根据搜集的资料,分别估计了森林、城市绿地、草地的生态价值量,详见表 5.1、表 5.2、表 5.3。

表 5.1　关中森林生态价值量及其比值

	系统百分比%	当量比值
气候调节	36	2.9
水源涵养	34	2.7
原料生产	19	1.5
娱乐文化	11	0.9

表 5.2　中国城市绿地生态价值量及其比值

	系统百分比%	当量比值
气体调节	43	3.2
气候调节	16	1.2
废物处理	10	0.8
涵养水源	30	2.2

表 5.3　丝绸之路经济带中国境内草地单位面积生态价值量

	系统百分比%	当量比值
气体调节	13.7	0.8
水源涵养	17.1	1.01
废物处理	32.9	1.9
生物多样性保护	0.78	0.8
原材料	0.003	0.02

表5.4　关中生态系统价值量当量因子

	农业生态系统		自然生态系统		城市生态系统
	耕地	园地	林地	草地	绿地
气体调节	0.48	0.4	3.6	0.86	1.8
气候调节	0.85	0.8	2.8	0.88	3.4
水源涵养	0.60	0.6	3.7	0.79	3.4
土壤形成与保护	1.03	0.6	3	1.98	0.8
废物处理	1.42	1.3	1.31	0.7	1.8
生物多样性保护	0.66	0.7	3.5	1.5	1.5
食物生产	1	1.4	0.2	0.3	0.05
原材料	0.1	0.3	3.3	0.28	0.3
娱乐文化	0.08	0.2	1.68	0.05	1.2

资料来源:牛路青:《基于生态价值量的关中地区生态补偿研究》,硕士论文,西北大学,2008年。

表5.5　关中不同陆地生态系统单位面积生态系统价值表　（单位:元/hm^2）

	农业生态系统		自然生态系统		城市生态系统
	耕地	园地	林地	草地	绿地
气体调节	495.8	413.1	3356.8	857.3	2585.2
气候调节	877.9	826.3	2840.4	908.9	2375.6
水源涵养	619.7	619.7	3305.2	929.6	2892.0
土壤形成与保护	1063.9	619.7	3563.4	2045.1	826.3
废物处理	1466.7	1342.7	1353.1	1353.1	1342.7
生物多样性保护	681.7	723.0	3491.1	1187.8	1549.3
食物生产	1032.9	1446.0	154.9	309.9	51.6
原材料	103.3	309.9	2478.9	154.9	309.9
娱乐文化	82.6	206.6	1332.4	51.6	1239.4

从表5.4、表5.5计算结果可知,西安、铜川、宝鸡、咸阳、渭南每年的农业生态价值分别为21.9亿元、6.8亿元、26.1亿元、32.8亿元、44.7亿元,可以看出,渭南的农业生态系统是关中生态价值最大的。

表 5.6   关中地区自然生态系统生态价值量   （单位：万元）

	西安	铜川	宝鸡	咸阳	渭南
气体调节	144281.81	66089.7	346175.2	71641.2	74652.0
气候调节	122314.3	57161.9	294782.2	61047.4	64197.9
水源涵养	142168.7	65650.4	341718.0	70738.4	73983.6
土壤形成与保护	154584.4	77824.4	379010.9	78696.8	85621.1
废物处理	59420.8	33445.1	149772.1	31226.4	35749.3
生物多样性保护	150424.1	70734.4	363032.0	75197.6	79301.8
食物生产	6998.4	4876.2	18723.7	3936.8	4963.6
原材料	105946.0	45574.8	250778.9	51789.2	52442.1
娱乐文化	56906.3	24282.8	134472.2	27762.9	28009.9
总价值量	943044.0	445649.3	2278465.2	472036.8	498921.3

由表 5.6 得出，西安、铜川、宝鸡、咸阳、渭南每年的农业生态价值分别为 93.3 亿元、44.6 亿元、227.8 亿元、47.2 亿元、49.9 亿元。通过与农业生态价值量的对比可以看出，自然生态系统远远大于农业生态系统，说明自然生态系统在区域生态产益大于农业生态系统。其中尤其以宝鸡自然生态系统价值量最大，体现了宝鸡良好的自然生态环境。

表 5.7   关中地区城市生态系统单位面积生态价值量   （单位：元/hm²）

	西安	铜川	宝鸡	咸阳	渭南
气体调节	2093.1	257.7	554.1	547.7	220.5
气候调节	1925.7	237.1	509.8	503.9	202.9
水源涵养	2344.3	288.6	620.6	613.4	247.0
土壤形成与保护	669.8	82.5	177.3	175.3	70.6
废物处理	1088.4	134.0	288.1	284.8	114.7
生物多样性保护	1255.6	154.6	332.5	328.6	132.3
食物生产	41.9	5.2	11.1	11.0	4.4
原材料	251.2	30.9	66.5	65.7	26.5
娱乐文化	1004.7	123.7	266.0	262.9	105.8
总价值量	10674.8	1314.3	2826.1	2793.2	1124.6

　　西安、铜川、宝鸡、咸阳、渭南每年的农业生态价值量分别为1.1亿元、0.1亿元、0.3亿元、0.3亿元、0.1亿元。通过与农业生态价值量以及自然生态系统价值量的对比可以看出,城市生态系统价值量是三种生态系统中生态产益最小的。(见表5.7、表5.8、表5.9、表5.10、表5.11、表5.12)

表5.8　西安市各县生态价值量　　　(单位:万元)

	农业	自然	城市	合计
西安市	107688.6	159749.6	6385.9	273824.1
蓝田县	35785.7	192451.9	2950.7	231188.2
户县	37340.2	444713.9	42.1	482096.3
周至县	28886.1	146069.2	663.9	172619.2
高陵县	12203.2	59.3	632.2	12894.7

表5.9　铜川市各县生态价值量　　　(单位:万元)

	农业	自然	城市	合计
铜川市	48699.6	237421.2	1288.9	287409.6
宜君县	19496.7	208218.1	25.4	227740.3

表5.10　宝鸡市各县生态价值量　　　(单位:万元)

	农业	自然	城市	合计
宝鸡市	4856.5	95132.6	895.4	101884.5
凤翔县	34854.9	61690.7	142.6	96688.2
岐山县	25109.2	46647.7	353.2	72110.1
扶风县	29841.8	17003.5	68.0	46913.2
眉县	20114.1	86073.4	13.6	106201.1
陇县	35933.3	280128.4	270.4	316332.0
千阳县	18248.5	66349.2	10.8	84608.5
麟游县	21153.3	235853.7	8.0	257015.1
凤县	9305.2	555554.8	3.0	564863.1
太白县	4451.6	514481.9	47.5	518981.1

表5.11　咸阳市各县生态价值量　　（单位:万元）

	农业	自然	城市	合计
咸阳市	22321.5	868.4	1222.1	24412.0
三原县	25060.0	4547.2	572.5	30179.6
泾阳县	32541.6	8276.1	29.0	40846.7
乾县	45196.1	8772.2	82.8	54051.0
礼泉县	40401.5	19576.2	69.4	60038.1
永寿县	23808.5	51221.2	111.8	75141.5
彬县	30125.6	70073.7	377.8	100577.1
长武县	13115.7	41223.6	17.4	54356.7
旬邑县	24252.1	229611.6	61.6	253925.3
淳化县	29249.3	36513.1	115.6	65878.0
武功县	18019.0	640.3	57.8	18717.1
兴平市	23678.9	722.1	75.3	24476.3

表5.12　渭南市各县生态价值量　　（单位:万元）

	农业	自然	城市	合计
渭南市	51742.3	25286.7	313.2	77342.2
华县	19353.4	135967.4	194.0	155514.8
潼关县	8980.1	33036.0	18.8	42035.0
大荔县	75416.4	12948.8	4.6	88369.8
合阳县	53497.2	23218.7	1.2	76717.1
澄城县	45380.5	10600.8	49.6	56031.0
蒲城县	76990.7	6293.7	108.4	83392.9
白水县	30687.2	38996.4	22.9	69706.5
富平县	50880.0	28518.1	179.0	79577.1
韩城市	19487.0	133436.0	36.9	152959.8
华阴市	15065.8	50618.6	196.1	65880.5

(二)陕北地区生物多样性的经济价值展示

陕北地区包括榆林市和延安市两个地级行政区所辖的23个县,区域总面积 8.029 万 km^2,2006 年总人口 568.49 万人。位于我国北方农牧交错带、生态脆弱带、经济增长带和水土流失严重地带,长期以来,农村经济相对落后,是著名的老少边穷地区。

陕北地区位于晋陕峡谷的黄河西侧,毛乌素沙地以南,子午岭以东,渭北旱塬以北,包括洛川塬。整个区域在地貌上是毛乌素沙地向陕北黄土高原的过渡。在气候类型上是半湿润向半干旱气候的过渡,具有春季干燥多风,夏季炎热短促,秋季多暴雨,冬季干冷漫长的特点。在经济活动方面是典型的农牧业交错带,随着煤炭、天然气的大规模开发,又成为农牧与工矿区的过渡带。多种界质的叠加,致使生态环境呈现出明显的波动性、多样性和脆弱性。

陕北农牧交错带植被分布具有明显的水平分异。黄土高原暖温带灰褐土森林草原为地带性植被。经过大规模的人工植被恢复和自然植被恢复,该区形成了固定沙地、半固定沙地、半流动沙地和流动沙丘复杂交错的地貌。固定和半固定沙地,植被主要由中旱生、旱生灌丛构成,草本植物较丰富,而且常有稀疏的乔木出现,主要类型有榆树疏林、小叶锦鸡儿灌丛、臭柏灌丛、油蒿灌丛等。在荒漠地带的固定和半固定沙漠,构成群落的主要是旱生和超旱生灌木和小半灌木,如红砂、珍珠、沙拐枣等,群落也较前者简单和稀疏。在流动和半流动沙地一般没有木本植物,常见的沙米、沙竹等草本植物构成不稳定的稀疏植被。长城以南的过渡地段是温带落叶阔叶林向干旱草原地带过渡,零星分布有针叶林和落叶阔叶灌丛。除此之外近半个世纪的植被恢复工程的开展,区内可见人工栽培乔木、灌木群落,主要有油松、刺槐、紫穗槐、柠条、沙棘等群落。

陕北地区 1997—2006 年间的总的生态足迹变化比较大,从 1997 年的 765.9 万 hm^2,到 2006 年的 1735.31 万 hm^2,总的生态足迹增加了 969.41 万hm^2,增加了 2.27 倍。(樊华,2010)由图 5.1 可以看出,整体上是波动上升,在 1997 年以后上升速度较快,尤其是在 1997—2003 年和

2007—2015 年这两个阶段,这与国家批准陕北地区建立能源化工基地及陕北地区的能源化工产业飞速发展相吻合(见表 5.13)。

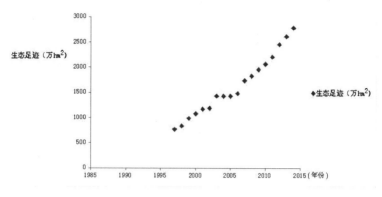

图 5.1　陕北生态足迹

资料来源:根据《延安市统计年鉴》《榆林市统计年鉴》(1997—2015 年)资料整理计算。

表 5.13　陕北生物多样性保护面积　　　　(单位:万 hm²)

年份	生物多样性保护面积	年份	生物多样性保护面积
1997	40.86	2002	46.88
1998	50.60	2003	46.35
1999	39.60	2004	51.76
2000	43.46	2005	46.67
2001	39.96	2006	49.24

(三)陕南地区生物多样性的经济价值展示

陕南地区位于东经 105°30′30″—111°1′25″,北纬 31°42′—34°25′40″,包括汉中、安康、商洛三市,面积为 7.02 × 10⁴ km²,约占全省面积的 35%;西接甘肃省,南连四川省、重庆、湖北省,东与河南省毗邻,北与陕西省宝鸡、西安、渭南三市接壤。该区地处我国南北过渡的中间地带,特殊的地理位置决定了其气候的独特性:西部属于北亚热带季风气候区,东部为北亚热带与暖温带过渡地域;气候温和,雨量充沛,四季分明。据 2005

年统计资料,全区年平均气温在 13.5℃—15℃ ,年降水量 655—1100 mm,年日照时数 1395—1729 小时。总体上看,降水东部区少于西部区,日照则是西部区少于东部区。

境内森林覆盖率高达 55.5%,比陕西省的平均水平 37.3% 高出 18.2%;森林以天然林为主,天然林面积约占全区面积的 45.1%,森林覆盖率及天然林覆盖率均居全省之冠。其中,秦岭地区是以暖温带落叶阔叶林占优势的植被类型,巴山地区是亚热带含常绿阔叶林成分的落叶阔叶林木混交的植被类型,广阔的汉江和丹江流域是含常绿成分的暖温带阔叶林地区和常绿阔叶与落叶阔叶混交林的北亚热带边缘地区。

区内种子植物达 2000 余种,其中有国家一级重点保护植物 8 种,二级重点保护植物 37 种。国家一级重点保护野生动物有 12 种,国家二级重点保护野生动物 50 种。此外,具有重要价值的药用植物有 900 余种。全区储量居全省首位的金属和非金属有 20 余种,居全省第二位的有 13 种。石膏、石棉、大理石、石灰岩、重晶石、汞、黄金等矿产在全国都占有重要地位。陕南生态状况具体见表 5.14。

表 5.14　陕南生态状况

名称	陕南	汉中	安康	商洛
辖区总面积/km²	70223.0	27107.4	23529.2	19586.4
林地/km²	51374.3	19993.6	16971.4	14409.3
草地/km²	2535.7	565.4	668.9	1301.4
生物丰度指数	113.8	112.5	112.5	116.0
植被覆盖指数	113.1	111.3	114.1	115.4
环境质量指数	93.66	97.12	98.54	97.57
生态环境状况指数	84.39	84.91	85.12	84.00

资料来源:杨楠、王小文、卓悦,《陕南地区生态环境状况综合评价及对策》,《水土保持通报》,2008 年第 28 卷第 2 期,第 190—194 页。

生物丰度指数旨在通过单位面积上不同生态系统类型在生物物种数量上的差异,间接反映评价区域内生物多样性的丰贫程度。陕南地区以及所属的三个地市的生物丰度指数值在110—116之间,超过该指数应有的上限值100,这充分表明该区在生物物种数量上的丰富程度,进而可以推测该区的生态系统较为稳定,生态服务功能较强。植被覆盖指数通过评价区内的林地、草地、农田、建设用地和未利用地五种类型的面积占评价区域面积的比重,间接反映被评价区域的植被覆盖程度。植被覆盖指数是描述生态系统的基本参数,它反映了人类活动对地表覆盖状态的影响,是自然环境变化和人类活动综合作用的结果,植被组成成分和分布变化是局部乃至区域生态系统变化的主要原因之一。该区以及所属的三个地市的植被覆盖指数数值在110—116之间,超过该指数的上限值100,均取值100。这表明,陕南地区植被覆盖度高,受人类社会经济活动影响相对较小。

二、甘肃生物多样性的经济价值展示

(一)甘肃生物多样性的现状

甘肃地处黄土高原、蒙新高原和青藏高原的交汇处。地理位置依东南至西北延展成狭长地带,跨越亚热带、暖温带、温带三个热量带,降水从600mm以上向西北降至100mm以下。地质构造复杂多变,地势起伏悬殊,区域分异变化明显,形成了独特的生态环境。甘肃区域辽阔,地貌复杂,海拔差悬殊,拥有北亚热带湿润区到高寒区、干旱区等多种气候类型,自然环境多样,孕育了丰富的生物多样性。除海洋生态系统外,其余生态类型在甘肃都有分布。

在甘肃境内,有亚热带半湿润森林草原和西北部的荒漠戈壁,有高山草甸和冻土冰川,也有黄土高原和青藏高原。这些地理类型的交错与过渡,形成了极为丰富的自然资源。以植物为例,区域可分为:北亚热带植物区域,温带森林植被区域,温带草原植被区域,温带荒漠植被区域,祁连山、阿尔金山植被区域,甘南草原、山地植被区域等差异显著的六大生态系统。这种区域植被的差异性和生态系统的多样性决定了甘肃物种的多样性。

全省有兰州、嘉峪关、金昌、酒泉、张掖、武威、白银、天水、平凉、庆阳、定西、陇南等 12 个地级市,临夏、甘南自治州有 4 个县级市、86 个县、7 个民族自治县、17 个市辖区。自然条件严酷,气候干燥,水、旱灾害频繁,干旱、半干旱区占总面积的 7.2% ,是一个多山、多沙、多灾、少雨、少林、水土流失严重、森林植被稀疏、生态环境十分脆弱的省份。

甘肃地貌复杂多样,山地、高原、平川、河谷、沙漠、戈壁交错分布。总体地貌特征是平均海拔较高,地势起伏大,自西南向东北倾斜,地形呈狭长状,东西长 1659km,南北宽 530km,多山地和高原。以内营力为依据,甘肃地貌单元可分为七大块。

①陇南山地。由西秦岭和崛山余脉摩天岭组成,以流水侵蚀中山地貌为主。西秦岭海拔 2000—3000m,山体较宽广,山间盆地发育,其中徽成盆地是最大的山间盆地,它将西秦岭分隔为南北两支。摩天岭海拔 3000—4000m,山势高峻陡峭,山谷深而狭窄,坡体极不稳定。

②甘南高原。它是青藏高原的一部分,海拔 3000—3500m,高原呈波状起伏,山地与高原相间分布,阿玛尼卿是高原西南部的高大山脉,最高峰海拔 3200m,冰缘作用十分明显。

③黄土高原。含陇东和陇中黄土高原两部分,海拔 1400—2200m,受流水侵蚀作用,地表破碎。陇东大部分以残垣沟壑地貌为主,北部为黄土丘陵和滩地,陇中中南部为黄土丘陵沟壑地貌,北部为黄土丘陵和土石低山。在高原上分布一些孤立的土石山地,如六盘山、子午岭、兴隆山、屈吴山、华家岭等。

④河西走廊。位于黄河以西,是由武威盆地、酒泉-张掖盆地、敦煌-瓜州盆地构成的狭长低地带。南靠祁连山地,北部为一系列干燥剥蚀山地,走廊两侧为山前洪积平原,中间为河流冲积平原。

⑤阿尔金山、祁连山地。位于青藏高原东北边缘,阿尔金山主体位于青海和新疆境内,仅东部在甘肃省内,平均海拔4000m以上,由系列山脉和谷地组成。祁连山地海拔在4000m以上,由多个平行山脉组成,山脉间为一系列谷地和盆地。

⑥阿拉善高原。甘肃省仅占有其南部边缘,海拔800—1600m,地势北倾,分布众多剥蚀低山、丘陵,山间为大小不同的盆地,地表多为沙砾或流沙覆盖。阿拉善高原是沙漠集中分布的地区之一。

⑦北山山地。介于塔里木盆地和阿拉善高原间的剥蚀山地,海拔1300—2000m,由一系列山脉和高地组成。

甘肃省的气候具有三个基本特点:一是干旱少雨,以大陆性气候为主;二是气象要素垂直变化明显;三是气候类型多样。

甘肃省植被类型多样,共有针叶林、阔叶林、草原、荒漠、灌丛、草甸、沼泽水生植被、人工植被等不同类型(图5.2)。甘肃省植被的水平分布自南向北依次为陇南山地南部的常绿阔叶、落叶阔叶混交林带,徽成盆地和北秦岭山地的落叶阔叶林带,黄土高原南部的森林草原带,中部的干草原带,北部半干旱、干旱荒漠草原带,河西走廊为干旱荒漠草原和荒漠带,甘南高原以山地草原为主垂直分布在祁连山东段,自下而上依次呈现山地荒漠草原、山地草原、山地森林草原、高山灌丛、高山草甸。

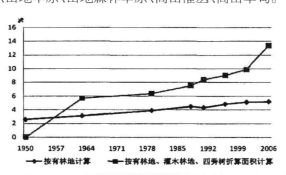

图5.2　甘肃省森林覆盖率变化情况

资料来源:斯丽娟,《甘肃生态补偿机制研究》,博士论文,兰州大学,2011年。

由于历史和自然的原因,甘肃的森林资源比较贫乏,覆盖率较低,全省目前记录描述定名的高等植物有4500余种,蕨类植物39科78属292种和6个变种,分别占全国的80%、70.6%、26%,被子植物198科980属4000余种,分别占全国的66%、31.6%和16%。甘肃省共有林业用地802.72万 hm²,占全省总土地面积的17.86%,森林分布在地域上极不均衡,主要分布在陇南山地、甘南高原、子午岭和祁连山,类型丰富,落叶阔叶林和针叶林分布广泛,常绿落叶阔叶混交林、常绿阔叶林零星分布于南部。其土地面积仅占全省的11.86%,而有林地面积占全省的34.76%,蓄积占17.2%;湿地360万 hm²,包括河流、湖泊、沼泽和沼泽化草甸、库塘、稻田等。广阔的干旱、半干旱地区由于受到气候条件、山地条件的局限,有林地资源较少,其面积和蓄积仅占全省的6.1%和7.8%。根据2001年清查的数据显示,全省森林覆盖率仅为9.9%,远远低于国内14%的平均水平。甘肃省草原面积达2.67亿亩,占全省总面积的39.4%,草原面积位居全国第六。虽然采取了植树造林、禁伐等一系列保护措施,甘肃省森林覆盖率自1998年到2009年逐步提高,但增速较为缓慢。现有林地中,灌木和疏林地面积占很大比例,直接影响到调节气候、涵养水源、净化空气的功能。(见图5.3)

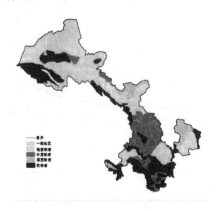

图 5.3　甘肃省生物多样性敏感性分布

资料来源:斯丽娟,《甘肃生态补偿机制研究》,博士论文,兰州大学,2011 年。

复杂的自然环境和多样的植物群落为野生动物提供了多样的栖息环境。野生动物中,属于国家保护的陆生野生脊椎动物 105 种。其中,一级保护动物 30 种,包括大熊猫、金丝猴、黑颈鹤、黑鹤、红腹角雉等;二级保护动物 75 种,属于省重点保护的陆生野生动物 18 种,有鱼类 6 目 8 科 36 属 49 种,两栖类 9 科 24 种,爬行类 58 种,鸟类 17 目 54 科 564 种,哺乳类 8 目 98 属 175 种。(李岩,李淮,2004)脊椎动物 954 种,占国内脊椎动物总种数的 20%,哺乳动物和鸟类在全国列第四位和第七位。国家重点保护野生植物 56 种,国家重点保护的陆生野生动物 105 种(其中一级 30 种、二级 75 种),省级重点保护动物 18 种。特有物种丰富,有哺乳类 10 种、鸟类 35 种、爬行类 2 种、鱼类 55 种,秦岭细鳞鲑、斑尾榛鸡、灰冠鸦雀、文县疣螈、黑额山噪鹛等为甘肃省分布的特有狭域物种。甘肃鼹是甘肃分布的单属性哺乳动物,还有世界稀有的大熊猫和羚牛。

甘肃省地表水资源总量约 $610 \times 10^8 \mathrm{m}^3$,其中自产地表水 $299 \times 10^8 \mathrm{m}^3$,入境水量为 $304 \times 10^8 \mathrm{m}^3$,人均水资源量仅 $1150 \mathrm{m}^3$,不到全国平均水平的一半。地表水资源的空间分布很不均衡,而且甘肃省水资源拥有量正呈逐年减少趋势。在流入黄河的 34 条主要支流中,已有 11 条常年干涸,占河流总数的四成以上。另有不少河流也成了季节河地下水,年资源总量为 $147 \times 10^8 \mathrm{m}^3$,其中河西地区各盆地占 32.5%,黄土高原占 8.17%,陇南山区占 42.9%,河西山区占 10.99%,后两者主要补给河流冰川水资源方面。祁连山和阿尔金山均发育着现代山地冰川,尤以祁连山为多,是河西内流河的主要补给源之一,补给作用自东向西逐步增大。

随着人口、经济的发展,甘肃水污染逐步加剧,水环境不容乐观。黄河干流兰州段、渭河等河流污染呈现出加重趋势。目前甘肃省绝大部分的河流出现了不同程度的污染。从总体上来说,一般在城市以下河段,污染就会严重加剧,主要原因是缺乏污水处理设施。甘肃省水质情况见表 5.15。

表 5.15　甘肃省河流水质评价

流域	河流	断面数（个）	2014 年各类别水域中断面数（个）						水质状况
			I	II	III	IV	V	劣V	
黄河	黄河	9		7	2				优
	大夏河	5		2	3				优
	洮河	2		2					优
	湟水河	1				1			轻度污染
	渭河	6		1	3		1	1	轻度污染
	泾河	4			4				良
	马莲河	3			1		2		轻度污染
	蒲河	2		1	1				优
内陆河	石羊河	1			1		1		良
	金川河	2		2					优
	黑河	4	1	3					优
	山丹河	1						1	重度污染
	北大河	4			3		1		良
	石油河	2		1		1			轻度污染
长江	白龙江	3			3				优

资料来源:甘肃省环境保护厅、甘肃省统计局,《2014 年甘肃省环境状况公报》,2015 年 06 月 04 日。http://www. gsep. gansu. gov. cn/newscontent. jsp? urltype = news. NewsContentUrl&wbtreeid = 1664&wbnewsid = 27262。

　　具体来看,内陆河流域经济社会的不断发展,加剧了水资源的供需矛盾,石羊河流域是我国干旱内陆河区人口密度最大、水资源供需矛盾最为突出的地域,也是人类活动影响生态环境恶化最为严重的流域之一。由于水资源严重不足,加之过度开发利用,进入下游地区地表水量逐渐减少,地下水位普遍持续下降,导致河湖干涸、林木死亡、草场退化、沙尘暴肆虐、下游河段水污染严重等一系列生态环境问题。河西地区水资源的供需矛盾已经成为制约经济社会发展的瓶颈。黄河流域由于水资源时空分布不均,大部分地区干旱少雨,水旱灾害频繁,供需矛盾十分突出。流域地处黄土高原,水土流失严重,渭水、泾河、渭河水系下游河段重度污染。随着经济社会的发展,缺水呈加重趋势,水质型缺水将成为一个必须面对的严峻形势。

甘肃是我国乃至世界现代沙漠发展最强烈的地区,全省沙漠面积较大,沙漠化危害严重,由西向东分布着库姆塔格、巴丹吉林、腾格里三大沙漠和毛乌素沙地,全省沙区总面积 24.9 万 km^2,荒漠化土地面积 17.8 万 km^2,且荒漠化土地面积以每年 0.38% 的速度扩展。天然草原 1780 万 hm^2,类型较多,占全国 18 个草原类型中的 15 个,风沙线长达 1640km,风沙口 840 多处,全省天然草地面积 1790 万 hm^2,其中重度"三化"草原面积达 553 万 hm^2。土壤侵蚀总面积 38.6 万 km^2,占全省总面积的 91%,有重力侵蚀、水力侵蚀、风力侵蚀和冻融侵蚀等多种类型。每年输入江河泥沙 5.5 亿 t,占黄河和长江流域输沙总量的 1/3 和 1/10。

全省现有湿地面积 121.8 万 hm^2,其中人造湿地面积 231.9 万 hm^2,灌木林地 352 万 hm^2,疏林地 17.16 万 hm^2,活立木总蓄积 2.17 亿 m^3,森林覆盖率 13.42%。全省共有 293 个国有林场(站)和 128 个国有苗圃;76 处森林公园,其中国家级 21 处,省级 55 处;有 49 处自然保护区,其中,国家级自然保护区 12 处,省级 36 处,县级 1 处。

甘肃生物资源丰富,品种多样。但是,近些年来,由于人为破坏和自然因素,生物多样性退化,生物群落结构和种类发生改变,质量不断下降,经济植物的种群急剧减少,濒危物种数量激增,局部地区灭绝现象相当普遍。

第一,森林面积的减少,导致蓄积量下降,群落结构和林分质量发生改变,林分郁闭度下降。

第二,草原生态系统由于过度放牧、铲草、樵采、挖药、撂荒和鼠虫害及地下水位下降等原因,退化面积相当严重。全省天然草场退化面积已占可利用面积的44.35%,因过度放牧引起的退化面积占全省整个草场面积的52.4%。甘肃省91%的可利用草原出现了不同程度的退化,退化面积正以每年10万 hm² 的速度扩大。与30年前相比,草层高度下降50%,载畜能力下降了60%。

甘肃省天然草原面积1790万 hm²,其中可利用面积1670万 hm²。中度以上退化草原面积达1333万 hm²,占全省可利用草原面积的79%,重度"三化"草原面积达553万 hm²,占可利用草原面积的33%,而且每年还在以近10万 hm² 的速度扩大。尤其是作为黄河重要水源补给区的甘南高原,近年来草原退化加剧,80%的天然草原出现不同程度的退化,重度退化面积高达34.1%,区域内湖泊、湿地面积不断缩小,生态环境急剧恶化。曾被誉为"黄河蓄水池"的玛曲湿地干涸面积已达10.2万 hm²;昔日水草丰美的甘南草原出现了片片黄沙和黑土滩,使广大农牧民的生产生活受到严重影响。更为严重的是区域水资源涵养功能急剧减弱,给黄河补给的水资源大量减少,玛曲县境内28条黄河支流已有15条干涸,直接威胁到整个黄河流域的经济社会可持续发展和国家的生态安全。

第三,全省湿地生态系统由于被不断开垦,水资源不合理利用及污染日益严重,导致湿地生物多样性发生变化。据报道,河西内陆河水系的下游段水流逐渐干涸。20世纪70年代大苏干湖面积有110km²,目前仅存97km²;小苏干湖的面积也由24 km² 减少到现在的12km²。敦煌郭家堡乡30多年前有大面积的沼泽和多个季节性湖泊,现在已全部退化为盐碱地。甘南州水草湿地面积,由1982年的8万 hm²,缩小到现在的2万 hm²,大部分水草湿地已经变成植被稀疏、草质很差的半干滩。碌曲的尕海湖,从1996年以来连续多年干涸,鸟类个体成为珍稀或濒危物种,甚至灭绝。玛曲县湿地面积由6.89万 hm²,缩小到现在的3.4万 hm²,减少了50.56%。许多沼泽草甸也连续干涸。

第四,干旱在甘肃省影响范围广,发生频率高,对农业生产和人民生活造成极大的影响。大风灾害以河西地区为主,主要发生在春季,全省沙尘暴天气主要发生在河西走廊地区,年平均沙尘天数 5—30 天,其中民勤、景泰、鼎新、瓜州等地最多达 43—58 天。甘肃沙尘暴另一个发生区是黄土高原北部,年平均扬沙天数低于 5 天。甘肃特别是河西走廊的发展史,也是防沙治沙的奋斗史。实践证明,在荒漠化地区,防沙治沙搞得好,地方经济发展就快,群众生活就能得到持续改善;反之,生态风险就会加剧,经济发展就会受到制约,进而影响社会大局稳定。可以说,推进荒漠化治理,实现可持续发展,既是重要的生态问题,更是重大的政治问题、经济问题和社会问题。

第五,物种也正在濒危和丧失之中。首先是植物种质资源的锐减和濒危。近年来由于对植物资源的掠夺式开采,一些经济价值较大的物种分布区缩小,蕴藏量锐减。原本有大量的春兰和蕙兰等观赏植物广泛分布在康县等地,但是由于南方商人的大量收购,使这一地区难觅这两种植物的踪影。在白水江地区,农民为采摘红豆杉树叶,在很短的时间内,便将这里的红豆杉树全部砍伐殆尽,连生长在悬崖峭壁上的也未能幸免,红豆杉资源遭到严重破坏。在河西走廊的瓜州、敦煌、金塔等县,由于挖甘草、采发菜,不仅使草甸遭到毁灭性破坏,甘草等药用植物资源也濒临枯竭;瓜州县境内的锁阳城以寄生在白刺等荒漠植被下的锁阳而著称,现在已很难见到锁阳的踪迹。另外,甘南草原的冬虫夏草,榆中的贝母,舟曲、榆中兴隆山的蕨菜,安西的刺五加,小陇山的生漆树,兰州的喜马拉雅紫茉莉,成县的核桃树都已成为濒危或灭绝的物种。20 世纪 80 年代,国家公布的濒危植物名录中,甘肃共有保护植物 30 余种,而目前仅被子植物中处于濒危或受到威胁的种类就达到 186 种,其中国家一级 5 种,二级 5 种,省一级 11 种,二级 135 种。甘肃省农科院的调查发现,5 个树种的103 个地方果树品种濒临消失,7 个树种的 70 个地方果树品种已经灭绝。甘肃省尚有宜林荒山荒地 270 万 hm^2,15°以上的坡耕地 100 万 hm^2,且随着生态建设的逐步深入,生态建设向远山、深山、沙区推进,立地条件越来越差,难度越来越大。

改革开放以来,在中央的正确领导下,甘肃把防沙治沙作为生态建设的重点,坚持"积极发展沙产业",在全国率先出台了防沙治沙的法规,下发了《关于进一步加强防沙治沙工作的意见》,着力实施"三北"防护林、石羊河流域综合治理等工程,开展了有组织、有计划的防沙治沙,形成了重点治理与全面防治相结合的工作局面。研发推广近100项治沙技术,集成配套了近10个技术体系,探索出生物措施与工程措施结合治理、生态修复与生态经济同步实施的治理模式,积累了一些行之有效的经验和做法。全省连续15年实现了荒漠土地面积净减少,荒漠化趋势得到初步遏制。"十二五"期间,完成沙化土地综合治理45.8万 hm^2,重点区域沙漠化程度由极重度向重度、中度和轻度转变,沙尘暴天气的强度、次数大幅减少,黑河、石羊河下游干涸多年的居延海和青土湖,分别形成了40 km^2 和10 km^2 以上的水域或湿地,实现了沙退人进的逆转。在防沙治沙的同时,用沙也实现了新突破,全省已发展沙产业企业、基地1000多家,开发投资达到30多亿元,年产值11亿元,沙产业已经成为沙区群众增收致富的重要渠道,展现出广阔的发展前景。

甘肃目前已建成森林生态、野生动物、湿地、荒漠等各级各类自然保护区58个,总面积达975.98万 hm^2,占甘肃陆地总面积的22.9%。其中国家级自然保护区15个,面积719.96万 hm^2,省级39个,面积244.53万 hm^2,县级4个,面积11.49万 hm^2。形成了布局基本合理、类型较为齐全、功能相对完善的自然保护区网络体系(见表5.16)。通过建立和建设自然保护区,甘肃省重要的原始森林生态系统、水源发源地、国家重点保护生物物种及生物多样性得到了有效保护和发展。随着对自然保护区生态保护的认识程度不断加深,甘肃的各类保护区都开始出现生态效益的好转。

表 5.16　甘肃省自然保护区名录

级别	名称
国家级 15 个	白水江、祁连山、兴隆山、安西极旱荒漠、尕海－则岔、连古城、莲花山、敦煌西湖、头二三滩、盐池湾、崆峒山、安南坝、永登连城
省级 39 个	于海子、昌马河、黄河首曲、东大山、小苏干湖、大苏干湖、香山、高台黑河湿地、黄河三峡湿地、贵清山、寿鹿山、敦煌南湖、尖山、昌岭山、仁寿山、铁木山、文县大鲵、太子山、插岗梁、岌岌泉、景泰黄河石林、敦煌雅丹地貌、刘家峡白垩纪恐龙、肃北马鬃山、白银市哈思山、白银市崛吴山、金塔县沙枣园子、玉门市南山、崛县双燕、武都区裕河金丝猴、疏勒河中下游、博峪河、白龙江阿夏、多儿、洮河、青藏高原土著鱼类、漳县秦岭细鳞鲑、子午岭、鸡峰山、黑河
县级 4 个	龙神沟、龙首山、沙生植物、敦煌南泉湿地

(二)甘肃生物多样性生态服务的经济价值展示

通常情况下,人们对生态价值认识、重视的程度和为之支付的意愿,是随其生活水平的不断提高而发展的,这也直接决定了生态补偿能否顺利实施。由于生态价值是个动态的、发展的概念,它具有从发生、发展到成熟这样的过程特征,所以处在较低发展阶段的人们,不可能对生态价值有充分的认识。但在解决了温饱、达到小康、生活条件逐步改善之后,人们对环境舒适性服务的需要,即对生态价值的重视程度就会急剧提高,而后继续发展,到极富阶段趋于饱和。这一过程可以用 Pearl 生长曲线模型来描述生态价值。Pearl 曲线的数学模型为:

$$J = \frac{L}{1 + ae^{(-bt)}} \tag{5.1}$$

式(5.1)中的参数具有支付意义,J 是社会对于生态价值的支付意愿,$J \in (0,1)$,a,b 均为常数,L 是 J 的最大值,即到达极富阶段的支付意愿,e 是自然对数的底,t 为某一时间。

通过对时间 t 求二阶导数,b 是常数,则得到曲线 $t = \ln(a/b)$,此时

J＝0.5L,曲线以拐点对称,令 a、b、L 均等于 0,运用以 MATLAB7.2 软件运行此公式,如图 5.4 所示。

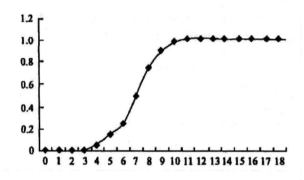

图 5.4　Pearl 曲线模型

从上式可以看出,当 t→－∞,J＝0,表明社会生产发展水平很低,人们对生态价值的相对支付意愿为零,当 t→＋∞,J＝L＝1,此时社会生产发展水平极高,人们对生态价值的相对支付意愿水平达到饱和,也就是说实际生态价值有多少,人们就愿意补偿多少,此时现实补偿价值与理论补偿价值相等。所以无论从变化趋势还是从实际的取值范围来看,该模型都能代表人们对生态价值的支付意愿与社会经济发展水平的关系。

而对社会经济发展水平和人民生活水平的量化,可采用恩格尔系数来衡量。恩格尔系数是联合国粮农组织提出的判断生活发展阶段的一般标准,它是指食物的支出在家庭总支出金额中所占的比例。随着家庭收入的增加,在家庭收入中用于购买粮食的支出比例即恩格尔系数将会不断下降,这一结论被称为恩格尔定律。恩格尔系数的大小在一定程度上反映了一个家庭或国家的贫富程度,恩格尔系数的下降意味着居民生活水平的提高。这个比例按世界粮食组织的规定为:50% 为温饱,40%—50% 为小康,30%—40% 为富裕,20% 以下为最富。一般常用的各阶段所对应的恩格尔系数详见表 5.17。

表 5.17 恩格尔系数对应的阶段

发展阶段	贫困	温饱	小康	富裕	极富
恩格尔系数	>60	60—50	50—30	30—20	<20
1/E	<1.67	1.67—2	2—3.3	3.3—5	>5

根据表 5.17,知道了某一阶段的恩格尔系数,实际上就知道了这一阶段所对应的人们的生活水平。于是可以将恩格尔系数的倒数(为了与 Pearl 曲线的时间对应)作为时间函数,与 Pearl 曲线的横坐标对应起来,并做一些必要的转换设(设 $T = t + 3$),生成皮尔曲线与恩格尔系数的关系(见图 5.5),其中纵坐标代表人们的支付意愿和能力,横坐标代表生活水平。

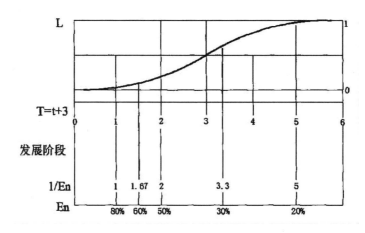

图 5.5 Pearl 曲线与恩格尔系数的关系

由公式 $W(t) = R(t) \times J(t)$ 可以计算出生态效益价值的现实补偿。用这种方法得到的补偿标准充分考虑了社会经济发展水平和人们的支付意愿和能力,基本能反应当时当地人们的支付能力。

根据甘肃省 1999—2014 年居民恩格尔系数(见表 5.18),可以看出人们对生态补偿的支付意愿的变化。

表 5.18　恩格尔系数与支付意愿变化关系

年份	E	1/E	L	年份	E	1/E	L
1999	0.5622	1.7768	0.8555	2007	0.4680	2.1366	0.8944
2000	0.4845	2.0641	0.8874	2008	0.4717	2.1211	0.8928
2001	0.4611	2.1689	0.8974	2009	0.4128	2.4225	0.9185
2002	0.4607	2.1704	0.8976	2010	0.4135	2.3613	0.9021
2003	0.4386	2.2798	0.9072	2011	0.4022	2.4863	0.9314
2004	0.4808	2.0818	0.8891	2012	0.4121	2.4231	0.9212
2005	0.4720	2.1185	0.8972	2013	0.3901	2.4994	0.9446
2006	0.4467	2.1426	0.8950	2014	0.3683	2.715	0.9683

可以看出甘肃省生态补偿与居民支付意愿的变化情况,2000 年以前由于人们生活水平处于较低水平,所以其对应的支付意愿较低,2000—2009 年支付意愿基本维持在 0.8—0.9 之间,浮动范围不大,2009—2014 年,随着人民生活水平的进一步提高,支付意愿明显增强,浮动范围达到 0.91—0.97。所以可以推断,随着社会经济的发展以及人民物质生活的不断改善,人们对生态补偿的支付意愿是会越来越强烈的,生态补偿制度也会随之变得越来越易于实施,这必将推动甘肃生态补偿工作的深入持久开展,为创造一个良好的经济、自然、社会发展环境奠定良好的基础。(斯丽娟,2011)

（三）甘肃自然保护区生态服务的经济价值展示

自然保护区生态服务经济价值范围主要包括基础设施、管护设施、科研和监测设备等建设项目。目前全国自然保护区建设投入水平为每年 1.086 元/hm²,甘肃现有自然保护区面积为 975.98 万 hm²,全省共需要自然保护区建设投入资金为 1059.914 万元,主要用于自然保护区管护设施的建设。

自然保护生态服务经济价值核算公式:

生态服务经济价值 = 自然保护区面积(hm^2) × 全国自然保护区建设

平均投入水平(元/hm^2) 　　　　　　　　　　　　　　　　　(5.2)

根据许智宏(2002)等 22 位院士的建议,自然保护区按每公顷 30 元
的人民币管护,这也是按照最为粗放的管理方式进行的费用计算,甘肃省
每年需要自然保护区管护费用为 2.928 亿元。考虑到目前我国自然保护
区管护费用实际投入水平,初步按照保护区的标准申请生态保护资金,按
照 15 元/hm^2 的标准核算,甘肃省每年自然保护区管理补偿资金需求为
1.46 亿元。计算公式如下:

管理补偿资金需求 = 自然保护区面积(hm^2) × 自然保护区管理补偿

标准(元/hm^2) 　　　　　　　　　　　　　　　　　　　　(5.3)

甘肃自然保护区机会发展损失补偿内容主要包括当地居民机会成本
和对地方政府所丧失的财政损失的两部分补偿。影响甘肃自然保护区机
会发展损失涉及方方面面的因素,补偿内容采用两种核算方法从不同角
度考虑甘肃自然保护区机会发展损失补偿,并将两种方法计算得到的损
失价值以均等发生概率进行合计。方法一是对当地居民机会成本和对地
方政府所丧失的财政损失的两部分补偿方法,方法二是自然保护区的建
立对居民经济收入和地方政府财政收入的补偿。

当地居民机会成本分析按照 2014 年甘肃省的各地区收入统计,以
1000 万元为分界线,年收入大于 1000 万元的为发达地区,年收入小于
1000 万元的为落后地区。将发达地区和落后地区人均收入差距作为人
均丧失的机会成本,再乘以保护区核心区和缓冲区内的人口,可以得出当
地居民丧失的机会成本。

由于自然保护区的建立限制农业和矿业等生产活动,对甘肃农业和
矿业生产影响很大,对地区生产总值造成一定的损失。甘肃自然保护区
面积约占全省面积的 1/5,假设农业和矿业产生的地区生产值是由自然

保护区以外的地区生产所得决定,据统计,2014 年甘肃省农林牧渔业总产值为 928.72 亿元,采矿、选矿业总产值为 309.21 亿元,加上其他不可预测的损失 1 亿元,则因自然保护区的建设对农业和矿业损失影响约为100.62 亿元。

基于生态保护责任平等的原则,确定全国各省市应该承担的自然保护区比例,2014 年年底全国共建立自然保护区 2729 个,约占国土面积的14.9%,其中国家级自然保护区 449 个。国家级自然保护区保护对象为具有全局意义的重要物种、生态系统类型及其生境,受益范围广泛。因此,全国各省市都有义务参加国家级自然保护区建设,承担平等的责任。参照发展中国家自然保护区每平方公里 157 美元的平均投资水平,则每年可为甘肃自然保护区建设筹集近 8000 万元资金。按照每公顷 30 元的最低管护标准,通过配额交易也可为甘肃自然保护区建设筹集补偿资金约 2.2 亿元(见表 5.19)。

表 5.19　甘肃自然保护区建设情况配额交易估算

自然保护区面积(万 hm^2)	交易标准	交易额度估算(万元)	合计(万元)
964.49	157 美元/ km^2	98426.49	98619.55
	30 元/ km^2	193.35	

注:1 美元 = 6.5 元人民币

资料来源:甘肃省环保厅生态处,《甘肃省自然保护区统计》,2012 年 10 月 26 日,网址:http://www.gsep.gansu.gov.cn/newscontent.jsp? urltype = news.NewsContentUr l&wbtreeid = 1535&wbnewsid = 19916

(四)甘肃省水资源的生态服务的经济价值展示

目前关于流域生态补偿的测算方法也没有统一的标准,并且测算技术难度较大。主要原因在于水资源区域分布不均(见表 5.20),各地区经济差距较大,对水资源的利用水平以及水资源成本差异较大。

表 5.20 甘肃省降水分区

降水分区	年均降水量/mm	包括地区
丰水区	800—600	六盘山-陇山区、陇南山区、甘南高原、祁连山地
贫水区	600—180	陇东、陇中黄土高原区、兰州以北地区
干涸区	<180	以祁连山麓为界的河西走廊、北山山地以及其他荒漠地区

甘肃省 2012 年水资源公报显示,2012 年全省平均降水量 287.7 mm,折合水量 1307.446 亿 m^3;全省水资源总量 300.688 亿 m^3,自产地表水资源量 292.727 亿 m^3,地下水资源量 139.134 亿 m^3,扣除与地表水重复的地下水计算量 131.173 亿 m^3,水资源总量为 300.688 亿 m^3;全省入境水资源量 328.387 亿 m^3,出境水资源量 537.816 亿 m^3。省内大中型水库年末蓄水总量 35.312 亿 m^3;省内平原区浅层地下水位年末比年初平均下降 0.03 m。全省供水总量 123.0844 亿 m^3,用水总量 123.0844 亿 m^3,耗水总量 80.5603 亿 m^3,耗水率 65%,废污水排放总量 8.7148 亿 t,人均 1500m^3 左右,不仅人均水量和每公顷耕地的水量大大低于全国年均水平,在西北五省区也是低的。甘肃冰川储量 786.875 亿 m^3,折合水总量约 669 亿 m^3,是河西全部地表径流的 8.4 倍。

全省总供水量 123.0844 亿 m^3,其中内陆河流域 75.3643 亿 m^3,黄河流域 44.5700 亿 m^3,长江流域 3.1501 亿 m^3。按供水工程类型分,蓄水工程 35.5701 亿 m^3,引水工程 40.9711 亿 m^3,提水工程 17.1023 亿 m^3,从黄河流域调入内陆河流域 2.2343 亿 m^3,地下水工程 25.7444 亿 m^3,其他水源供水 1.4622 亿 m^3。甘肃省各流域面积及其地表径流分布详见表 5.21。

表5.21 甘肃省各流域面积及其地表径流分布

区域	国土面积（km²）	自产径流量（亿 m³·a⁻¹）	特点
内陆河流域	217100	57.9	省内面积最大，地表水最少，却利用方便
长江流域	38370	106	地少水多，地高水低，地表水径流相对丰沛
黄河流域	144519	135	地多水少，地高水低，地表径流利用困难

全省总供水量基本呈现逐年增加的趋势。从1980年的$108.31 \times 10^8 m^3$增加到2015年的$139.43 \times 10^8 m^3$，年平均递增率为1.08%，与全国水平基本持平。研究表明，当现状水平年保证率为50%时，总缺水量为$4.43 \times 10^8 m^3$，缺水程度3.61%；当保证率为75%时，总缺水量为$6.57 \times 10^8 m^3$，缺水程度5.36%。全省三大流域中，现状水平年黄河流域与内陆河流域的缺水量与缺水程度较接近，长江流域基本不缺水。主要缺水地区按保证率为75%，供水量时的缺水程度排序为：定西市（缺水程度23.31%），天水市（19.23%），庆阳市（17.33%），平凉市（14.69%），金昌市（13.67%），嘉峪关市（12.12%）。全省缺水量为$7.32 \times 10^8 m^3$，缺水程度为9.02%。

全省水资源开发利用程度不断提高，局部地区由于水资源过度开发而导致生态环境恶化（见表5.22）。水资源开发利用程度以内陆河流域最高，黄河流域次之，长江流域最低。据相关研究，干旱区社会经济的耗水应该不超过水资源总量的50%，而甘肃省内陆河流域当地地表水资源开发率已达94.8%，中东部黄河流域水土流失严重，水资源开发利用程度较低。东南部长江流域山高谷深，雨量丰沛，但水低地高，水资源利用困难，水资源开发利用程度很低。由于水资源的过度开发和不合理利用，省内许多地区的生态环境已受到不同程度的影响，主要是在内陆河流域和黄河流域，主要问题包括河道断流、湖泊萎缩、地下水降落漏斗形成、土地荒漠化等。

表5.22 甘肃省流域水资源开发利用度

流域	地表水开发率	地下水开发率	水资源利用消耗率
内陆河流域	94.80	58.00	82.20
石羊河	110.00	131.00	127.00
黑河	98.00	29.00	72.00
疏勒河	71.00	40.00	59.00
黄河流域	45.12	38.80	23.60
长江流域	4.80	—	2.50
全省	33.20	52.08	33.96

资料来源:王学恭,《甘肃省水资源可持续利用评价研究》,硕士论文,西北师范大学,2009年。

(五)甘肃省森林资源价值评估

根据相关资料,可以估算甘肃森林生态服务的经济价值,计算标准的具体依据详见表5.23。

表5.23 森林资源计价标准

名称	单位价值	来源及依据
水库建设单位库容投资	6.1107元/t	根据1993—1999年《中国水利年鉴》,即得单位库容造价为6.1107元/t
水的净化费用	2.09元/t	采用网格法得到2007年全国各大城市的居民水价格的平均值为2.09元/t
磷酸二铵含氮量	14.00%	按照化肥产品说明
磷酸二铵含磷量	15.01%	
氯化钾含钾量	50.00%	
磷酸二铵价格	2400元/t	采用农业部《中国农业信息网》2007年春季平均价格
氯化钾价格	2200元/t	
有机质价格	320元/t	

名称	单位价值	来源及依据
固碳价格	1200 元 /t	采用瑞典的碳税率 150 美元(折合人民币 1200 元/t)
制造氧气价格	1000 元 /t	采用中华人民共和国卫生部网站中 2007 年春季氧气平均价格
负离子生产费用	5.8185 元 /个	根据台州科利达电子有限公司生产的适用范围推断获得
二氧化硫治理费用	1.20 元 /kg	采用国家发展与改革委员会等四部委 2003 年第 31 号令《排污费征收标准及计算方法》中各种污染物的排污费收费标准
氟化物治理费用	0.69 元 /kg	
氮氧化物治理费用	0.63 元 /kg	
降尘治理费用	0.15 元 /kg	

资料来源:王顺利等,《甘肃省森林生态系统服务功能及其价值评估》,《干旱区资源与环境》,2012 年第 26 卷第 3 期,第 139—146 页。

根据全国第七次森林资源清查中甘肃省的林地和灌木林地数据。甘肃灌木林涵养水源量为 57.20 亿 $m^3 \cdot a^{-1}$;固土 9796.36 万 $t \cdot a^{-1}$,减少氮损失 10.77 万 $t \cdot a^{-1}$,减少磷损失 13.71 万 $t \cdot a^{-1}$,减少钾损失 359.52 万 $t \cdot a^{-1}$,固碳 955.60 万 $t \cdot a^{-1}$,释氧 1415.57 万 $t \cdot a^{-1}$;甘肃林木积累氮 1670.93 万 $t \cdot a^{-1}$,积累磷 112.19 万 $t \cdot a^{-1}$,积累钾 1143.27 万 $t \cdot a^{-1}$;提供负离子 6.79×10^{23} 个 $\cdot a^{-1}$,吸收二氧化硫 3113.84 万 $kg \cdot a^{-1}$,吸收氟化物 174.93 万 $kg \cdot a^{-1}$,吸收氮氧化物 1049.61 万 $kg \cdot a^{-1}$,滞尘 378.82 亿 $kg \cdot a^{-1}$。

不同林分类型,生态服务功能总物质量及其排序结果如下:

①涵养水源功能位于 110.55 万—57.20 亿 $m^3 \cdot a^{-1}$ 之间,其中灌木林最大,栎类第二,硬阔类第三,阔叶混第四,椴树与铁杉最小。

②保育土壤功能。首先,固土功能位于 2.20 万—9796.36 万 $t \cdot a^{-1}$ 之间,其中灌木林最大,硬阔类第二,栎类第三,阔叶混第四,椴树与铁杉最小。其次,保肥功能中:减少土壤中氮损失量位于 35.13—5.99 万 t ·

a^{-1}之间,其中硬阔类最大,栎类第二,灌木林第三,云杉第四,桐类与铁杉最小;减少土壤中磷损失量位于27.45—13.71万 $t \cdot a^{-1}$ 之间,其中灌木林最大,硬阔类第二,栎类第三,阔叶混第四,椴树类与铁杉最小;减少土壤中钾损失量位于285.48—359.52万 $t \cdot a^{-1}$ 之间,其中灌木林最大,阔叶混第二,硬阔类第三,桦木第四,桐类与铁杉最小。

③固碳释氧功能。首先,固碳功能位于1170.52—528.76万 $t \cdot a^{-1}$ 之间,其中灌木林最大,硬阔类第二,经济林第三,阔叶混第四,桐类和铁杉最小。其次,释氧功能位于3133.66—1415.57万 $t \cdot a^{-1}$ 之间,其中灌木林最大,经济林第二,栎类第三,阔叶混第四,椴树和铁杉最小。

④积累营养物质功能。首先,林木积累氮位于1320.9—1427.46万 $t \cdot a^{-1}$ 之间,其中灌木林最大,硬阔类第二,栎类第三,阔叶混第四,桐类和铁杉最小。其次,林木积累磷位于126.84—95.16万 $t \cdot a^{-1}$ 之间,其中灌木林最大,栎类第二,阔叶混第三,桦木第四,桐类和铁杉最小。再次,林木积累钾位于702.36—1439.36万 $t \cdot a^{-1}$ 之间,其中灌木林最大,阔叶混第二,硬阔类第三,栎类第四,桐类和铁杉最小。

⑤净化大气环境功能。首先,提供负离子位于 2.79×10^{21}—1.68×10^{24} 个 $\cdot a^{-1}$ 之间,其中硬阔类最大,栎类第二,云杉第三,桦木第四,椴树和铁杉最小。其次,吸收污染物功能中:吸收二氧化硫位于29.63万—1.16亿 $kg \cdot a^{-1}$ 之间,其中云杉最大,冷杉第二,硬阔类第三,灌木林第四,椴树和铁杉最小;吸收氟化物位于1925.10—120.70万 $kg \cdot a^{-1}$ 之间,其中灌木林最大,云杉第二,冷杉第三,油松第四,椴树和铁杉最小;吸收氮氧化物位于2268.00–661.25万 $kg \cdot a^{-1}$ 之间,其中灌木林最大,硬阔类第二,栎类第三,阔叶混第四,椴树和铁杉最小。再次,滞尘功能位于288.00万—56.82亿 $kg \cdot a^{-1}$ 之间,其中灌木林最大,云杉第二,冷杉第三,硬阔类第四,椴树和铁杉最小。

综上所述,甘肃省森林生态系统服务功能总价值为2163.86亿元· a^{-1},其中涵养水源价值为854.01亿元· a^{-1},占总价值的39.47%;保育土壤价值为 378.51 亿元·a^{-1},占总价值的 17.49%;固碳释氧价值为 529.83 亿元·a^{-1},占总价值的 24.49%;积累营养物质价值为 46.94 亿元·a^{-1},占总价值的 2.17%;净化大气环境价值为 119.36 亿元·a^{-1},占总价值的 5.52%;生物多样性保护价值为 215.70 亿元·a^{-1},占总价值的 9.97%;森林防护价值为 17.23 亿元·a^{-1},占总价值的 0.80%;森林游憩价值为 2.31 亿元·a^{-1},占总价值的 0.11%。在八项森林生态系统服务功能价值的贡献之中,其大小顺序依次为:涵养水源>固碳释氧>保育土壤>生物多样性保护>净化大气环境>积累营养物质>森林防护>森林游憩。

各林分类型的生态服务功能单位面积价值位于 3.26 万—5.32 万元/hm^{-2}·a^{-1}之间,每公顷提供的价值平均为 4.31 万元·a^{-1},其中每公顷灌木林提供的价值平均为 3.26 万元·a^{-1}。(王顺利 等,2012)

三、青海生物多样性的经济价值展示

青海省位于被誉为地球"第三极"的青藏高原,大部分地区海拔在 3000m 以上,长江、黄河、澜沧江三大河流流经于此。独特的生态环境造就了高海拔地区独一无二的生态系统,孕育了高寒牧区特有的生物区系和动植物种类。青海是世界上高寒生物多样性最丰富和集中的地区,也是国际生物多样性保护的重点区域。

(一)青海省生物多样性生态服务经济价值展示

1.生物多样性状况

青海广阔的生态空间内分布着丰富的动植物资源。经初步统计分析,青海省植物种类有 29 科 69 属 181 余种,其中,蕨类植物 1 科 2 属 3 种,被子植物单子叶植物 9 科 25 属 84 种,其余为双子叶植物,有些为典型荒漠植物物种,如盐节木和盐穗木,梭和假木贼。省内植物种数约占我国植物种数的 10% 以上,其中,中国特有植物有 1000 多种,青藏高原特有植物 705 种,隶属 146 属 39 科,此外还有 40 多种受国家和国际濒危动植物贸易公约保护的珍稀濒危植物。分布在青海境内的国家级一、二类保护动物共有 74 种,其中一类保护动物 21 种,二类保护动物 53 种。

全省脊椎动物共有 38 科 113 属 466 种。其中,鱼类动物分属 5 科 25 属 55 种;两栖类动物分属 5 科 6 属 9 种;爬行动物分属 5 科 5 属 7 种;哺乳动物分属 23 科 53 属 103 种。野生动物有 123 种,其中,兽类 11 种,鸟类 48 种。(苏多杰,桑峻岭,2007)如野猪、草原斑猫、虎鼬、山鹏等,在动物种群中,多种高原动物过着群体生活。其中含 100 只以上的较大居群者有岩羊、藏羚羊、岩鸽、斑头雁、黑颈鹤、白唇鹿等,稍小于此数的有藏野驴、野牦牛、藏马鸡、猕猴、藏原羚、盘羊、对角羚、鸬鹚、石鸡、高原鼠兔等。

青海共分布着大约 317 万 hm² 森林。从全省范围来看,东南部的森林、南部的高寒灌丛和西北部的荒漠灌丛,形成了青海森林分布的总格局。高原独特的自然环境,对森林生态系统的组成、结构、分布产生了深刻的影响,省内林地是以乔木植物为建群种所组成的植物群落类型之一;省内灌木林地是以高寒灌丛、荒漠灌丛所组成的具有特殊功能的植物群落之一,二者是陆地重要的生态系统类型,具有涵养水源、保持水土、防风固沙等一系列重要的生态功能。

由于受高原气候影响,青海的湿地动物资源虽然有较广阔的分布空间,但可适宜的季节周期短,反映在湿地动物区系组成上,具有区系种类相对单纯的特点。随着人口增加、经济的发展和人民生活水平的日益提高,湿地的开发利用强度越来越大,滥采、滥挖和超载过牧等不合理利用湿地资源,致使其所承受的压力不断增加,湿地的面积日益减少,功能和效益不断下降。据统计,青海湖区退化草场面积高达 689840hm²,分别占流域面积的 23.26% 和该区草场总面积的 35.65%。流动沙丘年增长率为 5%。

青海现有沙化土地面积 1255.8 万 hm²,占全省土地总面积的 17.5%,主要分布在柴达木盆地、共和盆地、青海湖东岸和三江源地区。目前,全省沙化土地面积由 20 世纪末年均扩展 31.6 万 hm² 减少为年均扩展 2.5 万 hm²。柴达木盆地、环湖地区沙化的趋势得到了有效遏制,但是,全省沙化土地仍以每年 9.7 万 hm^2 的速度扩展,其面积比平安县总面积还要多 2 万 hm^2。

据统计,全省天然草地总面积 3644.9 万 hm^2,其中可利用草地面积约 3161 万 hm^2,占草地总面积的 86.72%。其中,冬春草场 1583.37 万 hm^2,夏秋草场 1574.67 万 hm^2,占可利用草场面积的 33%。然而,三江源地区的鼠害自 20 世纪 90 年代以后开始泛滥,高原鼠兔、中华鼢鼠以及田鼠是破坏高原植被的巨大杀手。三江源地区鼠害猖獗,其表现为发生面广、点多、密度大,害鼠不仅啃食草叶草根,而且掘洞翻土,造成大面积的黑土滩。青海湖区鼠害发生面积达 15333.3 km^2,危害面积达 13333.3 km^2,平均有效洞 504 个/km^2。

2008 年全省耕地面积仅为 55 万 hm^2,占全省土地面积的比例不到 1%。但是,持续的荒漠化、超载放牧和退牧还草工程的实施使青海的耕地面积不断减少。

青海是我国最大的产水区,流域年径流量达到 629.3 亿 m^3,水面面积约为 159.9 万 hm^2。其中,长江、澜沧江及内陆河的径流量较为稳定,黄河径流量每年变化较大。据水文监测总站数据显示:近年来,三江源地区黄河流域年平均径流量为 208.5 亿 m^3,占黄河总径流量 596 亿 m^3 的 35%;长江流域年平均径流量为 179.4 亿 m^3,占长江总径流量 8890 亿 m^3 的 2%;澜沧江流域年平均径流量为 108.9 亿 m^3,占澜沧江总径流量 713 亿 m^3 的 15%;三大河年产水量共计 496.8 亿 m^3,其余为黑河等内流河径流量。水是生命之源,直接影响到人类的生存和经济社会的可持续发展,历史证明,黄河、长江流域的文明之所以得到保护、延续和发展,就是因为有稳定的生命源,有江河源区较为稳定的生态环境和水源供应。进入新世纪以来,水资源的战略地位将更加突出。

2. 生态服务经济价值评估

运用全国生态系统服务的单位平均价值和青海各种生态资源的面积,对青海不同类型生态系统服务功能价值进行评估。

评估公式为：$V_n = P_n \times Q_n$

式中：V_n 为森林、草地、农田、湿地、水体、荒漠等各种生态资源服务功能的价值；P_n 为森林、草地、农田、湿地、水体、荒漠等各种生态资源服务功能的单位价格；Q_n 为森林、草地、农田、湿地、水体、荒漠等各种生态资源服务功能的面积。

首先，评估青海不同类型生态系统服务的价值，然后结合各价值计算青海省生物多样性总价值。

表5.24　青海不同类型生态系统服务价值

	面积 （$1 \times 10^4 hm^2$）	面积比例 （％）	单价 （元/hm^2）	总价值 （亿元/年）	价值比例 （％）
森林	317.0	5.2	199334	6318.9	47.0
草地	3644.9	59.4	6406.5	2335.1	17.5
农田	55.0	0.9	6114.3	33.1	0.2
湿地	733.0	11.9	55488.9	4067.3	30.2
水体	159.9	2.6	40676.4	650.4	4.8
荒漠	1227.0	20.0	371.4	45.6	0.3
总计	6136.0	100.0	—	13450.4	100.0

根据表5.24估计，青海全省生态系统服务总价值约为13450.4亿元/年，套用近五年来青海CPI指数测算，2008年青海生态系统提供的总生态系统服务价值量约为15428.7亿元/年。其生态系统服务功能价值量占全国生态系统每年服务价值的24％。

根据生态功能评价，由直接法评估的青海森林生态系统的直接利用价值约为217.4亿元/年。由间接法评估的青海森林生态系统间接价值约为1413.2亿元/年，其中，生物多样性保护价值最大，占生态服务总价值的43.7％，固碳制氧价值占21.1％，涵养水源价值占18.3％，净化环境价值占9.4％，保育土壤价值占5.8％，营养积累价值占1.6％，森林游憩价值最小，不到1％。各项服务功能价值量排序为：生物多样性保护＞固碳制氧＞涵养水源＞净化环境＞保育土壤＞营养积累＞森林游憩，具体数据参见表5.25。

5.25　青海森林生态系统间接利用价值表　　（单位:亿元/年）

服务功能	生态价值量	服务功能	生态价值量
涵养水源	259	净化环境	132.3
保育土壤	82.6	生物多样性保护	618
固碳制氧	298.2	森林游憩	0.05
营养积累	23.1	合计	1413.2

资料来源:李勇、刘亚州,《青海生态系统服务功能价值量评价》,《干旱区资源与环境》,2010年第24卷第5期,第1—10页。

　　根据李勇等人的计算结果,1hm² 草地生态系统年均提供的生态服务功能约为609.35美元/hm²,其中水分蒸发价值为89.9美元/hm²,净生物量(NPP)的价值为259.73美元/hm²,初级生物生产力(GPP)的价值为259.73美元。1hm² 草地生态系统的生态资产约为1196.23美元/hm²,其中活生物量的价值约为1038.9美元/hm²,伴随着生态资产进化而蓄积的水分的生态资产价值为157.33美元/hm²。通过对每公顷草地生态系统年均提供的生态服务功能和生态资产价值进行测算,得出青海草场生态价值总量为748亿美元,按2016年汇率中间价折合人民币约为4921.84亿元/年。2004年青海省农业(种植业)总产值为215.3亿元,结合李菲云、吴方卫(2009)在《沪郊农田生态系统服务功能价值评估》中的研究方法,对青海农田系统在净化大气、涵养水源、保持土壤、维持营养物质循环等方面的价值进行测算,分别为158.9亿元/年、3.1亿元/年、2.7亿元/年和11.9亿元/年。所以,生态系统服务功能的间接利用价值约为176.6亿元/年,总价值约为391.9亿元/年。

　　根据李勇估计,青海湿地生态系统在气体调节上的总价值约为116.7亿元/年;在气候调节上的总价值约为1109.1亿元/年;在水源涵养上的总价值约为1005.3亿元/年;在土壤形成与保护上的总价值约为110.9亿元/年;在废物处理上的总价值约为1179.1亿元/年;在生物多样性上的总价值约为 162.1 亿元/年;在食物生产上的总价值约为 19.5 亿元/年;在提供原材料上的总价值约为 4.5 亿元/年;在娱乐文化上的总价值约为 359.8 亿元/年。青海湿地生态系统服务功能的总价值约为 4067 亿元/年。其中,废物处理价值、气候调节价值和水源涵养价值最大,分别为1179.1 亿元/年、1109.1 亿元/年和 1005.3 亿元/年,三项服务功能价值占总价值的 81%,其余几项服务功能价值仅占总价值的 19%。由于所借鉴成果完成于 2002 年,因此套用近六年来青海 CPI 指数测算,青海湿地生态系统服务功能的总价值约为 4665 亿元/年。

青海湖鱼类主要由青海湖裸鲤(湟鱼)、甘子河裸鲤、斯氏条鳅、背斑条鳅、硬刺条鳅和隆头条鳅组成。其中,青海湖裸鲤为青海湖内占绝对优势的主要鱼类资源,其分布数量约占湖内生长鱼类资源总量的 95% 以上,是青海湖最具高原特色的鱼类资源和湖区渔业生产中最重要的经济鱼类。20 世纪 60 年代初期的大规模捕捞使湟鱼资源急剧减少,70 年代的资源量为 50000t。1994 年,据中国水产学会的湖泊渔业专家组研究测定,青海湖湟鱼资源量约为 7500t。改革开放以来,水产品由专营调整为市场调节,放开经营,湟鱼价格上涨,由 0.48 元/kg 上涨到 2.40 元/kg,目前市场均价达到 20 元/kg,所以目前湟鱼的供给价值有 1.5 亿人民币。(唐仲霞　等,2007)

结合 1988—1991 年全国水库建设投资 0.67 元/m³ 的数据(周益平等,2010),可以估计出青海湖流域涵养水源和调蓄洪水的服务价值为289.66 亿元人民币。全球湿地生态系统的文化科研价值为 861 元/hm²(韩美　等,2007),所以青海湖湿地生态价值为 19.06 亿元。根据 Robert Costanza(1997)的结论,按全球湿地中单位面积的功能和自然资本价值来推算,湿地的"避难所"价值为 304 美元/hm²,则青海湖自然和生物多样性保护价值为 46.28 亿元人民币。

综合以上四个部分,青海湖流域湿地每年的生态功能价值约有352.5亿元人民币,其中价值最大的是湿地生态系统涵养水源的功效,每年有

289.6亿元人民币,约占全部价值的80%。

另外,青海天然草地生态服务功能总价值为4068.03 × 10^8元/年。高寒草甸类面积最大,其生态服务价值也最高,达3091.47 × 10^8元/年,占全省天然草地生态服务总价值的75.99%;其次是高寒草原类,生态服务价值为371.63 × 10^8元/年,占全省天然草地生态服务总价值的9.14%;居第三位的是温性草原类,生态服务价值为191.52 × 10^8元/年,占全省天然草地生态服务总价值的4.71%;第四位是温性荒漠类,生态服务价值为186.95 × 10^8元/年,占全省天然草地生态服务总价值的4.6%;第五位是低地草甸类,生态服务价值为86.24 × 10^8元/年,占全省天然草地生态服务总价值的2.12%;第六位是高寒荒漠类,其生态服务价值为52.57 × 10^8元/年,占全省草地生态系统生态服务总价值的1.29%;第七位是山地草甸类,生态服务价值为45.06 × 10^8元/年,占全省天然草地生态服务总价值的1.11%;居第八位、第九位的是高寒草甸草原类和温性荒漠草原类,生态服务价值分别是28.66 × 10^8元/年和13.94 × 10^8元/年,分别占全省天然草地生态服务总价值的0.70%和0.34%。

对青海天然草地生态系统的生态服务功能价值进行评估,其中生态保护功能(包括土壤形成与保护、废物处理等六项功能)价值为3848.90 × 10^8元/年,占全省天然草地生态服务功能总价值的94.62%,是草地生态系统经济功能(食物生产、原材料和娱乐文化)价值的17.6倍。青海草地生态系统的生态服务功能价值中,土壤形成与保护的生态服务价值最高,占全省天然草地生态系统总价值的26.93%。

(二)青海湖湖区生物多样性价值展示

1.基本的生物多样性状况

青海湖流域位于青海省东北部,东为日月山,南为青海南山,西为天峻山,北为大通山,为一封闭的内陆湖盆地,地理位置36°32′—37°15′N、99°36′—100°16′E,海拔3194—5174m。流域为西北高、东南低,包括天

峻、刚察全县和海晏县南部、共和县北部地区,流域面积 2964km²。青海
湖湖面东西长,南北窄,略呈椭圆形,近几年青海湖水位增长、水量增加,
2012 年青海湖面积为 4402.54km²。区内是典型的高原大陆性气候,以干
旱、寒冷、多风为主要特征。湖区多年平均气温 -0.7℃。

湖区全年降水量偏少,多年平均降水量 268.6— 415.8mm,但东部和
南部稍高于北部和西部,其中东部全年降水量是 412.8 mm、南部是359.4
mm、西北部 370.3 mm、西部 360.4 mm、中部 324.5mm;降水多集中在
6—8 月;湖区的年蒸发量为 800—1100mm,其中 6—9 月的蒸发量占全年
总量的 60%。

湖区全年日照时数大部分都在 3000 小时以上,较青海以东同纬度地
区高出 700 小时左右;年日照百分率达 68%— 69%。年辐射总量在
171.461—106.693 kCal/(cm² · a⁻¹),较同纬度的华北平原、黄土高原高
10— 40 kCal/(cm² · a⁻¹)。

青海湖的水温随季节而变化。夏季湖水温度有明显的正温层现象,8
月份最高达 22.3℃,平均为 16℃;水的下层温度较低,平均水温为9.5℃,
最低为 6℃。秋季因湖区多风而发生湖水搅动,使水温分层温度现象基
本消失。冬季湖面结冰,湖水温度出现逆温层现象,1 月份,冰下湖水上
层温度 -0.9℃,底层水温 3.3℃。春季解冻后,湖水表层水温又开始上
升,逐渐恢复到夏季的水温。

湖区主要土壤类型有高山寒漠土、高山草甸土、高山草原土、灰褐土、
黑钙土、栗钙土、沼泽土、风沙土等。

流域内植被以草地为主,主要包括以芨芨草、紫花针茅为优势种的温
性草原、高寒草原,以及以蒿草属为主的高寒草甸等。(李旭谦,2009)青
海湖是由水陆相互作用而形成的具有特殊功能的自然综合体,是全球生
态服务价值最高的生态系统,被誉为"地球之肾""生命的摇篮"和"物种
的基因库"。

据统计,青海湖天然草地植物有 1091 种,隶属 76 科 373 属,占全省

植物总种数的 38.74%（贺有龙，辛玉春，杜铁瑛，2013），植物分别占青海省种子植物总种数、总属数和总科数的 16.08%、23.82% 和 39.0%。以蒿草属和苔草属为代表的沼泽湿地类型，成为青藏高原湿地的独特类型，其植物种类也最为丰富。组成青海省湿地植物种类数量最多的为禾本科，其次为毛茛科、莎草科、菊科等。主要植被类型有高寒草甸、高寒草原、高寒流石坡稀疏植被、沙生植被、盐生草甸、寒漠草原和沼泽草原。野生植物约有 50 种，均为草本植物。湿草地、沼泽地植被以禾本科、莎草科、菊科、藜科、蓼科等组成。

湖区野生动物种类繁多，分布广阔。湿地是许多高原珍稀野生动物特别是许多珍稀鸟类、鱼类和两栖类动物赖以生存的主要环境。青海湿地动物有鸟类约 189 种、鱼类约 55 种、哺乳类约 14 种以及两栖类 9 种，其中属于国家一、二级保护动物 35 种。高寒沼泽草甸是青藏高原水禽和涉禽重要的栖息地和繁殖地，为鸟类生存食物以及筑巢、繁殖后代提供了必要的条件。常见的水禽约有 29 种，比较常见的有凤头䴙䴘、苍鹭、斑头雁、赤麻鸭等。常见且重要的水鸟有黑颈鹤、鸬鹚、赤麻鸭、鱼鸥等，常见的兽类野生动物有野牦牛、藏野驴、藏羚羊、岩羊、猞猁、狐狸、旱獭、棕熊、黄羊鹿和麝等珍稀动物。长江源区的鱼类为高寒冷水型鱼类，现已发现的鱼类有 19 种，主要有裸腹叶须鱼、小头裸裂尻鱼、细尾高原鳅等种类。根据黄河源头和星宿海地区的鱼类考察调查结果，共有 10 种分布，分别隶属于鲤科裂腹鱼亚科和鳅科条鳅亚科。鱼类主要有花斑裸鲤、青海湖裸鲤等。1994 年，青海湖被列入国际重要湿地名录，1997 年被国务院批准为国家级自然保护区。

这里是以河流为主体构成的湿地类型。2000 年面积为 160.49km^2，2010 年面积为 163.32km^2。流域河流发育不对称，水系特征为河谷开阔、河槽宽浅、河网较密集。直接入湖的河流有 48 条，包括布哈河、泉吉河、伊克乌兰河、哈尔盖河、黑马等。不直接入湖的河流有甘子河、倒淌河。在河流缓慢流动的区段、活溪流发育区段，水生植物生长良好，形成河流湿地。

　　然而人们往往只注重近期的经济利益,忽略了湿地所具有的生态价值和社会价值,造成对青海湖的严重破坏,导致湿地生态系统服务功能受到损害,使湿地生态系统向人们提供的福利减少,直接威胁到人类可持续发展的生态基础。青海湖作为世界著名的高寒湿地,也是青海省生态旅游业、草地畜牧业等社会经济发展的集中区域,在全球变暖和人类活动共同影响下,过去几十年里青海湖渔业资源锐减,环湖草地退化,沙化土地扩张,整个流域正面临着极其严重的生态和环境变化危机。

　　受区域生态环境退化影响,青海湖湖区生物多样性遭受严重破坏。目前野生动植物资源有 15%—20% 濒临灭绝,高出全国平均水平 5%。普氏原羚是我国特有的珍稀物种,数量不足 300 只,比大熊猫还要稀少,仅生存于青海湖流域。藏原羚、野牦牛以及鹰雕等动物,几经捕猎或草原灭鼠引发的二次中毒而大量死亡。青海湖盛产青海湖裸鲤,从 20 世纪 50 年代以来的无序滥捕,致使青海湖裸鲤资源锐减,可捕量下降,鱼体变小,性早熟,产卵量减少。目前青海湖裸鲤资源总量已下降到 7500t 左右,是 40 年前的 10%。溯河产卵的亲鱼数量已不足 60 年代的 5%,资源再生能力下降为 1%,已经到了最低临界点。鸟岛已成为半岛,致使鸟类大量迁徙,数十万只鸟儿云集此地的壮观景象已不复存在,鸟岛连续萎缩也使大量的鸟类迁徙,据最新调查,来鸟岛筑巢繁殖的鸟类仅有 3 种。珍贵稀有的冬虫夏草、雪莲、红景天、藏茵陈等 14 类高原独有的珍稀植物被疯狂采挖,生物资源濒临灭绝。

　　据调查,湖区的优良草场由 20 世纪 50 年代的 201 万 hm² 下降到 90 年代末的 109 万 hm²。据测定,其产鲜草已由 1963 年的 1740kg/hm² 减少到 1996 年的 1089.6kg/hm²,33 年间下降了 37.4%。(韩永荣,2000)近 10 多年来由于超载过牧和气候变化影响,该区域草场退化不断加剧,退化面积达 93.3 万 hm²,占可利用草场面积的 49%,其中中度以上退化面积为 65.67 万 hm²,占该区域草地面积的 34.90%,重度退化 13.44 万 hm²,极重度退化 8.98 万 hm²。

青海湖流域沙漠化土地总面积为 1695.12km^2，主要分布在湖东岸下巴台、海晏克土；在湖北岸的尕海周围、草褡裢、甘子河，湖西岸的鸟岛、沙沱寺至布哈河、石乃亥地区，湖南岸一朗剑、二朗剑等地带，也分布部分沙漠化土地；湖东岸的下巴台到日月山一带是流动沙丘集中分布区；湖西岸的鸟岛地区，主要是平缓流沙地；河漫滩、入湖河口三角洲及湖滨平原，为流沙直接入湖的主要地段。

2. 生物多样性生态服务价值评估

根据谢高地等（2008）、曹生奎等（2014）的计算方法，生态系统服务单价公式可以记为 $p_{ij} = (b_j/B)P_i$。

式中：p_{ij} 为订正后的湿地单位面积生态系统的生态服务价值；$i = 1$，2，$\cdots$，9 分别代表食物生产、原材料生产等不同类型的生态系统服务价值；$j = 1$，2，$\cdots$，n 分别代表不同生态系统类型；P_i 为中国生态系统服务价值基准单价；b_j 为 j 区生态系统的生物量；B 为青海湖流域各类生态系统单位面积平均生物量。

根据曹生奎等人的计算，青海湖流域高寒湿地生态服务价值变化结果显示（见表 5.26），1987 年青海湖流域高寒湿地总生态系统服务价值为 227.99 亿元，湖泊、高寒草甸、高寒沼泽和温性草原生态系统服务价值是其主要构成部分。2000 年总生态系统服务价值减少到 221.35 亿元，其中，高寒沼泽面积的减少是导致该时段生态系统服务价值损失的最主要原因，河谷沼泽、山地灌丛、湖滨沼泽和湖泊次之，同时，高寒草甸和温性草原面积的增加在一定程度上补偿了总生态系统服务价值的部分损失。1987—2000 年，青海湖流域生态系统服务价值减幅最大的为高寒沼泽，年均减少 28.26×10^6 元，增幅最大的为高寒草甸，年增加率为 16.14×10^6 元。2000—2010 年，总生态系统服务价值增加到 232.34 亿元，此时段除高寒草甸和温性草原的生态服务价值明显减少外，其他植被生态系统的生态系统服务价值均有所增加，其中高寒沼泽的增幅最大，它使总生态服务价值增加了 10.83 亿元。

216

表5.26　青海湖流域湿地生态系统单位面积生态服务价值　　单位：元·hm⁻²·a⁻¹

	供给服务		调节服务				支持服务		文化服务
	食物生产	原材料生产	气体调节	气候调节	水文调节	废物处理	保持土壤	维持生物多样性	提供美学景观
山地灌丛	176.63	1595.02	2313.24	2178.43	2189.14	920.21	2151.66	2143.93	1113.30
河谷灌丛	162.44	1466.95	2126.58	2003.52	2013.36	846.69	1978.90	2220.11	1023.91
高寒草甸	207.26	173.53	723.02	751.95	732.66	636.26	1079.71	901.37	419.36
温性草原	189.75	158.87	661.94	688.42	670.76	582.51	988.49	825.22	383.93
耕地	519.22	202.50	373.84	503.65	399.81	721.72	763.26	529.61	88.27
湖滨沼泽	172.62	115.07	1155.55	6496.99	6444.23	6904.54	953.55	1769.29	2248.77
高寒沼泽	159.47	106.31	1067.55	6002.22	5953.48	6378.73	880.93	1634.55	2077.52
河谷沼泽	143.03	95.34	957.45	5383.21	5339.50	5720.90	790.08	1465.98	1863.27
稀疏植被	5.04	10.08	15.13	32.77	17.65	65.56	42.86	100.85	60.51
河流/湖泊	238.02	157.19	229.04	925.15	8429.61	6669.14	184.13	1540.41	1994.00
荒漠	8.98	17.96	26.95	58.38	31.44	116.77	76.35	179.64	107.78
未开发	8.80	—	—	—	26.50	8.80	17.70	300.80	8.80

资料来源：曹生奎等，《青海湖高寒湿地生态系统服务价值动态》，《中国沙漠》，2014年第34卷第5期，第1405页。

青海湖流域高寒湿地生态服务价值结构及变化结果显示,研究区生态服务功能以水文调节、废物处理、气候调节、维持生物多样性功能为主,此四种功能的价值占到了总价值的 70% 以上。保持土壤、提供美学景观和气体调节功能处于第二层次,三者功能价值占总价值的 25% 左右。1987—2000 年青海湖流域生态服务各项功能中除保持土壤功能外,其他生态系统服务功能均在减少,2000—2010 年所有生态系统服务功能均在不同程度增加;1987—2010 年近 24 年里除原材料生产功能外,其他各项生态系统服务功能均在不同程度增加。研究区三个时期生态服务价值波动最大的是水文调节、废物处理和气候调节功能,1987—2000 年水文调节、废物处理和气候调节功能三者的价值分别减少了 0.91%、0.89%、0.68%,1987—2010 年增加了 1.36%、1.39% 和 1.13%,1987—2010 年它们的价值分别增加了 0.47%、0.52%、0.47%。

青海湖流域高寒湿地以高寒草甸、湖泊水体为主,其次为稀疏植被和温性草原,面积最小的为居民工矿地和石砾地。1987—2010 年高寒沼泽和温性草原面积增加最大,年均分别增加 11.66km² 和 5.51km²,裸岩和稀疏植被面积减少最多,年均分别减少 6.54km² 和 4.04 km²。1987—2010 年青海湖高寒湿地生态系统服务价值为 227.99—232.34 亿元,湖泊、高寒草甸、高寒沼泽和温性草原生态系统服务价值是其主要构成部分。近 24 年来青海湖流域总生态系统服务价值小幅增加,共增加 4.36 亿元,其中高寒沼泽、河流和温性草原的增加是总价值增加的主要原因,但河谷灌丛、湖泊和山地灌丛的减少削弱了总价值的增加幅度。

根据 CVM 法,估算青海湖湿地生态旅游价值的平均值为 18.73 元,中位值为 15.00 元、标准差为 18.59 元、WTP 总值为 0.16×10^8 元,青海湖湿地旅游资源的存在价值、遗产价值和选择价值,分别为 704×10^4 元、745×10^4 元、151×10^4 元。利用 CVM 对青海湖湿地旅游资源的非使用价值进行了评估,得出青海湖湿地旅游的游客愿意出资 1600×10^4 元保护其旅游资源。再根据青海省青海湖景区保护利用管理局统计数据,截至 2011 年 10 月 13 日,景区实现旅游总收入 9933 万元,通过青海湖湿地生态旅游使用价值的统计估算和非使用价值的统计估算,最后得到青海湖湿地生态旅游总价值为 11533×10^4 元。(王黎潇,2012)

(三)青海省草地资源价值评估

青海发育的草地生态系统,则是区域内绿色植物覆盖面积最大、数量最多、生态经济服务功能最高的子系统,不仅对维护生态平衡、保护人类生存环境具有其他资源不可替代的重要地位和作用,而且也是青海国民经济可持续发展的重要支柱和物质基础,其生态经济地位极其重要。

草地生态在水源涵养、防止土地退化、防风固沙、保持水土、降低河流泥沙淤积、减少水灾隐患等方面有着不可替代的作用。据有关资料,灌丛对降雨的渗透率为 25%,草原对降雨的渗透率为 10%,草甸对降雨的渗透率为 15%。据此估算,仅青海草地的高寒草原类和高寒草甸类草地,每年渗透到土壤中的降水约有 $200 \times 10^8 \mathrm{m}^3$,可见草地的蓄水能力是巨大的。据统计,青海境内除上述三江外,还有较大支流 190 余条,大小湖泊 16500 余个,有高寒沼泽化草甸草地 $4.29 \times 10^4 \mathrm{km}^2$,从而构成了世界上海拔最高、面积最大的高寒湿地生态系统。该系统不仅能较好地容纳雨雪降水,减少地表径流,而且对长江、黄河和澜沧江等大江大河中下游的水量具有重要调节功能,在降低中下游地区的断流和水灾隐患方面,起到一定的缓解作用。这些重要的生态维护功能,高寒沼泽化草甸子系统的作用是功不可没的。

青海高原地形地貌复杂,自然环境复杂多样,发育形成了不同的草地类型。据本次调查,青海天然草地共有高寒草甸、高寒草原、高寒荒漠、高寒草甸草原、温性草原、温性荒漠草原、温性荒漠、低地草甸、山地草甸 9 个草地类,占全国 18 个草地类型的 50%。多样的草地类型为野生动植物的分布、繁衍提供了条件。青海省天然草地面积为 $4191.72 \times 10^4 \mathrm{hm}^2$,占全省土地总面积的 60.17%,是农田面积的 70.2 倍。所以,大力发展草地生态畜牧业应是青海大农业发展的重点。

青海天然草地的植物区系地理成分有世界分布种、北温带分布种、温带亚洲分布种、中亚分布种和中国特有分布种等 13 个区系分布类型 35 个属,占全国 2679 个植物属的 13.13%,从而构成了青海植物多样的区系类型。

青海全省畜牧业产值在农业中的比重占 57.30%,达到 90.11×10^8 元。据本次草地资源调查,青海天然草地生态系统的生态经济服务总价值为 4068.03×10^8 元/年,其中仅气体调节、气候调节、水源涵养、土壤形成与保护、废物处理和生物多样性维持等生态功能因子的生态服务价值高达 3848.9×10^8 元/年,是天然草地经济服务功能价值的 17.6 倍,尤其是青海高寒草地类组的生态服务价值对青海天然草地生态服务功能总价值的贡献率高达 87.12%。(李旭谦 等,2011)

四、新疆生物多样性的经济价值展示

(一)生物多样性基本状况

新疆维吾尔自治区地处欧亚大陆腹地,距海遥远,面积 $166 \times 10^4 \text{km}^2$,处于东经 73°40′—96°18′,北纬 34°25′—48°10′。东西最长处约 2000 km,南北最宽处达 1650 km,占我国国土面积的 1/6,是我国古代西域的主要地区,四周高山环绕,水汽稀少。其总体地貌特征为"三山夹两盆"。北疆由阿尔泰山、北塔山、准噶尔界山和阿拉套山相围,南疆有全封闭的塔里木盆地,其相对高度均在 3000—6000 m 之间,北疆有半封闭的准噶尔盆地,其高差虽较小,但也在 1500—4500 m 之间,东疆吐鲁番是世界著名的完全封闭最低洼的山间盆地。高山峻岭、荒漠戈壁、平原绿洲及盆地边缘和山脉之间的河流纵横交错,湖泊星罗棋布。

新疆年降水量情况:北疆地区自下而上为 190—350 mm,南疆为 5—

70 mm。共有大小河流 570 条,总径流量为 $830 \times 10^8 \ m^3$,湿地 485.2×10^4 hm^2,共计 22 块,其中湖泊面积在 $1km^2$ 以上者有 139 个,总面积达 $51.3 \times 10^4 \ hm^2$,构成了新疆景观的多样性。由于整个新疆干旱生态系统是由干旱的盆地与较为湿润的山地组成,两者水热条件相差悬殊,加之新疆气候条件复杂,依气候带可划为暖温带、中温带、寒温带,吐鲁番为副热带,因此生态系统多样性较为丰富,例如新疆境内有森林生态系统、草地生态系统、荒漠生态系统、高山湖泊生态系统、盆地湖泊生态系统、平原绿洲农业生态系统等等。新疆物种多样性从数量来说虽远不如内地省区,但是从特殊性、复杂性及其在我国生物多样性中所具有的重要性来说,是非常显著和突出的,它是我国生物多样性中的一个重要组成部分。

据统计,新疆有野生维管束植物 3858 种和 176 个变种,野生高等动物 958 种和亚种,生态系统类型 168 种(袁国映,陈丽,程芸,2010),隶属161 科 846 属。种子植物 95 科 675 属,其中 100 种以上的科有 11 个,它们共计 445 属,2515 种,其中药用植物 2014 种,被收购的有 125 种。在新疆高等植物组成中,我国其他省区没有分布仅产于新疆的就有 1734 种,占新疆植物数量的 42.5%。已查明全疆野生脊椎动物共 773 种(包括亚种),其中鱼类有 61 种 1 亚种,两栖类有 8 种,爬行类有 41 种 3 亚种,鸟类有 387 种 95 亚种,兽类有 135 种 41 亚种。另外,尚有众多的昆虫类和蜘蛛类等。新疆野生动物资源在全国占有重要位置。陆生野生脊椎动物,鸟类和兽类分别占全国种类的 1/4 和 1/3。列入国家一级保护动物 26 种,二级保护动物 76 种,拟列入自治区的省级保护动物近百种。其中有的是特有种(或亚种),如塔里木马鹿、塔里木兔等。有的是世界性濒危、珍稀物种,如野马、雪豹、野双峰驼、蒙古野驴、野牦牛和盘羊等。有的是中国稀有种,如河狸、紫貂、四爪陆龟等。水生动物中,新疆有土著鱼类51 种,它们基本上都是新疆特有的,如国家一类保护动物新疆大头鱼等。新疆微生物仅大型真菌就达 200 多种,其中食用菌 95 种,药用菌 85 种,有毒菌 24 种,豆科固氮根瘤菌 139 种。新疆野生动物中特别是无脊椎动物,如昆虫类等,有相当重要的价值,目前尚未完全揭示出来。我们应当极力防止在其价值未被发现之前就把它们毁灭掉。(钱翌,2001)

近百年来,由于人口膨胀、粮食不足、能源短缺、环境污染、资源枯竭所谓的五大生态危机使环境遭到严重破坏,许多物种处于灭绝与濒临灭绝的境地。新疆的生物多样性也同样面临数量日益减少的命运。新疆虎、赛加羚、三叶甘草已经灭绝。另外,新疆大头鱼、野双峰驼、雪豹、盘羊、雪鸡、鹅喉羚以及新疆列入中国植物红皮书的肉苁蓉、矮冬青、半日花、盐桦、麻黄等都已处在濒危状态。20 世纪 90 年代到 21 世纪初,初步估算由于滥捕乱猎损失马鹿近 10 万头,盘羊 2 万多只,鹅喉羚近 50 万只,北山羊 10 万余只,雪豹 0.4 万余只,藏羚近 5 万只,野牦牛 0.2 万余头,雪鸡近 50 万只,野骆驼近 0.1 万峰,野驴近 0.1 万只。

新疆是我国最主要的天然草地分布区域之一,拥有草地面积 $5.77 \times 10^7 hm^2$,占全区土地面积的 30%,其中山区草地占 58% 左右。新疆天然林保护工程区总面积 $9.77 \times 10^6 hm^2$,林业用地面积 $4.24 \times 10^6 hm^2$,其中:有林地 $1.44 \times 10^6 hm^2$,灌木林地 $1.52 \times 10^6 hm^2$,疏林地 $1.70 \times 10^5 hm^2$,未成林造林地 $1.23 \times 10^3 hm^2$,苗圃地 $8.40 \times 10^2 hm^2$,无林地 $1.10 \times 10^6 hm^2$。非林业用地 $5.54 \times 10^6 hm^2$。森林蓄积 $2.62 \times 10^8 m^3$。新疆山地森林分布地域性极强,北疆明显多于南疆,天山北坡森林主要分布在海拔 1400—2800m 的中山带。主要树种为云杉,有少量落叶松、桦树、山杨等,面积占全疆山区森林的 50% 以上,其数量和质量均为全疆之最。阿尔泰山森林分布在海拔 1200—2400m 的中山带,主要树种为落叶松和云杉,还有少量冷杉、红松、桦树、山杨等,面积占全疆山区森林的 40% 以上。在干旱的天山南坡和昆仑山区,森林分布升至海拔 2400—3600m,主要树种为云杉、柏树等,面积不足全疆山区森林的 10%,且质量低下。新疆山区森林多分布在阴坡和半阴坡,呈条、块状分布。林地与牧草地交错,因此森林覆盖率低,在林区也仅为 15%—40%。

新疆瓜果和各种农作物品种繁多,不少是地方特有品种,其中,在果类品种中苹果 223 种,梨 70 种,葡萄 178 种,杏 69 种,桃 106 种,李 35 种,枣 29 种,核桃 15 种,山楂 25 种,草莓 32 种,榅桲 9 种,石榴 2 种,醋栗 2 种,樱桃 9 种,无花果 3 种,巴旦木 6 种,阿月浑子 1 种,共 17 个种属 814 个品种。各种野生果树 22 种。有甜瓜品种 144 种,西瓜品种 151 种。新疆粮食作物品种中,有冬小麦 49 种,春小麦 12 种,玉米 59 种,水稻 21 种。经济作物棉花 36 种,油料 22 种,甜菜 14 种。蔬菜作物 47 种 114 个品种。(高丽君,袁国映,表磊,2008)

塔里木河流域 20 世纪 50 年代初原有胡杨林 53×10^4 hm^2,由于过樵、过牧、水资源利用不合理等人为活动的影响,40 年来减少了 84%。北疆的荒漠灌木林面积减少了 68.4%。新疆的河谷次生林由于打草放牧,破坏也十分严重。新疆山区森林早在新中国成立前就遭破坏,20 世纪 50 年代后逐渐加剧。50 年代,天山森林下限一般在海拔 1200—1400 m,现已萎缩到海拔 1700 m 以上。新疆草场的破坏则更为严重,40 多年来,全区开垦草场达 330×10^4 hm^2,严重退化草场面积 470×10^4 hm^2,全疆除天山中山带夏牧场退化不明显外,其余 80% 的草场均有不同程度退化,草地目前每年仍在以 29×10^4 hm^2 的速度退化。

新疆植被退化主要表现为山地森林资源数量与质量下降,平原胡杨林、灌木林及河谷林大面积破坏,草地面积减少,产量下降,不可食和劣质草成分增加。(樊自立,1996)山区云杉林已减少 $2.3 \times 10^4 hm^2$,落叶松减少 2.4×10^4 hm^2。河谷林在额尔齐斯河和乌伦谷河减少了 56.2% ,在伊犁地区减少 63.4% ,引起河岸冲刷加剧,水土流失严重。平原林,塔里木盆地的胡杨林较 50 年代减少了 47%,其中塔里木河干流区减少 56.3%。红柳灌木林有 65%—90% 遭到破坏,准噶尔盆地 80.0×10^4 hm^2 的梭梭林被破坏。新疆各类草场面积占土地总面积的 38.4%,其中,山区草场占58%,平原草场占42%。除天山中山带夏牧场退化不明显外,其余80%的草场均有不同程度退化,产草量下降35.4%—75.8%。山区草场6.4的面积有蝗虫、鼠类危害,发生退化,产草量下降20%—40%。干旱、超载、不适当的垦殖和资源植物的滥挖滥采,对草场的影响更大。如阿勒泰地区各类草场产量下降16.3%—39.4%;伊犁地区草地面积减少38.6×10^4 hm²,产草量降低9%—75.4%,不可食用草成分占30%—40%。塔里木盆地分布着大面积的荒漠草场,退化更为严重。塔北地区失去草地至少20.1×10^4 hm²,现存草地产草量下降40%—60%,而且不可食和有毒草成分还占15%。塔南区亦有类似的情况。(田长彦,宋郁东,胡明芳,1999)

新疆河流大部分系内陆河,小的河流注入沙漠便立即断流。塔里木河系全国最大的内陆河,流程1280 km,下游英苏至台特马湖段自1972年已完全干涸,使塔河流程缩短了180km。孔雀河下游阿克苏甫以下已断流,流程亦缩短了180 km。

全疆沙漠化土地面积已达9.61×10^4 hm²,风沙化面积已达2.26×10^4 hm²,并且由于胡杨林等天然荒漠植被的大面积衰败或死亡,特别是绿洲周边的天然荒漠植被的破坏,已使绿洲与荒漠之间的过渡防护带缩小或消失,绿洲直接受到沙漠的侵袭。目前,沙漠化面积仍以每年400×10^4 hm²的速度扩展。全疆87个县(市)中的53个县(市)有沙漠分布,受沙漠化、风沙不同程度危害和影响的共达80个县(市)。

由于气候干旱、降水稀少,加上大量修建平原水库以及渠系渗漏、过量灌溉等,耕地盐化面积在20世纪60年代为66.7×10^4 hm²,20世纪80年代已达100×10^4 hm²,占全疆耕地面积的1/3左右。由于生态环境的恶化,新疆野生动植物种类日趋减少,目前新疆已有22.3%的野生动植物种类受到威胁,高于全国15%—20%的平均水平。

1997年以来,新疆造林速度、质量连创历史新高,新增森林面积

$1.133 \times 10^6 \, \text{hm}^2$,森林覆盖率提高到 2.94%,绿洲覆盖率由 12% 提高到 14.95%。1980 年至今,新疆已建立了省级以上自然保护区 34 个,占土地面积的 13.56%。为保护农作物和园艺作物品种,相关部门在新疆建立了多个种植园基地以及冷冻资源库,对优良品种和特有种植物进行了永久性的保护。

(二)森林价值展示

根据第七次全国森林资源清查结果统计,新疆天然乔木林共包括 11 类,分别为云杉林、落叶松林、杨树林、桦木林、樟子松林、冷杉林、柳树林、其他硬阔类、红松林、其他软阔类和榆树林。各林分类型面积和蓄积量的百分比如图 5.7。云杉和落叶松为主的针叶林是新疆天然乔木林的主要林分类型,该两类林分的面积占新疆天然乔木林总面积的 77.31%,其蓄积量占新疆天然乔木林总蓄积量的 92.31%。其次为杨树和桦木林为主的阔叶林,该两种林分类型的面积占新疆天然乔木林总面积的 19.30%,其蓄积量不足新疆天然乔木林总蓄积量的 6%。其余林分类型面积仅占新疆天然乔木林总面积的 3.4%,其蓄积量仅占新疆天然乔木林总蓄积量的 2.50%。(郭仲军 等,2015)

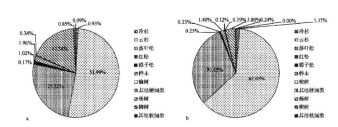

图5.7 新疆天然乔木林各林分类型面积(a)和蓄积量(b)的百分比

根据上述结果,计算新疆天然乔木林各功能项价值量评估结果及其所占的百分比,总价值量 229.35 亿元。其中涵养水源功能价值量最大,占总价值量的 39.20%;其次为生物多样性保护价值量,占总价值量的 21.11%;固碳释氧价值量位于第三位,占总价值量的 19.20%;净化大气环境价值量列第四位,占总价值量的 14.00%,积累营养物质价值量位列第五位,占总价值量的 3.81%;保育土壤价值量最小,仅占总价值量的 2.68%。(见表 5.27、表 5.28 和表 5.29)

表 5.27　天然林生态效益评估公式

功能类别	指标	评估公式
涵养水源	调节水量	$U_{调} = 10C_库 A(P-E-C)$
	净化水质	$U_{水质} = 10KA(P-E-C)$
保育土壤	固土	$U_{固土} = AC \pm (X_2 - X_1)/\rho$
	保肥	$U_{肥} = A(X_2 - X_1)(N_土 C_1/R_1 + P_土 C_1/R_2 + K_土 C_2/R_3 + MC_3)$
固碳释氧	固碳	$U_{碳} = AC_碳(1.63R_碳 B_年 + F_{土壤碳})$
	释氧	$U_{氧} = 1.19C_氧 AB_年$
营养物质积累	林木营养积累	$U_{营养} = AB_年(N_{营养} C_1/R_1 + P_{营养} C_1/R_2 + K_{营养} C_2/R_3)$
净化大气环境	提供空气负离子	$U_{负离子} = 5.256 \times 10^{15} \times AHK_{负离子}(Q_{负离子} - 600)/L$
生物多样性保护	生物多样性保护	$U = (1 + \sum_{m=1}^{x} E_m \times 0.1 + \sum_{n=1}^{y} B_n \times 0.1)S_生 A$
总价值		$U = \sum_{i=1}^{g} U_i$

资料来源:生物多样性保护评估公式参见王兵、宋庆丰,《森林生态系统物种多样性保育价值评估方法》,《北京林业大学学报》,2012 年第 34 卷第 2 页、第 155—160页。其他评估公式均参见国家林业局,《森林生态系统服务功能评估规范》,2008 年。

表 5.28　天然林生态效益评估的详细参数及其来源

参数	参数说明	数据来源
A	林分面积	根据第七次全国森林资源清查数据汇总各林分面积
P	林分年降水量	worldclim 数据源
E	林分年蒸散量	Atlas of the Biosphere 数据源
C	林分地表径流量	相关研究表明云杉林内形成的地表径流量仅占降水量的 1.10%

参数	参数说明	数据来源
$C_库$	水库建设单位库容造价	6.11 元/m^3
K	水的净化费用	2.09 元/t
$C_土$	挖取和运输单位体积土方所需费用	12.60 元/m^3
X_1	林地土壤侵蚀模数	3.47 t/$hm^2 \cdot a^{-1}$
X_2	无林地土壤侵蚀模数	8.12 t/$hm^2 \cdot a^{-1}$
ρ	土壤容重	1.25 t/m^3
$N_土$	林分土壤含氮量	0.69%
$P_土$	林分土壤含磷量	0.03%
$K_土$	林分土壤含钾量	0.48%
M	林分土壤有机质含量	1.39%
R_1	磷酸二胺化肥含氮量	14.00%
R_2	磷酸二胺化肥含磷量	15.01%
R_3	氯化钾化肥含钾量	50.00%
C_1	磷酸二胺化肥价格	2400.00 元/t
C_2	氯化钾化肥价格	2200.00 元/t
C_3	有机质价格	320.00 元/t
$C_碳$	固碳价格	1200.00 元/t
$R_碳$	CO_2 中碳的含量	27.27%
$B_年$	林分净生产力	不同林分类型取值不同,乔木和灌木的生物量和碳储量之间利用 0.50 的转换系数
$F_{土壤碳}$	单位面积林分土壤年固碳量	按森林植被碳储量的 2.50 倍计算

续表

参数	参数说明	数据来源
$C_氧$	氧气价格	1000.00 元/年
$N_营养$	林木含氮量	根据林分类型取值各异,参考相关研究发表的数据整理,单位: %
$P_营养$	林木含磷量	根据林分类型取值各异,参考相关研究的数据整理(单位:%)
$K_营养$	林木含钾量	根据林分类型取值各异,参考相关研究的数据整理(单位:%)
H	林分高度	根据二类资源数据求得各林分的高度(单位: m)
$K_负离子$	负离子生产费用	5.82 元/10^{18}·个$^{-1}$
$Q_负离子$	林分负离子浓度	根据不同林分类型取值不同,参考相关研究成果整理(单位: 个/cm^3)
L	负离子寿命	10.00 min
E_m	评估林分(或区域)内物种 m 的濒危等级	中国数字植物标本馆和中国特有植物名录
B_n	评估林分(或区域)内物种 n 的特有种等级	中国野生濒危保护植物名录
x	计算濒危指数物种数量	中国数字植物标本馆和中国野生濒危保护植物名录
y	计算特有种指数物种数量	中国数字植物标本馆和中国特有植物名录
$S_生$	单位面积物种多样性保育价值量	中国数字植物标本馆和中国特有植物名录,参考 LY/T 1721—2008《森林生态系统服务功能评估规范》中的分级标准,S 生为5000 元/hm^2·a^{-1}

资料来源:郭仲军、黄继红、路兴慧,《基于第七次森林资源清查的新疆天然林生态系统服务功能》,《生态科学》,2015 年第 34 卷第 4 期,第 118—124 页。

表 5.29 森林资源各功能价值

功能项	价值量(亿元/a)	占比(%)
涵养水源	89.90	39.20
保育土壤	6.14	2.68
固碳释氧	44.03	19.20
积累营养物质	8.74	3.81
净化大气环境	32.11	14.00
生物多样性保护	48.42	21.11
合计	229.35	100.00

(三)生态服务价值展示

在评价生态效益时,国际上的做法是综合不同区域的研究,通过统计归纳总结主要生态过程功能与生态系统效益的价值。1997 年康斯坦赞等人在《自然》杂志上发表了《全球生态系统服务功能价值和自然资本》一文,在世界范围引起巨大反响,使生态系统服务价值估算的原理及方法从科学意义上得以明确,并以生态服务供求曲线为一条垂直直线作为假定条件,逐项估计了各种生态系统的各项生态系统服务价值。

如果定义 $1hm^2$ 全国平均产量农田每年自然粮食产量的经济价值为l,其他生态系统生态服务价值当量因子是指生态系统产生的该生态服务相对于农田食物生产服务的贡献大小,再利用“中国生态系统生态服务价值当量因子表”(见表 5.30)完成新疆生态服务功能的价值估算。

表 5.30 中国生态系统生态服务价值当量因子表

	森林	草地	农田	水域	未利用土地
气体调节	3.5	0.8	0.5	1.8	0
气候调节	2.7	1.95	0.89	17.1	0
水源涵养	3.2	0.9	0.6	15.5	0.03

	森林	草地	农田	水域	未利用土地
土壤形成与保护	3.9	0.8	1.46	1.71	0.02
废物处理	1.31	1.31	1.64	18.18	0.01
生物多样性保护	3.26	1.09	0.71	2.5	0.34
食物生产	0.1	0.3	1	0.3	0.01
原材料	2.6	0.05	0.1	0.07	0
娱乐文化	1.28	0.04	0.01	5.55	0.01

注:未利用土地包括沙漠、盐碱地、裸土裸岩荒地、后备土地、居民点。

在研究区各粮食作物播种面积、粮食单产、各粮食作物的全国平均价格基础上,根据下面公式计算单位面积农田食物生产服务功能的经济价值:

$$E_a = \frac{1}{7} \sum_{i=1}^{n} \frac{m_i p_i q_i}{M} \ (i = 1, \cdots, n) \tag{5.4}$$

式中,E_α 为单位面积农田提供食物生产服务功能的经济价值(元/hm^2);i 为作物种类,研究区内主要粮食作物有小麦、水稻、玉米和大麦;p_i 为第 i 种作物平均价格(元/t);q_i 为第 i 种粮食作物单产(t/hm^2);m_i 为第 i 种粮食作物面积(hm^2);M 为 n 种粮食作物总面积(hm^2);1/7 是指在没有人力投入的自然生态系统提供的经济价值是现有单位面积农田提供的食物生产服务经济价值的 1/7。

根据"中国生态系统服务价值当量因子表"和研究区农田单位面积食物生产服务的经济价值,可得到该区域其他土地类型生态服务功能的单价:

$$E_j = e_{ij} E_j (i = 1, \cdots, 9; j = 1, \cdots, 9) \tag{5.5}$$

E_{ij} 为第 j 种土地第 i 种生态服务功能的单价(元/hm^2);e_{ij} 为第 j 种土

地第 i 种生态服务功能相对于农田提供生态服务单价的当量因子；i 为土地生态服务功能类型，包括气体调节、气候调节、水源涵养、土壤形成与保护、废物处理、生物多样性维持、食物生产、原材料生产、休闲娱乐；j 为土地类型，包括森林、草地、农田、湿地、水域和未利用土地，其中未利用土地包括沙漠、盐碱地、裸土裸岩荒地、后备土地和居民点。由于居民点的当量因子没有给出，参考前人工作，居民点的生产服务功能价值较低，所占研究区面积不足 1%，因此在实际计算中将其忽略，按 0 取值。

根据各类土地类型面积和其生态服务功能的单价可以计算出研究区生态服务功能的经济价值：

$$V = \sum_{i=1}^{q} \sum_{j=1}^{q} A_j E_{ij} \ (i=1,\cdots,9;\ j=1,\cdots,9) \tag{5.6}$$

式中，V 为土地生态服务功能的总价值，A_j 为第 j 类土地的面积，E_{ij} 为第 j 类土地的第 i 类生态服务单价，i 为土地生态服务功能类型，j 为土地类型。

根据《新疆统计年鉴》（2015），计算出新疆 2014 年农田提供食物生产服务单价为 5720.83 元/hm²，由此进一步计算出新疆生物多样性各类生态服务功能价值和生态服务总价值，详见表 5.31、表 5.32 和表 5.33。

表 5.31　新疆 2014 年各类土地面积　　（单位：万 hm²）

农作物播种面积	6308.48
园林水果	36.42
林地面积	676.48
牧草地面积	5111.38
湿地与水域	59289
未利用土地	92.56

表 5.32　新疆 2014 年各类景观生态服务功能价值　（单位：亿元）

森林	1523.15
草地	6272.21
农田	703.36
湿地与水域	6467.58
未利用土地	811.76
生态服务功能总价值	15778.06

表 5.33　新疆研究年份各类景观生态服务功能价值变化　（单位：亿元）

年份	生态服务功能价值	年份	生态服务功能价值
1989	5371.66	2005	12229.25
1991	5627.81	2006	13029.61
1996	10342.14	2007	14132.89
1998	9828.28	2009	14343.12
1999	8966.03	2010	14337.46
2000	10257.83	2011	14598.44
2001	11769.37	2012	14795.69
2002	10231.78	2013	15013.56
2003	9518.98	2014	15778.06
2004	11319.82		

　　师庆三等(2010)利用遥感方法计算生态系统服务价值涉及植被覆盖度、植被类型、温度、降雨等多个参数,使得生态系统服务价值计算复杂,如能简化参数,使生态系统服务价值的计算变得简便,会更便于对生态系统变化以及气候变化引起的生态系统服务价值发生改变做出实时评估。通过利用 MODIS 数据,结合遥感生态学方法,计算新疆陆地生态系统 2012 年的生态服务价值。

　　生态系统服务价值计算采用公式:

$$ESV = E_{Organic} + E_{CO_2} + Eo_2 + E_{nutrition} + E_{Water} + E_{Soil} \tag{5.7}$$

其中,ESV 为生态系统服务价值,$E_{Organic}$ 为生产有机物质的价值,E_{CO_2} 为吸收 CO_2 的价值,Eo_2 为释放 O_2 的价值,$E_{nutrition}$ 为营养物质的循环与储存的价值,E_{Water} 为涵养水源的价值,E_{Soil} 为水土保持的价值,单位是元$/m^2$。

结果表明:新疆地区 2000 年生态系统服务功能所产生的价值为 8871.05×10^8 元,其中贡献量最大的是固定 CO_2 的价值,其次是释放 O_2,营养物质循环较少;新疆森林的生态系统服务价值最高达 44073.39 元/hm^2,其次为耕地,为 39100.37 元/hm^2,而灌木和草地在 15000 元/hm^2 以上,未利用地为 116.14 元/hm^2。(见表 5.34)

表5.34 不同生态系统类型各项生态价值统计表

项目	森林	灌木	草地	耕地	建筑用地	未利用地	水体	合计
面积($10^6 hm^2$)	1.09	14.83	24.84	5.41	0.24	114.79	2.12	163.32
年平均植被覆盖度(%)	51.75	18.44	20.94	45.43	21.54	2.52	1.92	——
净第一生产力(NPPg·m^{-2}·a^{-1})	3281.84	1113.62	1121.28	3044.36	0.00	0.10	2.37	——
生产有机物(10^8 元)	84.95	391.67	660.66	390.47	0.00	0.26	0.12	1528.13
固定 CO_2(10^8 元)	194.95	898.87	1516.19	896.11	0.00	0.59	0.27	3506.98
释放 O_2(10^8 元)	171.92	792.66	1137.03	790.21	0.00	0.52	0.24	3092.58
营养物质循环(10^8 元)	1.90	12.91	24.01	7.58	0.00	8.32	1.07	55.79
涵养水源(10^8 元)	9.84	56.74	141.77	30.96	0.00	123.63	17.92	380.86

项目	森林	灌木	草地	耕地	建筑用地	未利用地	水体	合计
水土保持（10^8 元）	16.84	97.82	192.05	0.00	0.00	0.00	0.00	306.71
单位面积价值（元/hm²）	44073.39	15176.47	15586.59	39100.37	0.00	116.14	925.47	—
总生态价值（10^8 元）	480.80	2250.67	3871.71	2115.33	0.00	133.32	19.62	8871.05

具体方法参见：师庆三、王智、吴友均，《新疆生态系统服务价值测算与 NPP 的相关性分析》，《干旱区地理》，2010 年第 33 卷第 3 期，第 427—432 页。

五、中国丝绸之路经济带生物多样性生态服务经济价值展示

将生态系统服务区分为气体管理、气候管理等 17 种主要类型，将全国草地生态系统根据土地覆盖区分为温性草甸草原等 18 类生物群落，以生态服务供求曲线为一条垂直直线作为假定条件，从而计算出我国丝绸之路经济带生物多样性生态服务的经济价值，见表 5.35。

表 5.35　中国西北温带、暖温带干旱区生物多样性总服务价值

	总服务价值（10^8 US \$/a）	单位面积服务价值（US \$/ hm² · a）
气体管理	4.09	4.5
气候管理	0.00	0.0
干扰管理	22.28	24.7
水管理	1.55	1.7
水供应	18.65	20.6
侵蚀控制	14.24	15.8
土壤形成	0.49	0.5

	总服务价值(10^8 US \$/a)	单位面积服务价值(US \$ / hm^2 · a)
营养循环	0.00	0.0
废物处理	63.21	70.0
授粉	12.27	13.6
生物控制	11.29	12.5
栖息地	1.49	1.7
食物生产	34.15	37.8
原材料	0.52	0.6
基因资源	0.00	0.0
娱乐	3.79	4.2
文化	4.32	4.8
合计	192.36	212.9

资料来源:谢高地等,《中国自然草地生态系统服务价值》,《自然资源学报》,2001 年第 16 卷第 1 期,第 47—53 页。

六、丝绸之路经济带部分国家生物多样性的经济价值展示

中亚区域可利用水资源的大部分是由回归水(灌溉回归水、工业污水和城市排水)组成,年均回归水量为 32.4 km^3,1990 年到 1999 年该数字从 28.0 km^3 增加到 33.5 km^3,中亚区域农田灌溉用水量占区域总水资源量达 88.5%—92.6%。

(一)哈萨克斯坦生物多样性

哈萨克斯坦地处欧亚大陆腹地,位于亚洲中部,北邻俄罗斯,东接中国。国土总面积 272.49 万 km^2,全国人口 1699 万。属典型大陆性气候,夏季炎热干燥,冬季寒冷少雪。地形多为平原和低地,荒漠和半荒漠占国土面积的 60%。河流、湖泊众多,冰川达 1500 条。由于地域广大,局部地区气候具有明显的差异性。其南部为暖温带荒漠区,中部为温带干旱半干旱区,北部为寒温带半干旱区,景观自然地带性明显。景观类型主要有沙漠、荒漠草原、低山草原、山地森林和高山草甸等。地貌属典型的山盆

结构,北部是西阿尔泰山、半干旱森林草原区,南部是西天山、沙漠或半荒漠区,中部为平原,由荒漠草原和沙漠构成。国土面积中草原占25%,荒漠和半荒漠占50%,其余为山地和湖泊。总体来看,哈萨克斯坦北部自然条件与俄罗斯中部及英国南部相似,南部自然条件与外高加索及南欧地中海沿岸国家相似,既有低于海平面几十米的低地,又有常年积雪和冰川覆盖的高山山脉。其多样的地理地貌和气候决定了它具有生态系统和物种多样性。其丰富的景观多样性,是中亚国家中最重要的生物多样性分布区,动植物物种丰富度从草原和沙漠地区由西向东逐渐增加,山区系统则从北部的阿尔泰山至西南部的西天山和喀拉套山逐渐增加。

哈萨克斯坦对境内脊椎动物物种做过详细调查,未发现特殊物种。境内栖息脊椎动物835种,另有49种喙头目动物、3种圆口动物。代表性的啮齿目(82种)数量占哺乳动物物种总数的一半。有蹄类动物麋鹿、野猪、狍、赛加羚羊、西伯利亚野山羊、马拉赤鹿、狼、狐狸、沙狐、獾山猫、熊、紫貂、森林臭鼬等33个物种。(见表5.36)

表5.36　哈萨克斯坦生物多样性及保护区面积

土地总面积($10^3 hm^2$)	272490	地衣类已知物种数(种)	485
保护区总面积($10^3 hm^2$)	7742	哺乳动物已知物种数(种)	178
保护区占陆地总面积的占比(%)	2.9%	繁殖鸟已知物种数(种)	379
保护区数量(个)	76	爬行动物已知物种数(种)	51
高等植物已知种数(种)	6000	两栖类动物已知物种数(种)	15
菌类已知种数(种)	5000	鱼类已知物种数(种)	38
苔藓类已知种数(种)	500	昆虫类已知物种数(种)	50000
藻类已知种数(种)	2000		

数据来源:1.联合国环境规划署－世界保护监测中心(UNEP－WCMC)保护区数据库(WDPA)第6版,2003年;2.联合国教科文组织,《人与生物圈储量名录》,2002年;3. USAID CENTRAL ASIAN REPUBLICSMISSION, ALMATY, KAZAKHSTAN. Biodiversity Assessment for Kazakhstan,2001.6。

哈萨克斯坦区域高等植物主要包括:药用植物、饲用植物、可食植物和灌木等。境内已登记的植物物种中除表5.36中的高等植物、菌类和苔藓植物外,还有超过2000种海草在该区域内生存。

哈萨克斯坦由于近年来包括工农业生产、过度放牧使自然景观退化和自然栖息地面积缩减;水及土地资源管理利用不善,导致荒漠化、干旱化和盐渍化;重金属污染、森林开发(尤其是大规模泰加林)和狩猎(主要是哺乳动物)等使其生物多样性受到威胁。许多物种种类数量下降,有些物种甚至消失,或对一些生物地理群落、生态系统造成无可挽回的破坏。

据哈萨克斯坦濒危物种红皮书数据,其消失物种71种,濒危物种101种。红皮书第一版公布的植物保护名录包括303个物种;第二版包括404种植物,其中含33种极度濒危物种、25种濒危物种、21种脆弱物种,涉及22种森林、11种山谷、6种山区生态系统以及27种荒漠群落、11种草场(平原草场和山区草场)生态系统。水果和浆果类植物包括:65种树、灌木和藤蔓植物,被列入红皮书中的有9种极度濒危物种和56种濒危物种和脆弱物种。

1998年1月哈萨克斯坦政府濒危物种红皮书更新数据中包括125种(大约15%)脊椎动物、96种无脊椎动物和85种昆虫(1978年红皮书包括87种珍稀和消失动物物种和亚种),其中,有10种哺乳动物物种和亚种以及15种鸟被提到"消失"类目。处于最具灭绝危险的哺乳动物和鸟类包括:印度豹、欧水貂、白鹳、粉鹈鹕、萨克尔猎鹰、游隼等。登记的主要狩猎动物物种数在减少,有些物种减少了30%—50%。(张小云 等,2010)

根据FAO统计数据,2010年全国林地总面积为1978.8万 hm²,占国土总面积的7%。其中,森林330.9万 hm²,占林地总面积的16.7%;其他林地1647.9万 hm²,占林地总面积的83.3%;天然林面积为240.8万 hm²,占森林总面积的73%;人工林面积90.1万 hm²,占森林总面积的27%。2010年森林资源立木总蓄积量为3.64亿 m³,其中针叶林2.39

亿 m³,阔叶林 1.25 亿 m³。全国森林单位蓄积为每公顷 110m³,与世界平均水平持平。此外,其他疏林、散生木蓄积为 1200 万 m³。森林生物固碳量较高,2010 年达到 1.37 亿 t,每公顷达 41t。(赵晓迪,赵荣,2015)

由于人类活动和动物栖息地条件的变化、大量捕杀(尤其是狼和豹)及偷猎等,哈萨克斯坦 489 种鸟类中 140 多种鸟有鸟类狩猎场,43 种可被猎取,有 35 种食肉鸟,其中半数在 20 世纪 50—60 年代成为珍稀或灭绝物种。哈萨克斯坦 45% 的区域内有赛加羚羊的栖息地,但其狩猎量曾达狩猎总数的 50%,2003 年其数量减少到临界水平。

哈萨克斯坦全国 70% 的土地正遭受沙漠化侵蚀。目前哈萨克斯坦有 3050 万 hm² 土地正遭受风沙和水的侵蚀,其中 160 万 hm² 为现有耕地。据 FAO 统计资料,1992 年以来,哈萨克斯坦灌溉土地面积总体呈下降趋势。1993 年哈萨克斯坦有 230 万 hm² 灌溉土地,占农业用地的 1.6%;到 2011 年,灌溉土地下降到 206.58 万 hm²,仅占农业用地的 0.99%。(曲红萍,王晓伟,2014)

近年来,哈萨克斯坦已成立相关机构保护生物多样性。在 1992 年提出并于 1994 年批准签订了国家生物多样性协定,自 1996 年起,致力于制定国家生物多样性保护和可持续利用策略。哈萨克斯坦 800 多种生物体被分为三类进行保护:极度濒危(优先)—短期行动;濒危—中期行动;脆弱—长期行动。其山区(228 个物种)和中等沙漠(151 个物种)中有较高的生物多样性水平,包含主要的濒危物种和生态系统,需加强保护和管理,森林中的珍稀种群也包括其中。哈萨克斯坦自然保护区的情况见表 5.37 和表 5.38。

表 5.37 哈萨克斯坦自然保护区面积　　　　(单位:$10^4 hm^2$)

	1990 年	2005 年	2006 年	2007 年	2008 年(预计)	2009 年(预计)	2010 年(预计)
自然保护区面积	97.36	342.5	376.5	468.9	479.9	528.0	579.1

表 5.38　哈萨克斯坦主要国家自然保护区(2007 年)

保护区名称	面积(hm²)	保护物种(种)			
		哺乳动物	鸟(禽)类	鱼类	植物
卡尔加尔仁	258963	42	335	14	443
阿拉木图	71700	39	177	—	1440
阿拉湖	20743	33	269	17	271
西阿尔泰	56078	52	129	2	824
马尔卡湖	102979	58	260	6	935
纳乌鲁祖姆	191381	44	288	10	687
巴尔萨凯里明斯	160826	25	178	—	306
乌斯丘尔特	223342	29	111	—	263
阿克苏贾巴尔林	131934	52	267	5	1737
卡拉套	34300	20	118	2	539

资料来源:张小云等,《哈萨克斯坦生物多样性及其与中国新疆的比较》,《干旱区地理》,2010 年第 33 卷第 2 期,第 183—188 页。

2012 年底,哈萨克斯坦牲畜存栏数为:牛 566.85 万头(含奶牛 251.49万头)、绵山羊 1785.71 万只、猪 105.66 万头、马 163.73 万匹、骆驼 17.26 万头、禽 3377.96 万羽。(见表 5.39)2012 年哈萨克斯坦进口鲜肉、冻肉和冷藏的肉及食用杂碎等共计 235375 t,而 2011 年进口 187389 t。2012 年,全国肉类总产量为 163.55 万 t、奶产量为 480.38 万 t、羊毛 3.4 万 t、鸡蛋 36.44 亿枚;除肉类总产量较独立时增加 11.11 万 t(增幅 7.29%)外,其余牛奶产量较独立时减少 75.16 万 t(降幅 13.53%)、鸡蛋减少 4.31 亿枚(降幅 10.58%),羊毛的减产幅度最大,仅为独立时的 30% 左右;曾经驰名世界的卡拉库尔羔羊皮,在独立时年产量为 182.14 万张,到 2005 年缩减到 19.19 万张,此后羔羊皮生产即处于完全停滞状态。人均畜产品占有量也徘徊不前,2012 年人均畜产品占有量为:肉 57

kg、奶 330 kg、蛋 228 枚,没有明显增加。(古丽孜议娜 等,2013)

表 5.39 2000—2012 年哈萨克斯坦畜(禽)存栏数

年度	牛	羊	猪	马	骆驼	家禽
2000	410.66	998.11	107.60	97.6	9.82	1970.0
2001	429.35	1047.86	112.38	98.55	10.38	2110.00
2002	459.55	1127.30	122.98	101.93	10.75	2380.00
2003	487.10	1224.71	136.88	106.43	11.49	2840.00
2004	520.39	1340.91	129.21	112.04	12.57	2550.00
2005	545.74	1443.45	128.19	116.35	13.05	2620.00
2006	566.04	1535.03	130.49	123.56	13.86	2820.00
2007	584.09	1608.00	135.27	129.11	14.32	2950.68
2008	599.16	1677.04	134.73	137.05	14.83	3014.84
2009	609.52	1736.97	132.63	143.87	15.55	3268.65
2010	617.53	1798.81	134.40	152.83	16.96	3278.06
2011	570.24	1809.19	120.42	160.74	17.32	3887.01
2012	566.85	1785.71	105.66	163.73	17.26	3377.96

(二)乌兹别克斯坦生物多样性

乌兹别克斯坦作为双内陆国家位于中亚的中心地带,南靠阿富汗,北部和东北与哈萨克斯坦接壤,东、东南与吉尔吉斯斯坦和塔吉克斯坦相连,西与土库曼斯坦相邻,无出海口。国土东西长 1425 km,南北宽 930 km,边境线总长 6221km。全国总面积为 44.89 万 km²,占世界陆地总面积的 0.3%,在世界各国中排行第 55 位。其中,土地面积为 42.54 万 km²,占 95%;水面 2.2 万 km²,占 5%。沙漠和山地占全国面积的 60% 以上。(刘文,吴敬禄,马龙,2013)

乌兹别克斯坦动物区系组成丰富多样,物种资源繁多,野生动物资源在中亚区域占有重要位置。地处蒙新干旱区,分布着既丰富又独特的珍稀野生动物物种(见表 5.40)。

表5.40　乌兹别克斯坦动物物种多样性

脊椎动物		无脊椎动物	
纲	种数	门	种数
哺乳动物	97	节肢动物	11300
爬行动物	58	蛔虫动物	930
两栖动物	2	扁虫动物	300
鱼	83	蛤蜊动物	140
鸟	424	其他门类	870
总种数	664	总种数	15000

资料来源:祖日古丽·友力瓦斯等,《乌兹别克斯坦生物多样性及其受威胁状况与原因》,《草业与畜牧》,2014年第3期,第58—62页。

乌兹别克斯坦登记的生物种类已超过27000种,其中,动物有15000种,植物、真菌和藻类约11000种,植物区系高等植物138科1028属4500多种,其中人工栽培植物79科429种,特有物种400多种,占高等植物物种总数的10%—12%。乌兹别克斯坦的野生植物资源丰富,按其用途可分为野生食用植物、野生种质资源植物、野生药用植物、饲用植物、野生工业用植物及野生花卉。其中野生药用植物577种,野生工业用植物663种,食用植物约350种,饲用植物1700多种,野生油料植物650种,野生花卉270种。

已查明脊椎动物隶属于5纲约664种,其中哺乳动物97种,爬行动物58种,两栖动物2种,鱼类83种,鸟类424种。啮齿目37种,食虫目6种,蝙蝠目20种,食肉目24种,兔形目2种。爬行类动物主要有海龟1种,蜥蜴29种,蛇18种(其中有毒5种)。两栖类只有绿色沼泽青蛙和蟾蜍。鱼类总数83种。乌兹别克斯坦无脊椎类动物有15000种以上,以节肢动物为多,已知有11300种,其他门类有870种。

乌兹别克斯坦共有 95 个地下水矿床,其中 77 个是淡水矿床。乌兹别克斯坦的矿泉水资源也异常丰富,主要用于保健、医疗和饮用。每天的取水量约为 6000m³。矿泉水确定储量的利用率 10%。乌兹别克斯坦境内有大小 600 多条河流,淡水资源的分布比较集中,费尔干纳盆地有 34.5%,塔什干州有 25.7%,撒马尔罕州有 18%,苏尔汉河州有 9%,卡什卡达里亚州有 5.5%,其他州有 7%。(张小瑜,2013)

乌兹别克斯坦的第一版植物红皮书于 1984 年出版,列入植物 163 种。第二版于 1998 年出版 ,列入植物 301 种,比前一版红皮书多 138 种。2003 年出版的红皮书第三版公布的植物保护名录包括 305 种植物物种。第四版红皮书包括的植物物种 324 种,占植物物种总数的 7%。第一版动物红皮书于 1983 年出版;第二版红皮书于 1994 年出版,列入濒危动物 113 种;2006 年出版的红皮书列入濒危动物 184 种 ,多了 71 种,其中濒危 47 种,绝迹 5 种,稳定 132 种。(见表5.41)最后一版红皮书列入的 184 种濒危动物中有 106 种(大约 16%)脊椎动物和 78 种无脊椎动物,而这 106 种脊椎动物包括 24 种哺乳动物。(祖日古丽·友力瓦斯 等,2014)

表5.41 2006 年乌兹别克斯坦的濒危动物物种

列入红皮书的数据	消失物种	濒危物种	稳定物种
184	5	47	132

(三)吉尔吉斯斯坦

吉尔吉斯斯坦面积为 19.99 万 km²,是位于中亚东北部的内陆国家,北和东北接哈萨克斯坦,南邻塔吉克斯坦,西南毗连乌兹别克斯坦,东南和东面与中国接壤。吉尔吉斯斯坦属温带大陆性气候,处于干旱半干旱地区。其与塔吉克斯坦地貌相似,境内多山,素有"中亚山国"之称。全境海拔均在 500m 以上,其中 90% 的领土在海拔 1500 m 以上,1/3 的地区在海拔 3000—4000 m 之间,4/5 是重峦叠嶂的山地,群山之中雪峰谷地高低错落,相映成趣,风景迷人。天山山脉和帕米尔-阿赖山脉绵亘于中国和吉尔吉斯斯坦边境。胜利峰为其最高点,高达 7439 m。其低地较少,仅占土地面积的 15%,主要分布在西南部的费尔干纳盆地和北部塔拉斯河谷地一带。

这种高山地形使该国拥有丰富的水力资源,并且水质较好。吉尔吉斯斯坦电力有 1/3 输往其他国家。其境内有 6 个水力发电站,向邻近的国家输送电力,水力发电量在中亚国家中仅次于塔吉克斯坦。

吉尔吉斯斯坦和塔吉克斯坦作为上游水资源丰富而人口较少区域,国内可更新水资源的人均分配量比其他的中亚国家多,但是由于人口的逐年增多,人均水资源量的多年变化也服从人口数量的变化趋势,即吉尔吉斯斯坦和塔吉克斯坦的人均国内可更新水资源量在 1988—1992 年期间的年平均量分别为 10396 m^3、12035 m^3,在 2003—2007 年该数据降到 8801 m^3、10431 m^3;人均总可更新水资源量和人均取水量也出现同样趋势。(吉力力·阿不都外力 等,2009)

农业产值占国民生产总值的一半以上,畜牧业也比较发达。境内有牧场 850 万 hm^2。全国 3/4 的耕地是水浇地。马、羊的存栏数和羊毛产量在中亚位居第 2。主要农作物有小麦、甜菜、玉米、烟草等。农用土地面积 107.7 万 hm^2。

(四)土库曼斯坦

土库曼斯坦国土面积 49.11 × $10^4 km^2$,其中大部分是低地,海拔多在 200m 以下。南部和西部为科佩特山脉和帕罗特米兹山脉。山区是众多河流的发源地和流经地区,河网较密,但径流量较小。土库曼斯坦一年当中风沙天气较多,90%以上国土被沙漠覆盖,其中最大者为中央卡拉库姆沙漠,沙漠四周有绿洲分布。

土库曼斯坦和乌兹别克斯坦的多年平均国内可更新水资源量分别为

$1.36 \times 10^9 \, m^3$ 和 $16.3 \times 10^9 \, m^3$，与其他中亚区域相比，国内形成的水资源量较少；这两区域的国内人均总可更新水资源量和人均取水量也从1988—1992 年到 2003—2007 年呈明显的减少趋势，其中乌兹别克斯坦的人均取水量远远大于人均国内可更新水资源量，为该区域的最大取水用户国家，次为土库曼斯坦。(吉力力·阿不都外力 等,2009)

　　土库曼斯坦地处亚洲中部干旱区西南部，属典型的大陆性气候，是亚洲中部干旱区的重要组成部分，水资源短缺，是世界上最干旱的国家之一。年均气温为 14—16 ℃，昼夜温差大，季节更替明显。1 月平均气温4.4 ℃，7 月平均气温 27.6 ℃，夏季气温经常在 35℃以上，在东南部的卡拉库姆曾经有 50℃的极端纪录，而冬季在南部山区也出现过 −33℃的极端低温。多年平均降水量 76—380mm，降水的分布极不均匀，由西北面的80mm 递增至东面的 350mm，雨季主要在 1—5 月(见图 5.8)。

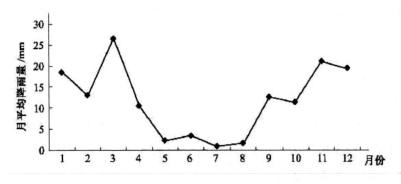

图 5.8　1990—2009 年土库曼斯坦月平均降水量

　　土库曼斯坦远离水资源源地，是中亚水资源总量最少的国家。河流多为跨界河流，水量较大，可利用水量远大于国内水资源总量。土库曼斯坦出入境水量约为 $233 \times 10^8 \, m^3$，可利用水量为 $247 \times 10^8 \, m^3$，人均水资源量达到 4333 m^3。水量较丰沛的地区主要集中在南部和西部的科佩特山脉和帕罗特米兹山脉，以及阿姆河流域的部分地区；而中央卡拉库姆沙漠及其北部地区是水量贫乏地区。土库曼斯坦每年的河流水资源总量约为

$250.04 \times 10^8 \mathrm{m}^3$。其中,阿姆河 $220 \times 10^8 \mathrm{m}^3$,占 88%;穆尔加布河、捷詹河、阿特拉克河合计为 $28.54 \times 10^8 \mathrm{m}^3$,占 11.4%;其他河流、泉水等合计为 $1.5 \times 10^8 \mathrm{m}^3$,占 0.6%。(姚俊强　等,2014)但它的年用水量较大,土库曼斯坦年用水总量占咸海流域总量的 20%,在中亚五国中居第 2 位。

土库曼斯坦所在的中亚地区是世界重要的棉花产区之一,棉花是土库曼斯坦农业的支柱产业。20 世纪 60 年代初,随着卡拉库姆运河的建成使用,土库曼斯坦的棉花种植面积和产量大幅增加。近年来农业灌溉用水有所下降,而工业的快速发展和城市社会经济及城镇人口的膨胀,导致工业用水和城市生活用水大幅度增加。

随着社会经济的不断发展,人们在经济利益的驱动下,违背水资源的客观自然规律,不顾水资源有限性、脆弱性、可恢复、可再生的特点,不合理地使用水资源,以致水资源遭到污染和破坏。工业废水和城市生活污水的不合理处理,以及农村地区农药和化肥的大量使用,都会对河流的水质产生影响。根据中亚国家间水资源协调委员会的研究,1960—1995 年间,阿姆河土库曼段三处(克尔基、埃尔齐克、达尔甘阿塔)矿化度总体呈上升趋势。随着区域开发和经济的发展,这种趋势进一步增强。每年大约有 43 亿 m^3 的污水进入河流。水中有害物质含量的增加以及盐渍化引起的饮用水盐度的升高,导致了水体水质的恶化,这不仅对水中生物造成了影响,还严重影响了农业用水以及日常生活用水安全。更重要的是,水质的恶化使得原本已经很突出的水资源供需矛盾更加严重。(姚一平,瓦哈甫·哈力克,伏吉芮,2014)

21 世纪以来,土库曼斯坦水资源利用结构有较大变化,农业灌溉用水有所下降,而工业用水有大幅增加趋势。这主要与该国石油、天然气等工业的发展使得对水资源的需求增加有关,而农业用水受水资源的限制而被抑制。

(五)塔吉克斯坦

塔吉克斯坦是位于中亚东南部的内陆国家(北纬 $36°40'—41°05'$,东

245

经67°31′—75°14′），国土面积为14.31万km²，西部和北部分别同乌兹别克斯坦、吉尔吉斯坦接壤，东邻中国新疆，南接阿富汗。塔吉克斯坦境内多山，有"高山国"之称。北部山脉属天山山系，中部属吉萨尔-阿尔泰山系，东南部为冰雪覆盖的帕米尔高原。

塔吉克斯坦红皮书于1988年正式出版。所有红皮书列入的物种都受国家保护。红皮书包含226种植物。受到威胁最大的是哺乳类和爬行类，44.7%的爬行类物种和一半的哺乳类物种被列入红皮书。在84种哺乳类中，2种已灭绝，12种濒危，28种罕见、数量减少或待确定，包括布哈拉马鹿、鹅喉羚、北山羊和捻角山羊等。很多鸟类也处于濒危状态而列入红皮书，例如多种涉禽、猛禽、雉类、行鸟类和鹤类。（见表5.42）塔吉克斯坦的部分物种开展了国际狩猎，例如盘羊、北山羊和岩羊。（周鹿　等2013）

表5.42　塔吉克斯坦的珍稀濒危脊椎动物物种

类群	总数	红皮书物种	比例（%）
鱼纲	52	4	7.7
两栖纲	2	0	0
爬行纲	47	21	44.7
鸟纲	346	37	10.8
哺乳纲	84	42	50

2011年塔吉克斯坦农牧业总产值达148.53亿索莫尼，其中，种植业产值108.94亿索莫尼，畜牧业产值39.58亿索莫尼。影响其农业发展的资金和技术等问题仍未得到解决。种植业占农业总产值的70%，植棉业在农业中举足轻重，尤以出产优质细纤维棉花闻名于世。40%的可耕面积用于种植棉花，养蚕业较发达。此外，还种植柠檬、甜柿、红石榴等水果和少量的水稻、玉米、小麦等。林业部管理下总计有6个森林狩猎场，面积317500hm²。猎人和渔民协会管理36个狩猎区，总面积1005000 hm²。

塔吉克斯坦的森林面积为194.1万hm²，可以利用的森林有182万

hm^2。森林资源中的23%是国家的森林保护区,森林覆盖面积只占其总面积的3%—3.5%。其林木资源总量为500—520万 m^3。(刘艳,2010)塔吉克斯坦的人均国内可更新水资源量在1988—1992年期间的年平均量为12035 m^3,2003—2007年该数据降为10431 m^3。塔吉克斯坦境内大部分河流属咸海流域,主要有锡尔河、阿姆河、泽拉夫尚河、瓦赫什河和菲尔尼甘河等。北部锡尔河流域面积1.34万 km^2,除帕米尔东一些区域外,其余近12.97万 km^2 的面积属于阿姆河流域。这里有一部分水量是从邻国汇入的。索格特州内锡尔河,包括凯拉库姆水库水域,总长度为180 km。锡尔河的水量基本源自吉尔吉斯斯坦,水量18.2 km^3。塔吉克斯坦水力资源丰富,储藏量居世界第8位,并建有中亚地区最大的水电站——努列克水电站。湖泊多分布在帕米尔高原。全境属典型的大陆性气候,高山区随海拔高度增加大陆性气候加剧,南北温差较大。塔吉克斯坦经济基础相对薄弱,结构较为单一(张小瑜,2013)。

根据保护区域及目标的不同,塔吉克斯坦保护地包括以下几类:自然保护区、国家公园(包括自然和历史自然公园)、严格物种管理区、自然历史遗址、旅游及娱乐区、植物及动物园休养胜地及其他特别保护地。截至2012年1月,保护地总面积3090408hm^2,占国土总面积的21.6%,包括自然保护区173418 hm^2,国家公园和自然历史公园2603600 hm^2,物种管理区313390 hm^2。(见表5.43、表5.44)

表5.43 塔吉克斯坦生物多样性的组成

组成	数量	组成	数量
生态系统	12	动物区系	13531
植被类型	20	动物特有种	162
植物区系	9771	塔吉克斯坦红皮书动物物种	800
农作物的野生近缘种	1000	农作物	500
植物特有种	1132	家养动物	30
塔吉克斯坦红皮书植物物种	226		

表 5.44　塔吉克斯坦的保护地

保护区类型	IUCN 类型	数量	面积（hm²）
保护区	I	4	173.4
国家公园	II	2	2603.6
自然遗址	III	2	6
物种管理区	IV	14	313.4
旅游和休闲区	—	3	15.3
植物园	—	5	0.7
植物站，临时和永久点	—	13	10.0
合计	—	67	3116.4

资料来源：周鹿等，《塔吉克斯坦野生动物保护管理与利用现状》，《野生动物》，2013 年第 34 卷第 5 期，第 311—314 页。

第六章　丝绸之路经济带生物多样性价值核算

生态系统服务及自然资源对于人类生存的价值是巨大的,是人类生存与现代文明的基础,忽视这种服务功能及其价值是当代环境问题的经济学损失之源。生态系统服务功能的消失,将导致全球经济系统的崩溃。维持与保护生态系统服务功能是实现可持续发展的基础,从这个角度,对生态系统服务功能价值进行评价,具有重要的科学价值,并在近年来引起了环境科学、生态学以及经济学家的研究兴趣。

由于传统观念的影响,缺乏有效的市场、合理的理论依据和计算方法以及各领域之间的沟通与合作,生态系统服务功能还没有或不能正确地进行价值核算。

20 世纪 90 年代中期,这一领域还很少有人涉及,或者仅仅停留在静态的统计分析之上;20 世纪 90 年代末,随着研究的深入和相关技术手段的发展成熟,生态系统服务功能价值核算得到迅速发展。从这些学术进展来看,生态系统服务价值化核算当前主要有基于单位生态服务产品价格的方法和基于单位面积价值当量因子的方法。其中完全基于单位生态服务产品价格的计算方法对数据需求高,计算复杂,难以形成统一评价标准并广泛应用;而基于单位面积价值当量因子的方法相对简单,易于广泛应用。

一、生物多样性经济价值的核算方法

目前,世界上已有许多有关生态价值的定价方法,但由于生态价值存在共享性、区域性、多用途性以及不可替代性等特点,同时隐形生态资产又难以用实物量来统一计量,且其空间尺度不确定,时间尺度也难以界定,因而其评价理论与计量方法颇有争议。

(一)生物多样性经济价值核算的基本方法

在生态系统服务功能的经济评价中,常用的核算方法有市场价值法、替代市场法、防护费用法、恢复费用法等。此外还包括补偿价值法、生产功能法、造林成本及碳税。地理信息系统是生态系统服务功能价值核算过程中的重要的支持工具。

文献检索以及对相关研究成果的总结,是对复合生态系统、多种功能进行价值核算的有效方法。康斯坦赞以此为基础,给出了基于实例研究的生态系统服务功能价值核算体系。体系中包括 16 种生态类型,17 种生态服务功能。对每种生态类型的各种生态功能的价值核算,基于前人相关研究成果以及方法的总结。核算得出全球生态系统每年提供的服务功能的价值在 1654 万亿美元之间,平均为 33 万亿美元,为同期全球 GDP总和的 1.8 倍。这一研究成果具有重要的理论意义,它系统、综合地考察了生态系统所提供的服务功能的经济价值,并为后续的研究提供了新的方向。此后,许多学者据此对不同地区、不同生态类型的服务价值进行了评价。

陈仲新、张新时参照康斯坦赞等人的分类方法和经济参数,对中国1994 年生态系统的功能与效益进行了价值评估,估算出当年中国生态系统效益的价值为 77834.48 亿元,相当于同期我国 GDP 总量 45006 亿元的 1.73 倍。参照康斯坦赞的数据比较得出,中国的总面积占全球的2.78%,生态系统效益的价值占全球的 2.71%。(陈仲新,张新时,2000)

随着人们对环境问题认识的深入和可持续发展观念的提出,一些国家如瑞典,采用了一种称作绿色 GDP 的新的核算体系,考虑了自然资源消耗和生态环境破坏的影响,以改变传统的经济核算体系的弊端。世界资源组织对印尼的 GDP 进行调整,在考虑了资源的消耗以后,绿色 GDP 的增长速度在所研究时段内明显降低。在国民经济核算体系的改革过程中,将生态环境服务功能价值核算结果纳入其中,使 GDP 的增长具有可持续性,是建立绿色 GDP 核算体系的关键。20 世纪 70 年代初,日本对其全国的树木,用替代法计算出其价值为 12.8 亿日元,相当于 1972 年日本全国的经济预算,印度加尔各答一位教授用类似方法计算了一棵生长五十年的杉树的价值为 20 万美元。

　　生态系统服务包括了生态系统提供的产品和服务。生态系统产品(例如食物)和服务(例如废弃物吸收)是指人类直接或间接地从生态系统功能中获得的收益。生态系统服务的质量或数量变化都具有价值,这些效益或成本的变化通过市场活动或非市场活动对人类福利产生影响,因此便出现了关于生态系统服务价值的核算方法。迄今为止,最有影响力的生态系统服务价值核算便是康斯坦赞等人对全球生态系统服务及自然资本进行的核算。康斯坦赞等人抓住了生态系统服务价值的主要因素,提出了具有良好可操作性的分析手段和度量生态系统服务价值的指标体系及测算办法,测算出当时全球生态系统服务价值的流量大约为 33 万亿美元。这项研究引起了各国学者和政府的关注。随后,许多国家的学者,开展了对国家、区域生态系统服务价值的计算,以及对单个生态系统的服务价值与生态系统单项服务价值的评估研究。

　　国内较早研究的有薛达元等人在 1997 年对长白山自然保护区生态系统生物多样性的经济价值的评估研究。1999 年欧阳志云等从有机物质的生产、维持大气 CO_2 和 O_2 的平衡、营养物质的循环和储存、水土保持、涵养水源、生态系统对环境污染的净化作用等六个方面,对中国陆地生态系统服务价值进行估算。2000 年陈仲新、张新时等估算了我国 1994 年的自然资本服务总价值约为 7.8 万亿元,是当时我国 GDP 的 1.73 倍。卢慧、陈克龙等在 2011 年中国生态系统服务价值基准单价的基础上,通过生物量等因子的订正,构建了青海湖流域的生态服务功能单价表,并在此基础上对青海湖流域的生态服务价值进行了评价。王建强(2013)运用经济学和环境科学的评估方法并借鉴了康斯坦赞和谢高地等人的评价模型,评估了和林格尔县土地利用生态系统服务价值的变化情况。国常宁、杨建州、冯祥锦(2013)将边际机会成本理论作为生态系统服务价值评估的定价方法,反映了森林环境资源利用的生产成本、使用者成本和外部成本,体现了可持续发展思想,有效弥补了传统生态系统服务价值定价中的诸多缺陷。蔡中华、王晴、刘广青(2014),将生态系统服务价值按照其在经济 – 生态系统中的相互作用和反馈作用,主要分为环境服务、资源承载、污染降解和外部效用这四种类型。(见表6.1)

表6.1　生物多样性生态服务价值类型及其权重

生态系统服务价值类型	具体内容	占全部生态系统服务价值的比重（％）
环境服务	气体调节;气候调节;干扰调节;水调节;水供应;避难所	20.12
资源承载	养分循环;传粉;生物防治;食物生产;原材料;基因资源	59.43
污染降解	控制侵蚀和保持沉积物;土壤形成及其改良;废物处理	8.7
外部效用	休闲娱乐;文化服务	11.75

资料来源:蔡中华、王晴、刘广青等,《中国生态系统服务价值的再计算》,《生态经济》,2014 第 30 卷第 2 期,第 17 页。

(二)丝绸之路经济带生物多样性生态服务价值的核算

根据相关统计数据,可知国内丝绸之路经济带各生态系统类型面积(见表6.2);再结合各生物多样性的单位价值,就可以计算出国内丝绸之路经济带各类生物多样性的经济价值,以及生物多样性的总体价值。(见表6.3)

表6.2　国内丝绸之路经济带各生态系统类型面积　（单位：千 hm²）

	森林	草地	耕地	沼泽湿地	河流/湖泊
陕西	853.24	310.93	4050.3	29.28	4.42
甘肃	507.45	1245.72	4658.8	169.39	4.91
宁夏	61.8	223.62	1107.1	28.00	3.87
青海	406.39	4051.56	542.7	556.89	1321.49
新疆	698.25	5096.02	4124.6	148.35	623.64
合计	2527.13	10927.85	14483.5	931.91	1958.33

资料来源：森林数据来自国家林业局第八次全国森林资源连续清查统计数据；草地数据据国家统计局《中国统计年鉴》[（2014），中国统计出版社，2015 年]推算；耕地面积来自《中国统计年鉴》（2015），中国统计出版社，2016 年；治泽湿地资料来自湿地国际·中国网，http://www.wetwonder.org/news.asp? cid＝61&cidd＝147；河流/湖泊面积来源于马荣华等《中国湖泊的数量、面积与空间分布》，《中国科学地球科学》，2011 年第 41 卷第 3 期，第 394—401 页。

图6.3　丝绸之路带生态系统服务价值的总体评价

生态系统类型	面积（km²）	单位价值（元·hm⁻²·a⁻¹）	总价值（万元）
森林	2527.13	18649.1	4712.87
草地	10927.85	3119.4	3408.83
沼泽湿地	931.91	263265.6	24533.98
河流/湖泊	1958330	114234.2	22370826
耕地	1448.35	1237.0	179.16
合计	1974165.24	－	2403660

注：单位价值源自蔡中华、王晴、刘广青等《中国生态系统服务价值的再计算》，《生态经济》，2014 第 30 卷第 2 期，第 17 页。

另外，谢高地等将 1 个标准生态系统生态服务价值当量因子定义为 1hm² 全国平均产量的农田每年自然粮食产量的经济价值，计算得到 2010

年标准生态系统生态服务价值当量因子,经济价值量的值为3406.50 元/hm²,然后建立全国单位面积生态服务价值基础当量表,据此计算出不同类型的生物多样性生态服务经济价值,详见表6.4。

表6.4　不同生态系统服务类型的生态服务价值

一级类型	二级类型	生态服务价值(万亿元)	价值构成(%)
供给服务	食物生产	1.00	2.62
	原材料生产	0.89	2.33
	水资源供给	0.35	0.91
调节服务	气体调节	2.83	7.43
	气候调节	6.85	17.99
	净化环境	2.52	6.62
	水文调节	14.96	39.27
支持服务	土壤保持	3.86	10.13
	维持养分循环	0.30	0.80
	维持生物多样性	3.08	8.08
文化服务	提供美学景观	1.45	3.81

资料来源:谢高地、张彩霞、张昌顺等:《中国生态系统服务的价值》,《资源科学》,2015 年第 37 卷第 9 期,第 1740—1746 页。

　　根据上述功能服务价值的计算,谢高地等推算出丝绸之路经济带各省的生态服务价值。其中,陕西为8007.39 亿元、甘肃为7777.30 亿元、宁夏为760.24 亿元、青海为13706.83 亿元、新疆为12912.25 亿元。

　　(三)账户体系的设立依据与分类

　　将环境问题纳入现行市场体系和经济体制中,并结合政府规章制度,可制约人们破坏环境的行为;将生态系统服务划价,能够促使制定政策时将生态系统服务的丧失考虑进去。1993 年 SNA 为各国进行国民经济核算工作提供了一个更符合实际的国际标准,在"更新、澄清、简化和协调"的目的下建立了一些新的概念和分类标准,调整了基本账户的结构并建立了新的平衡项。更为重要的是,它在可持续发展思想的影响下建立了环境和经济综合核算的附属体系(简称 SEEA)。从总体上讲,SEEA 是经济与环境一体化核算的有益尝试。这对在现有国民经济核算体系中加入环境因素,全面修正现有国民经济核算体系中有关概念和总量指标,为实施一些国家的可持续发展战略都具有较强的理论意义和实践意义。

　　长期以来,我国对环境因素的核算采取的是分项核算和实物量核算,没有价值量核算,且核算的内容不系统也不完整。因而带来的结果是国民经济核算和环境核算的脱节,不能建立起经济和环境之间的直接联系,造成了资源环境变化无法直接反映在国民经济运行的结果中。改变这种状况的方法就是在对资源环境进行货币化核算的基础上,建立经济与环境的一体化核算。自然资源核算及其纳入国民经济核算体系研究课题立项后,对水资源、土地资源、森林资源、草地资源、矿产资源等开展了系列的资源核算理论研究工作,研究内容涉及资源实物量和价值量核算的方法、理论,现行国民经济核算体系弊端及其资源纳入国民经济核算体系的可能性和纳入的形式、理论与方法。李金昌所做的研究构建了资源核算的理论框架,研究了资源价值与价格问题,确立了资源价值基本理论和计算公式,确定了资源核算流程图;该流程包括每一种自然资源进行核算(第一层次)、自然资源综合核算(第二层次)、自然资源纳入国民经济核算体系(第三层次)等由低到高的三个层次。裴辉儒对残余物的账户核算、已经核算账户的动态化问题进行了研究。尽管资源核算及其国民经济核算体系已经开展了相当长的时间,但各个领域的研究很不均衡,如森林资源、土地资源研究进展很快。

　　生物多样性核算应反映因环境质量的改善或恶化所引起的经济价值的增减变化情况。SEEA 把环境与资源要素作为资产处理,所以环境质量变化所引起的经济价值的变化,就表现为相关资产的价值变化。环境质量的改变又直接与社会对环境保护与治理的投入与支出有密切关系。一般来说,环境保护与治理的投入和支出越多,环境质量的改善就越明显;反之,环境质量恶化的程度就越严重。环境质量的改善或恶化与社会环境保护与治理的投入、支出的数量是密不可分的。所以,我们在设计环境核算账户时,不仅要考虑环境质量变化所引起的经济资产价值的变化,也要考虑全社会对环境保护与治理的投入、支出的数量及增减变化情况。这有利于我们利用核算资料对国民经济发展所产生的对环境状况的影响进行全面分析。资源环境经济核算账户与国民核算体系的衔接应包括两大方面:一是与国民核算体系各机构部门账户和经济总量账户进行衔接;二是对国民经济核算的总量指标进行调整。

环境资源消耗成本包括环境退化成本和资源消耗成本两部分。第一部分是环境退化成本。在环境损益核算账户内,记录了核算当期发生的环境收益和环境损失,以及环境收益和环境损失相抵以后的净值,即环境损益净价值。目前情况下,环境收益一般小于环境损失,所以环境损益净价值一般表现为环境净损失。环境净损失中的直接损失目前尚未纳入国民经济核算体系之中,但这种净损失是社会经济活动所付出的环境代价,可以作为环境退化成本对国民经济核算的相关指标进行调整。这是第一项环境资源成本,用 EC 表示。第二部分是资源耗减成本。主要是指在资源损益核算账户内被记录的核算当期发生的各种资源的增加量和减少量以及资源增减数量相抵以后的净值,即资源当期增加或减少的净价值,以 RC 表示。

环境保护支出是指全社会当年投入的环境保护与治理支出,在国民经济核算体系中采用两种处理办法:企业投入的部分记入中间消耗,政府和居民投入的部分作为增加值处理,表现为最终消费或资本形成。从资源环境核算的角度来看,对企业投入的部分记入中间消耗是正确的,但对政府(包含环保部门)和居民投入的部分应当谨慎对待。一般将政府和居民投入中用于治理环境污染的部分记入中间消耗。扣除以上投入后,余下的支出则是政府(含环保部门)和居民为提高社会经济福利水平做出的贡献,应作为增加值处理。但这部分支出提高了社会福利水平,已经使国民经济核算相关指标的数值相应增加,可以不再进行调整。

（四）生物多样性核算账户建立

在确定了生物多样性消耗成本 C（令 C = EC + RC）后,我们就可以对国民经济核算账户进行调整了。生态 - 资源经济核算中对国民核算账户的调整方法如下。

（1）生产账户

在生产账户中,增加了生物多样性成本 C,营业盈余也就相应减少。对于增加值指标,由于营业盈余的降低,而固定资产折旧、劳动报酬和生产税净额不变,因而增加值也降低了。对于总产出,其总量水平并未发生变化,改变的只是总产出的构成,即总产出中的中间消耗增加了 C 个单位,而增加值减少了 C 个单位。调整后的国民账户的生产账户可以按照下表 6.5 进行。

表6.5　包含生物多样性因素的生产账户

固定资产折旧	产出
劳动者报酬	中间投入（ - ）
生产税净额	生物多样性退化成本
营业盈余	生态服务价值成本
生物多样性退化成本（ - ）	
生态服务价值耗减成本（ - ）	
增加值	增加值

（2）投资账户

在投资账户中的非生产总额发生了变化,因此要对其进行相应调整。主要调整生物多样性净产值的变化,包括耗减项与降级项的变化量、合并到经济资产中的自然资产量、转移到经济使用中的自然资产等。调整后的投资账户如表6.6。

表6.6　包含生物多样性因素的投资账户

固定资产形成总额	储蓄
库存增量	固定资产折旧
资产购买净值	资本转移支付
非生产资产形成总额	生态资本转移支付(－)
环境资产净变化	
耗减与降级资本变化	
合并到经济资产中的自然资产量	
转移到经济使用中的自然资产	
资金余缺	
投资	来源

（3）资产负债账户

在考虑资源环境因素的情况下,也是非生产资产发生了变化,所以对其做出如表6.7的调整。

表6.7　包含生物多样性因素的资产负债账户

期初资产	负债
非金融资产	净值
生产资产	非经济性生物多样性期初存量
非生产资产	补偿生态资产负债差额
非经济性生物多样性期初存量	
金融资产	
期末资产	期末负债
	净值
资产	负债及资产差额

除了对上述账户做出调整之外,还要对收入分配账户、金融账户等其他账户加以调整,调整的原理与思路与上述方法基本相同,在这里不再一一赘述。其最终目的就是将生物多样性因素考虑在内,真实反映生物多样性在核算体系中的存在性与合理性,并将这种调节的因素最终体现在核算表中。

在 SEEA 体系中,还将账户具体分为资源账户和环境账户,并在此基础上又分别设置了对森林、物种资产、生境退化、可再生资源以及大气排放等账户。在本书中,我们主要从一般意义上分析资源环境账户及其调整问题,没有具体将资源账户和环境账户加以细分,因此也就没有涉及各种具体的资源账户。但这些思想已经包含在资源环境价值分类的其他相关部分中。理清了资源环境价值核算的总体框架,接下来的任务就是讨论和分析核算体系中各项资源环境具体指标的价值评估技术和方法。

二、生物多样性生态经济价值的分类核算

(一)生物多样性生态经济价值核算中存在的问题

进行生物多样性经济价值核算并将其纳入国民经济核算体系,是一项开拓、创新的事业。它需要解决以前未能或未能很好解决的问题,其理论与方法正日益完善和趋于成熟,实践经验也逐步得到积累并不断修正有关理论。但是我们必须清醒地认识到,生物多样性经济价值核算及其纳入国民经济核算体系研究还有许多工作有待开展,它依然存在众多的难点和问题,主要表现在以下几个方面。

①定价技术。要在理论上确立生物多样性有价值的观点。在此基础上,建立生物多样性价值(W)、资源价值(P)与生态价值(Y)之间计算的具体公式。然后要对公式的适用范围、限制条件以及各项参数的具体测算方法做出分析和说明。虽然有部分生态产品具有市场和市场价格,但是在大部分情况下,生态服务不存在市场,往往没有价格,给评价带来操作性困难。

②损益分析。完善和规范生物多样性退化的损失计算方法、生态破坏的计算方法和生态破坏的成本和效益分析方法,是当务之急。因为,这种损益分析方法是制定和实施生态和经济协调发展政策的理论基础和分析工具。应该把国内、国外的有关方法全部汇集起来,并对每项方法进行评价、鉴定、分类,然后根据资源价值(P)、生物多样性价值(W)与生态

价值(Y)的关系,逐项加以补充、修订、完善,使之规范化。

③纳入渠道。将环境资源核算纳入国民经济核算体系的方法,是环境与经济紧密有机结合的联系纽带。联合国统计署提出了环境与经济综合核算体系的纳入方法,但如何把生物多样性服务价值核算纳入国民经济核算体系,需要通过试验应用加以检验、修订和完善。

④指标体系。核算体系及其主要指标对经济社会发展具有明显的导向作用。科学、合理的核算指标体系,能够引导经济社会健康、持续发展;片面、不科学的核算指标体系,则可能把经济社会引入歧途。因此,核算指标体系必须根据生物多样性与经济紧密有机结合和协调持续发展的要求来设计。

对生态系统服务功能进行价值核算的方法很多,从理论上讲,这些方法都能够给出一个正确、合理的生态系统的价值。在实际工作中,由于具体问题纷繁复杂,常常不能正确地运用这些方法,而得出一些与实际价值毫不相干的数值;因此,在价值核算方法的研究过程中,应注重于应用条件集成及使用方法的研究,以及针对各种生态类型的具体方法体系的研究。

(二)野生动物服务价值核算

野生动物资源作为生态系统的重要成员,其生存不仅关系到生物进化的连续性和其所在栖息生境中群落结构与功能的平衡性与完整性,关系人类生存环境的稳定性,而且关系经济生产和人民生活所需原材料的重要性。但随着人口的增长和经济的发展,野生动物资源的保护与利用间的矛盾也日益突出,因此,野生动物资源的价值评估和定价研究在当前具有重要的理论价值和实践意义。

野生动物是国家宝贵的自然资源,它们以物种的形式存在,构成了生物多样性的重要内容,是生态环境的组成成分之一,是生态资产的重要组成部分,是全人类的共同财富,是世界自然遗产资源不可或缺的结构组成部分,是一些资源的物质基础或终极来源,直接决定着国民经济的一些最重要的基础产业的发展。保护好野生动物资源,对于维护自然生态平衡,拯救珍贵、濒危野生动物物种,开展科学研究,发展经济,改善和丰富人民的物质和文化生活,促进国际交流,具有重要的作用和意义,因此,保护和可持续利用生物资源已成为我国的发展战略之一。

我国是世界上野生动物资源最丰富的国家之一。我国现有陆生野生动物 22000 多种,约占世界总数的 11%,其中兽类 607 种,占世界兽类总数的 11.7%,鸟类 1253 种,约占世界鸟类总数的 13.9%,爬行类 402 种,占世界爬行类总数的 7.2%,两栖类 295 种,占世界两栖类总数的 7.4%,其中特有种分别有 80 种、100 种、130 种和 190 种。

但是调查表明,野生动物资源呈现明显下降趋势,而且下降的速度在加快,野生动物资源的状况已经不容乐观,已经出现了严重的资源空心化现象。导致物种灭绝的主要原因有三个:栖息地丧失、外来种引入及过度利用。生物多样性丧失的危机使人类开始重新审视生物多样性的价值,并试图使其量化来反映其重要性。1973 年,《濒危野生动植物种国际贸易公约》于华盛顿签署,它指出从美学、科学、文化、娱乐和经济角度看,野生动物的价值都在日益增长。1982 年,《世界自然宪章》中提及野生动物保护却未涉及任何野生动物价值的概念。1992 年,国际生物多样性公约大会明确提出保护全球生物多样性的价值,尤其在《21 世纪议程》第十章中把提高生物多样性价值和重要性的评估和认识作为最终目标。

野生动物资源问题已成为影响我国社会经济可持续发展的制约因素之一。野生动物保护所面临的主要问题是如何利用经济学手段来使经济系统按照一种有利于野生动物资源科学管理的方向运作。野生动物资源与其他自然资源和经济资源、社会资源一样,都具有使用价值和价值,经济和价格杠杆是解决野生动物问题的重要手段。新古典经济学认为所有的或绝大多数的决策都取决于消费者的支付意愿,按照这个标准,野生动物也像其他商品一样,其保护或管理仅仅取决于人们对其进行货币评价的程度。因此,可以根据人们的支付意愿来决定保护策略和确定物种的价值。

凯特（Kellert，1984）评价了私有土地持有者从野生动物管理中获得的美学价值、娱乐价值、生态（科学）价值、使用价值、伦理价值等，鼓励他们保护野生动物的栖息地。普利斯科特（Prescott-Alle）估计美国野生动物物种使用价值，平均每年 870 亿美元。Caldecotto 估计野猪肉的消耗性经济价值为 4000 万美元。Myer 总结了 $5hm^2$ 热带森林每年可自我更新的野生动物价值达 1000 万美元。穆肯雷（McNeely，1991）估计了赞比西河流域的野生动物毛利润为 12 美元/hm^2。皮特森（Perterson）等评估了美国阿拉斯加州的野生动物资源的产品价值和娱乐价值。布朗（Brown）采用意愿咨询调查法研究了野生动物的存在价值，认为野生动物的存在价值要比娱乐价值大 2—10 倍。弗理希等（Freese et al.，2000）的研究结果表明，84% 的加拿大人每年参加价值 800 万美元的自然休闲娱乐。美国每年大约有 100 万成年人和相当数量的儿童加入了非破坏的自然娱乐，消费约 40 亿元。

野生动物资源的价值应分为存在价值和附加价值两部分。存在价值指的是野生动物资源作为一个物种，作为自然界的一个组成部分，它的存在所具有的价值；附加价值指的是在野生动物存在的前提下，它们对生态系统、经济系统所带来的影响和效益，它是附加在存在价值之上的价值，它是不能独立存在的，此价值可以进一步再划分为经济价值、社会文化价值、生态价值、营养价值。（高智晟，2005）

根据《2013 年中国林业发展报告》，我国野生植物就地保护点 786个，总面积 400 万 hm^2。野生动物种源繁育基地 4403 个，其中商业性野生动物驯养繁殖单位 4261 个。野生植物种源培育基地 827 个。野生动物观赏展演单位 316 个，植物园（树木园）176 个，狩猎场 91 个。野生动植物保护管理站 4293 个，野生动植物科研及监测机构 560 个，鸟类环志中心（站）102 个。全国从事野生动植物及自然保护区建设的人员达 5.19万人，其中各类专业技术人员 1.65 万人。总投资 2.3 亿元，累计盈利 2.7

亿元。所以如何保护和利用野生动物,并找到二者的平衡关系十分重要,在这其中,价值核算就起到了关键的判断作用。

野生动物的总价值包括正价值和负价值,即野生动物资源的价值总量是野生动物资源的正价值与成本之和:

$$V = V_P + V_N \qquad (6.1)$$

式(6.1)中,V 表示野生动物资源的价值总量;V_P 表示正价值,V_N 表示成本。野生动物的正价值是指野生动物资源为人与自然带来利益的价值。野生动物资源的正价值包括利用价值和非利用价值,即正价值为利用价值和非利用价值之和:

$$V_P = V_{P_1} + V_{P_2} \qquad (6.2)$$

野生动物的利用价值是指人们通过对野生动物资源的利用所获得的利益的价值,包括商业价值、游憩价值、生态价值、教育价值、科学研究价值和文化美学价值,即野生动物资源利用价值(V_{P_1})为商业价值($V_{P,C}$)、游憩价值($V_{P,R}$)、生态价值($V_{P,E}$)、教育价值($V_{P,T}$)、科学研究价值($V_{P,S}$)、文化美学价值($V_{P,A}$)之和:

$$V_{P_1} = V_{P,C} + V_{P,R} + V_{P,E} + V_{P,S} + V_{P,A} \qquad (6.3)$$

野生动物的商业价值包括三个部分:一是野生动物活体的价值,是指利用野生动物活体进行商业性的买卖、租用及其他所获得的收益;二是野生动物产品的价值,是指利用野生动物产品进行商业性的买卖、租用及其他所获得的收益,包括野生动物的卵、种雏、毛皮、羽、肉食、脏器、骨骼或排泄物以及由此提取加工的任何制品(衍生物)、标本等;三是野生动物形象价值,指利用野生动物形象进行商业活动所应支付的费用,这里指的是不涉及野生动物实体,借助野生动物的形象进行商业性宣传和各种商品的加工制作。

野生动物的游憩价值是指以狩猎或野生动物观赏等为内容的旅游、游憩活动的价值。野生动物的游憩价值可以分为消耗性游憩价值和非消耗性游憩价值。前者指消耗野生动物资源的游憩活动(比如狩猎)的价值,后者指不引起野生动物资源消耗的游憩活动(如野生动物观赏)的价值。目前计量野生动物游憩价值最常用的两种方法是费用支出法和旅行费用法,由于费用支出法是以游客为获得游憩服务而实际支出的各种费用额作为游憩价值,因而其具有简单易行的优点,但是游人的实际费用支出只是游人支付意愿的一部分。尤其是野生动物具有公共物品的特性,人们获取此价值的费用比较低,因此费用支出法计算的游憩价值没有完全反映消费者的实际支付意愿,计算价值低于游憩价值的实际价值。所以本书选用旅行费用法计量野生动物的游憩价值,即利用游客的来源和消费情况的调查资料,根据各出发区的旅游率,推算出一条需求曲线,以计算出其消费者剩余,并以消费者剩余和消费者支出,计算公式如下:

野生动物的游憩价值 = 消费者支出 + 消费者剩余   (6.4)

野生动物的生态价值主要体现在两个方面:一是野生动物资源维持着食物链的完整性,保持营养物质循环的顺利进行,具体包括生物控制价值、种子传播价值、改善土壤价值和净化环境价值;二是保持生物多样性,即保持遗传多样性、物种多样性和生态系统多样性。因此,野生动物的生态价值主要包括维持食物链平衡的价值和维持生物多样性价值,等于两者之和。

野生动物的教育价值主要是指人们可以从中获得相关的知识,认识到野生动物资源多样性的重要意义,做到人与自然的和谐相处。特别是随着城市化进程的加快,人们的生活与自然越来越脱节,野生动物保护和管理的教育价值对于整个社会的和谐发展也显得越来越重要。人们从中获得多大的教育价值是很难用货币计量的,本书尝试采用费用支出法,即通过人们获得此方面的教育成本来衡量野生动物的教育价值,主要包括以下几个方面:一是参观公众教育基地;二是阅读野生动物常识性的出版物,包括书籍和各种音像制品;三是通过网络获取野生动物常识性的电子信息。

野生动物的文化美学价值一般采用市场价值法,辅以调整系数,即以野生动物的市场价格为基础,结合野生动物文化美学价值的特点,设定野生动物的文化美感度级别系数并进行计量。

野生动物的非利用价值(V_{P_2})包括选择价值(V_{P_2O})、存在价值(V_{P_2E})和遗产价值(V_{P_2H}),所以野生动物的非利用价值是这三者之和:

$$V_{P_2} = V_{P_2O} + V_{P_2E} + V_{P_2H} \tag{6.5}$$

野生动物资源的成本是指野生动物为人和自然带来的损失和为了控制损失要付出的代价。可以分为两类:野生动物造成的经济损失和野生动物造成的非经济损失,即野生动物资源的负价值为两者之和。野生动物造成的经济损失是指损失可以用货币估价的部分,包括直接经济损失、间接经济损失和防治费用支出,即经济损失为直接经济损失、间接经济损失和防治费用支出三者之和。野生动物造成的直接经济损失是指野生动物直接导致的现场损失,野生动物致害的对象主要是林木、林果、农作物、牧草、家禽家畜、人及其他生物。野生动物造成的间接经济损失是指野生动物(主要是指伤人和传播疾病)所导致的非现场的有形的损失,也是指对其他行业造成的经济损失,包括交通运输业、服务业、零售批发贸易、餐饮业、旅游业等。防治费用支出是指野生动物致损发生单位和其潜在发生单位为防止其发生所支出的防治费。野生动物造成的非经济损失是指不能用货币直接进行计量的,野生动物造成的非经济损失主要包括生态功能损失和生产生活损失。

(三)野生植物服务价值核算

野生植物资源是自然资源的重要组成部分,但长期以来,野生植物资源的价值问题一直未能得到有效解决,严重影响着野生植物资源的保护及利用,因而如何科学地确定野生植物资源及其产品的价值是个亟待解决的问题。自 20 世纪 80 年代中期,美国、加拿大、法国、挪威、日本、印尼、菲律宾等国家相继建立了森林资源核算制度的研究。其中,卡尔斯等人(Charles M. P. et al.,1989)在巴西对亚马孙热带雨林进行了经济价值评估,并且据此提出了该地区热带雨林的利用对策。Peters(1989)的研究表明,从秘鲁热带雨林获得的生物原材料净价值为 6330 美元/hm^2,是可利用木材价值的 13 倍。理德等人(1993)用市场价值法估算了生命有机体的价值为 52—46000 美元。皮尔斯(1980)估计,全世界从荒野地物种中提取的药物的经济价值超过 400×10^8 美元/年,每公顷热带雨林的药材植物产量的价值为 262—1000 美元。

我国关于森林及植物资源价值问题的研究始于 20 世纪 50 年代,20 世纪 80 年代初中国林科院组织专家首次翻译了国外森林资源价值研究理论方法和实践内容。

我国幅员辽阔,地质历史古老,地形、气候复杂,生态环境多样,第四纪冰期受北方大陆冰盖影响较小,从而孕育了极其丰富的野生植物资源。据统计,仅高等植物(包括苔藓、蕨类、裸子植物和被子植物)就有 3 万余种,占世界总种数的 10% 以上。早在 2000 多年前,《诗经》中就已经记载了 200 多种植物,包括纤维、染料、药材等不同用途的野生植物,并涉及大量植物名称、分布、分类、文化和植物生态等方面的知识。汉代的《神农本草经》是我国最早的本草著作;公元 6 世纪北魏贾思勰编著的《齐民要术》中,对当时农、林、果树和野生植物的利用等进行了概括;明代李时珍的《本草纲目》中记载描述的植物就达 1173 种,而且绝大多数为野生植物;清代吴其浚编著的《植物名实图考》和《植物名实图考长编》记载了野生植物和栽培植物共 1714 种。除了这些著名的古代典籍外,还有其他许多有关野生植物资源利用的传统知识论著,如晋代戴凯之的《竹谱》、唐代陆羽的《茶经》、宋代刘蒙的《菊谱》、蔡襄的《荔枝谱》、陈景沂的《全芬备祖》,以及明代王象晋的《群芳谱》和清代陈昊子的《花镜》等。这些古文献表明,我国古代已经认识到植物对人类日常生活在衣食住行、防病治病、自然环境、民俗等各个方面具有生态服务价值。

目前已知我国具有重要利用价值的野生植物达 2400 多种,而绝大多数野生植物尚处于未开发或待开发状态。我国药用植物有 1146 种,其中常用药用植物中有 80% 以上源于野生植物或半野生植物;芳香植物多达

600 余种,其中绝大多数为野生植物;300 多种常见果树中,绝大多数为野生果树;野菜植物达 1000 多种,并且营养价值非常高;野生淀粉植物达 278 种;野生油脂植物有 600 多种;野生纤维植物有 468 种;野生鞣料植物有 301 种;野生农药植物有 411 种;其他的还有野生甜味剂植物、野生色素植物、野生化妆品植物、野生皂素植物、野生树脂植物、野生树胶植物和野生抗氧化剂植物等。(林微微,2005)

根据总价值理论,可以将野生植物资源总价值分为直接使用价值、间接使用价值、潜在价值和存在价值。其中,野生植物资源的间接使用价值包括生态功能价值和环境功能价值。生态功能价值是指野生植物资源作为自然生态系统中的一部分,与生俱来的生态服务功能,包括涵养水源价值、固碳价值、制氧价值、固土功能价值和营养物质贮存价值;环境功能价值是指与人类生存环境相关的,受环境影响而使野生植物资源产生的一些特殊价值,包括吸收价值、吸收氟化物价值、吸收氮氧化物价值、滞尘价值和灭菌减噪价值。

直接使用价值计算。木材价值是野生植物资源直接使用价值的重要组成部分。根据标准的调查结果,可以分径阶统计各树种,不同树种,不同径阶水平,其市场价格也不同。那么就可以利用各森林群落类型中的株数,结合当地一元材积表查得并计算各树种各径阶的蓄积量。木材年生长价值是指每年由森林蓄积的增长所带来的木材效益的增加;其核算方法与现存木材价值的计算方法相似,主要采用市场价格法进行计算。现存薪材价值,指研究区域内森林所蕴含的薪材使用价值,可以通过树种木材蓄积与该树种的枝干比的乘积来计算薪材的蓄积,再用薪材的总蓄积乘以薪材的市场单价,即得现存薪材总价值。年用薪材价值指研究区域内森林资源每年所提供的服务于当地居民日常生活的那部分薪材的价值。年用薪材价值 = 家户数×每天烧柴斤数×天数×薪材市场价格。药用价值主要是指灌木和草本的药用价值,同样以灌木及草本抽样调查为基础,结合生物量法和市场价格法来进行核算。年药用价值指研究区域内,当地居民每年采收药用植物所获得的经济收入。主要采用市场调查法和居民经济收入调查法,调查研究区域野生植物资源年产生的药用价值。

另外,森林是人们旅游休闲的好去处,每年到森林公园游玩的人不计其数。可以说森林资源的旅游价值占据着重要地位,不容忽视。旅游价值一般采用旅行费用支出法计算和统计。旅游费用支出包括交通费用、住宿费用、门票及服务费用。

间接使用价值计算。森林涵养水源的价值可分为拦蓄降水价值及净化水质价值两部分。野生植物资源拦蓄降水功能是野生植物生态系统的重要生态功能,表现为增加有效水量、调节径流等。拦蓄降水量用水量平衡法公式为:

$$W = (P - E) \times A \tag{6.6}$$

式中,W 为拦蓄降水量,P 为年平均降雨量,E 为年平均蒸发量,A 为森林面积。森林拦蓄降水的价值,相当于等容量水库蓄水的价值,核算价格按照可拦蓄每立方米水的建设成本计算。

森林能够吸收、吸附、分解降水中的有害物质,提高水质。森林净化水质的价值计算可采用替代工程法来计算。具体计算公式为:

$$V_S = C \times K \tag{6.7}$$

式中,V_S 为净化水质价值,C 为拦截降水量,K 为单位体积水的净化费。

植物通过光合作用将太阳能转化为化学能,合成有机物质,是生物链中有机物的第一性生产者和生物能量的积累者。植物的固碳价值,先由光合作用方程式计算单位固碳量,然后采用目前国际上常用的碳税法和造林成本法计算其价值。植物的氧释放量的经济价值核算方法与固碳法类似。

森林植被的存在可以极大地减少土壤侵蚀量,保护和提高土壤肥力水平,因此森林的固土价值可以从减少土地废弃、减少土壤肥力损失、减少泥沙淤积和滞留等几个方面加以考虑。对森林所减少的土壤侵蚀量,一般采用有林地和无林地的侵蚀差异来计算,即在无林情况下的土壤侵蚀总量,减去现有林地的土壤侵蚀总量。土壤侵蚀总量的计算,可用土壤侵蚀模数乘以林地面积求得。陈应发等人(1992),以森林减少的土壤侵蚀总量与全国土地耕作层和林地土壤层的平均厚度,计算出森林减少土壤侵蚀相当于耕作利用的土地面积。而减少土地废弃面积的价值应用机会成本法计算,其价格按照当地土地买卖的平均价核算。减少土壤肥力损失价值通过将有机质折合为薪材的价值进行核算。另外,可以根据蓄水成本来计算森林减轻泥沙淤积灾害的经济效益。

营养物质在生态系统中循环流动,其中的一部分营养物质合成各种有机物后参与生物体的构建。营养物质在森林生态系统中主要表现为木材、林副产品和枯枝落叶。它们提供给植物的外部环境,或在植物中保存,或归还于土壤,因而这部分营养物质避免了养分受雨水淋洗而直接流失。植物体所固定的这部分营养物质,其主要成分为 N、P、K 三种元素,所固定的营养物质的价值,也以这三种元素的价值来计算。

三、草地生态服务经济价值核算

草地功能价值评价体系的研究主要和绿色核算的研究紧密联系,它主要体现在生态系统服务和功能上的研究,以及消耗自然资源时造成的损失。1971 年美国麻省理工学院首先提出了"生态需求指标",试图利用该指标定量测算与反映经济增长与资源环境压力之间的对应关系。草地生态功能研究始于 20 世纪末,Sala 等人(1997)就草地生态系统服务功能的特点进行了总结探讨,主要针对草地生态系统中评价困难的服务功能展开评价。Sala 也阐述了草地在维持大气成分、基因库、改善小气候、土壤保持各方面的功能,并对部分功能的生态经济价值进行了评价。

在国内,对草地生态系统价值的研究,大部分是利用 Sala 等人的研究结果对我国草地的部分生态功能价值进行核算,多是区域性的研究,基本没有对我国退化草地价值损失进行研究。其中,陈仲新(2000)、谢高地(2001)等对中国草地生态系统服务价值进行了估算,为全面评价草地的功能和价值提供了重要依据。2006 年,王静等以甘肃省玛曲县为例,通过对该县草地状况的分析,将玛曲县 20 世纪 90 年代草地状况作为过牧前状态,目前草地状况作为过牧后状态,探讨了过牧对草地生态系统服务价值的影响,并建立了过牧对草地生态系统服务价值影响的评价指标体系,即食物生产、营养物质循环与贮存、控制侵蚀、涵养水源、调节大气、环境污染净化几个功能,最后运用经济学评估方法对过牧造成的经济损失进行了初步估算。

目前关于草地生态服务经济价值核算主要包括直接市场法、替代市场法、模拟市场法等,各种方法又包括不同的核算方法。(见表6.8)

表6.8 草地生态系统价值评估经济学方法

评估方法		优点	缺点
直接市场法	费用支出法	粗略地量化生态价值	不能真实反映实际游憩价值
	市场价值法	评估比较客观,争议较少,可信度较高	要求数据充足全面
	机会成本法	比较客观全面体现了资源系统的生态价值,可信度较高	资源必须具有稀缺性
	恢复和防护费用法	可量化生态环境价值	评估结果为最低的生态环境价值
	影子工程法	可以将难以直接估算的生态价值用替代工程表示出来	时空差异较大
	人力资本法	可以量化生态价值	违背伦理道德,理论存在缺陷

评估方法		优点	缺点
替代市场法	旅行费用法	可以核算生态系统游憩的生态价值	不能核算生态系统非食用价值,可信度较低
	享乐价格法	通过比较分析核算生态价值	主观性较强,受其他影响因素较大,可信度较低
模拟市场价值法	条件价值法	适用于缺乏实际市场和替代市场	评估结果差异较大,可信度较低

　　正确、合理的核算,是价值评价体系构建的客观性、公正性和可操作性的重要保证和前提,应吸收前人研究成果中的优良核算方法,选出最为合理的、全面的、方便的核算公式。核算公式涉及的每个参数要做到科学合理、含义明确、可以测量、数据易得且可靠,具有实际价值和推广价值。核算公式涉及的需要测定的参数相比较少且合理,如果能够从已认可的研究成果中获取参数数值更好。价值核算体系作为一个有机整体,要能够反映草原生态系统的主要特征和状况,既要有常量参数,又要有变量参数。参数要便于在不同区域,对同一类型草地效益计量评估时的比较,应使核算公式能为大多数人所理解和接受。

　　草地功能评价指标体系共包括三大类,分别为生产功能(即草地生产力)、生态功能、退化生态损耗。草地生态系统中的植物群落,通过光合作用提供净初级生产物质,为消费者和分解者提供必需的物质和能量。草地生态系统提供初级生产物质的功能具有重要的意义和价值,它既是草地生态系统的多种功能正常发挥的基本条件,同时是进行次级物质生产的基础。因此,草地生产力作为草地生态系统服务功能的生产功能,是必选的评价指标。草地生态系统的生态功能价值十分巨大,指标体系指标多而杂,且设置差异很大,因此构建指标体系首先要确立指标的筛选范围,其次要评定指标的重要性,再次计算指标的权重及排序,最后根据排序筛选权重较大的生态功能指标。

目前关于草原生态功能指标的提法基本是源于康斯坦赞提出的生态功能指标,包括气候管理、干扰管理、涵养水源水管理和水供应、保育土壤侵蚀控制和土壤形成、固碳吐氧、净化空气、营养物质循环、生态旅游娱乐和文化、废弃物处理、授粉、栖息地、生物控制、基因资源等13项。草原生态功能划分为三大类,即环境改善功能、生物多样性保护功能和社会文化服务功能。

草地退化是草地生态系统在演化过程中其结构特征和能流与物质循环等功能过程的恶化,是生物群落植物、动物、微生物群落及其赖以生存环境的恶化,它既包括植被的退化,也包括土地的退化。由于人为活动或不利自然因素所引起的草地质量的衰退,生产力、经济潜力及服务功能降低,环境变劣及生物多样性或复杂性降低,恢复功能减弱或失去恢复功能,都属于草地退化,因而草地退化是整个草地生态系统的退化。我们在核算绿色和生态系统服务功能总价值时均应将该部分损耗的价值扣除。据统计,目前我国主要牧区草地,普遍受到退化的威胁。全国草地退化面积占草地总面积的85.4%。在2.24亿 hm^2 可利用的草地中,已明显退化的有4700—6700万 hm^2,并以每年13.32万 hm^2 的速度不断扩大,因此,核算退化价值必须扣除草地生态破坏带来的经济损失。

草地功能评价指标体系的构建是其价值核算体系构建的前提。通过频度分析法、专家咨询法、层次分析法,对草地生产力、生态功能、退化生态损耗三大指标进行分析评价,最后搭建中国草地功能评价指标体系。

由于牧草中所含的总能量和营养物质并不能被家畜全部利用,所以不能简单以干草的量来核算,应将草地的干草重量换算成可消化利用的物质重量。在这个转化的过程中主要用到营养成分的可消化率,它主要与粗蛋白消化率、粗纤维消化率、无氮浸出物消化率、粗脂肪消化率有关,因此,可以将消化率作为评价草地生产力的一个重要指标。然后利用市场价值法,乘以各自的可消化利用的牧草的市场价格核算草地生产力价值。

目前国内外关于草地水源涵养量的计算,有水量平衡法、土壤蓄水估算法、地下径流增长法、多因子回归法等。这几种方法相比较,水量平衡法较易操作。国内外森林涵养水源研究的理论与实践也表明,水量平衡法是计算森林水源涵养量的最佳方法,而其他方法中实际测算林冠截留率、枯枝落叶层干重等参数的操作难度较大。因此本书提倡采用水量平衡法来计算草地生态系统的水源涵养量,即草地涵养水源的总量取决于草原的降水量和蒸散量。

目前关于涵养水源价值的评估方法归纳起来主要分为两大类:一是通过河川调节径流,降低洪枯比等对灌溉、发电等部门增加的效益;二是达到与草原同等涵养水源作用的其他措施如修建水库所需的费用,称为替代工程法。该价值的评估基本上采用替代工程法,即用其他措施可以产生同样效益的费用作为草原涵养水源的货币值。

草原生态系统在保育土壤方面具有显著作用,主要体现在减少表土损失量、保护土壤肥力、减轻泥沙淤积等三个相互联系的生态过程。目前最具权威性的对此项服务价值的计量研究也主要是针对以上三个方面展开的。

草地生态系统调节大气主要表现在吸收大气中的 CO_2,同时向大气释放 O_2,这对保持大气中和的动态平衡、减缓温室效应以及提供人类生存的最基本条件起着至关重要的作用。固碳核算主要有三种:一是根据光合作用和呼吸作用的反应方程式,以每形成 1kg 干物质需要 1.62kg CO_2 干物质的净初级生产力来推算固定的量;二是实验测定草原每年固定的 CO_2 量;三是根据数学模型来估算草原生态系统每年固定的量,其中市场法方法最为简便、易行,故被普遍采用。固定 CO_2 的价值核算,具有代表性的有人工固定成本法、造林成本法、碳税法、避免损害费用法等。

草原释放氧气价值核算方法主要有造林成本法和工业制氧法。同样根据光合作用和呼吸作用的反应方程式推算,每形成 1kg 干物质释放 1.2kg O_2,然后运用造林成本法和工业制氧法两者的平均值估算释放的价值。

　　草地生态系统维持生物多样性功能的生态经济价值由草地自然保护区的机会成本、政府经费投入和全民支付意愿三方面构成。因此,本书建议采用机会成本法、防护费用法、支付意愿法来估算该项生态经济价值。生态旅游价值核算可以采用费用支出法来评价草地生态系统的生态旅游价值。目前关于草原废弃物处理价值的评价主要是采用替代市场法,通过估算我国主要草地牲畜粪便中散落在草地部分的营养成分总量来进行。以草地生态系统净初级生产力为基础,根据营养物质循环功能的服务机制和各草地类型草群的营养成分含量,计算各类型草地吸收营养物质量。退化草地生态系统分级的指标主要为地上部产草量、植被总盖度、植被平均高度、土壤有机质含量四项。

　　退化草地价值的核算是在牧草价值和生态功能价值的基础上减去丢失掉的生态损耗价值。(见表6.9)

表6.9　草地生态系统提供生态旅游功能的价值评价

省区	旅游外汇收入 (10^6 US $)	国内旅游收入 (10^8 元)	旅游总收入 (10^8 元)	草地主题旅游收入比重(%)	草地旅游收入 (10^8 元)
内蒙古	126.45	32.23	42.72	80	34.18
西藏	47.90	2.55	6.52	60	3.91
青海	7.19	10.55	11.15	60	6.69
甘肃	54.63	15.58	23.09	60	13.85
新疆	94.93	62.67	70.55	60	42.33
宁夏	2.72	9.01	9.32	60	5.59
合计	333.82	132.59	163.35		106.55

资料来源:尹剑慧,《中国草地功能价值核算体系及其退化损耗评价研究》,硕士论文,北京林业大学,2009 年。

第七章　生物多样性的资产定价

随着全球经济的复苏与区域经济的快速发展,人口大量涌入城市,生态环境遭受的破坏触目惊心,终于在 20 世纪末,生态资产(Eco – Assets)研究逐步受到国内外学者的关注。由于生态资产是以生态环境与人类经济社会发展之间的关系为重点的跨学科领域,尽管生态资产相关研究在理论和技术方法上已取得明显进展,但对生态资产及其相关概念的混用仍非常普遍,其研究体系也尚未形成。因此,准确界定生态资产及其相关概念,探索生态资产的研究动向,深入开展对生物多样性的资产定价研究具有重要意义。(高吉喜,范小杉,2007)

一、资产定价理论与生物多样性生态服务价值关系

资产的定义主要有未来经济利益观和成本观两种。成本观是早期对资产性质的描述,佩顿和利特尔顿(1940)认为,成本可以分为两部分,其中已经消耗的成本为费用,未耗用的成本为资产。当前权威的资产定义采用的是未来经济利益观。强调了资产的实质是未来经济利益,其单独或者与其他资产结合时能够直接或间接地产生未来现金流入;特定主体拥有或控制未来经济利益;未来经济利益是过去交易或事项的结果,但并不意味着该经济利益已经获得。所以资产强调客体产生未来经济利益的能力和主体享有的权利,未来经济利益是资产的本质特征,权利是连接主体与经济利益的桥梁。(游静,2014)

在国民经济核算中,非金融资产最主要的分类是生产资产与非生产资产。从经济资产与生产相互联系来看,自然资产分为生产的自然资产和非生产的自然资产。需要说明的是,在经济资产里,生产资产与非生产资产区分的主要标志是资产形成过程是否有人类劳动参与;而自然资产所考虑的基本特征主要在于是否构成自然生态系统的组成部分。因此,与自然资产对应的还有在纯粹的物理和化学过程中生产出来的人造资产和其他无形资产。

生物多样性的生态资产在未来经济利益观下,还应当包括资源资产和生态服务资产。资源性资产既反映生态给人类带来的效益,也反映人类投入与自然力相互作用的结果;生态服务资产反映的是生态系统给我们带来的效益。

价值、资产、资本以及自然资源价值、生态服务价值、自然资本等,是目前生态经济与环境经济研究中常用的与生态资产密切相关的名词术语,在有关生态资产研究的文献中十分常见。这些术语尽管都强调了自然资源、生态系统及生态环境对人类经济社会发展的重要意义,但彼此间仍有差异。因此有必要对其加以说明、分析和界定,以便更清晰地理解生态资产概念。(高吉喜,范小杉,2007)

随着全球性资源环境问题的产生、科学技术的进步以及经济社会的发展,在城市化、人口聚集与迁移、区域开发政策等人类干扰力的作用下,生态资产的结构与资产存量发生了剧烈的变化,部分地区由于生态资产的急剧消耗,已影响到区域生态安全与可持续发展。(陈志良 等,2007)传统经济学中价值概念的局限性日益显现。不被传统经济认为有价值或价格的自然资源与生态环境,对经济社会发展的意义却越来越重要,即使没有劳动投入、没有规范市场,其价值或价格也不得不被承认。自然环境中的各种生物、矿物、生态景观等,随着人类对它们的作用或功能发现和了解的广度及深度的增加,而逐渐被赋予了价格或使用价值。人们逐渐认识到,自然资源和生态环境不仅是人类生存和发展的基本条件,也是人类创造商品和服务的基础。随着全球范围内自然资源和良好生态环境稀缺性的提升,自然资源价值和生态服务价值已成为目前经济学、社会学以及环境生态学研究的热点。

在传统经济学中,通常将资产或资本定义为局限于经济社会领域内可以给人们带来预期经济收益的有形或无形的财富。由于全球日益严重的环境污染、资源枯竭和生态破坏问题对区域经济社会发展产生的巨大影响,资产或资本的概念和外延从经济社会领域逐步延伸到自然资源和生态环境领域。因此,如何把生态资产价值纳入到国民经济核算账户已成为可持续发展的要求之一,同时也是生态资产理性管理的科学依据。

自然资本是 1948 年由美国学者沃格特(Vogt)在讨论美国国家债务的时候第一次提出的,他指出自然资源资本的耗竭会降低美国偿还债务的能力。实际上,人们对自然资本或自然资源价值的认识更为久远。因此,在国内外的大量文献中,自然资本常常被狭义地理解为自然资源资产的价值。然而,自然资产是具有明确的所有权且在一定的技术经济条件下能够给所有者带来效益的稀缺自然资源,应强调自然资源的权利归属性和潜在利益创造性。

自然资产也进入经济社会记账系统,其中,联合国和世界银行记账系统(SNA)及联合国环境与经济综合记账系统(SEEA)都将自然资本纳入其中。

生物多样性的生态系统服务是指生物多样性为人类经济社会提供的服务和福利,是生态经济和环境经济研究中连接生态环境、生态系统与人类经济社会的桥梁和纽带。1970 年, London 等在 *Study of Critical Environmental Problems*, *Man's Impact on the Global Environment* 中,首次使用了生态系统服务一词,并列出了自然生态系统对人类的"环境服务"功能。联合国环境规划署等国际组织实施的千年生态系统评估(Millennium Ecosystem Assessment) 中,将生态系统服务定义为人类从生态系统获得的所有收益,包括供给服务、调节服务、文化服务。

生物多样性生态资产是自然资源价值和生态服务价值两个概念的结合与统一,是所有者对其实施所有权并且所有者可以从中获得经济利益的生态景观实体,是以生态系统服务功能效益和自然资源为核心的价值体现,也是人类或生物与其环境相互作用形成的能服务于一定生态系统经济目标的适应性、进化性生态实体。(高吉喜,范小杉,2007)

二、生态资产的边界

生态资产是人类从自然环境中获得的各种服务福利的价值体现,包括自然资源价值和生态服务功能价值,生态资产的评价主体是人,自然环境中的各种物资、资源和生态过程,通过供给人类自然资源、提供各种生态服务实现其经济意义和价值,因此,生态资产是以人类经济社会发展为核心的自然资源、生态系统以及生态环境的价值表现。人类经济社会发展的过程,实际上也是自然资源被开发利用、生态系统被逐步改造、生态环境不断演变的过程。所以,生态资产是一个随着经济社会发展和生态环境演变而动态变化的量。在市场经济中,物资稀缺性的增加会导致该物资价格或价值的提升,生态资产价值也同样遵循该法则。由于生态资产是人类经济社会发展的基础,因此,评价区域生态资产实际上是评价自然环境所支撑的人类经济社会可持续发展的能力。

生态资产是生态经济学中新兴的概念,是自然科学与经济社会科学的交叉学科,因此,其特性既具有自然属性,又具有经济属性。从交叉学科的角度分析生态资产的特点和属性,不但有助于人们透彻理解生态资产的概念和特征,也有助于更好地把握生态资产的研究动向,避免陷入误区。

生态资产及其相关研究的开展,将揭示人类经济社会发展与生态环境相互影响、相互变化的原理,促使人类在实践活动中,探索资源高效、生态良好、经济持续、社会和谐的可持续发展道路。作为一门新兴的研究领域,生态资产研究已取得初步进展。然而,由于生态资产研究涉及领域广泛、要素复杂,许多问题仍有待进一步完善,相信随着生态经济及其相关科学的发展,生态资产的研究将日益深入。(高吉喜,范小杉,2007)

目前对环境资产的认识有广义和狭义之分。广义环境资产包括资源环境资产、生态环境资产和人造环境资产,狭义环境资产仅指人造环境资产。(欧芷伊,2014)目前之所以更多地研究狭义环境资产,并不是因为自然资源和生态资产不属于环境资产,而在于难以计量。(游静,2014)

生态环境资产分析包括核算分析、财务分析和资产风险评估。核算分析是从国民经济角度考察生态环境资产的效益和费用,通过影子价格、影子工资、影子汇率和社会贴现计算生态环境给国民经济带来的经济效益和费用;财务分析是根据国家现行财政和金融制度,依据市场价格,分析预测生态环境价值的效益和费用,以及在使用该类资源过程中所产生的不确定性,从而在财务上考察各类市场和非市场风险,最终确定国民经济发展过程中因生态环境所产生的获利能力、负担环境治理费用的清偿能力和因环境问题产生的国际汇率波动的经济价值。(过孝民,於方,赵越,2009)

表7.1　生态环境的核算分析与财务分析比较

分析类别	国民核算	财务分析	风险分析
分析角度	宏观	微观	宏、微观
分析目的	环境对国家的净价值	资源货币收支状况	环境价值波动
分析主要参数	影子价格	市场价格	资产定价
	官方汇率	影子汇率	官方汇率
	社会贴现率	基准收益率	因子
分析内涵	直接、间接费用和效益(内外部效果)	直接、间接费用和效益(内外部效果)	直接费用和效益(内部效果)
	包括对环境的影响	不包括对环境的影响	包括对环境的影响
评价基准	国民净现值或内部收益率	财务净现值或内部收益率	资产内部收益率

从表7.1中可以看出,其之间存在明显区别。国民核算主要从宏观角度考察国民福利是否实现帕累托均衡,财务分析则主要侧重于以企业为核心的微观层面的经济绩效核算,风险分析主要衡量各类风险对资产收益率造成的影响。其所采取的参数也存在明显区别。在国民核算中,环境价值一般作为原有 GDP 核算的卫星账户,通过市场交易,以直接、间接费用与收益法将环境价值体现于其中;财务分析主要围绕企业内部生产与市场的交易关系,关心的是企业微观实体的经济效益,对企业收益有利的环境价值一般被纳入其中,无法通过市场或制度制约企业成本的环境价值因素一般不会体现在企业的财务分析之中。而生态环境资产定价则将金融工程的相关理论引入生态环境的价值评估之中,以弥补被国民核算分析和财务分析所忽略的因各类不确定风险造成环境价值的变化状况。

生物多样性作为资产的定价包括实物计量和价值计量两类。实物计量主要利用生态环境统计方法,直观地核算出环境生态资源的现有当量。生态环境实物计量受资源质量品位、资源的赋存利用条件和地域因素制约;价值计量以实物计量为基础,是环境生态资源的计量重点和难点。价值计量根据有关生态环境和自然资源的法律、法规和公认准则为依据,研究经济发展与生态环境之间的联系,确认、计量、记录、报告生态资源的价值运动,即生态环境的成本、耗费、损失、经营开发、绿色收入和利润等,来确定生态环境的价值。(张枝实,2010)价值计量又包括核算和虚拟资产定价,核算的基础是实物计量,虚拟资产的计量则是在核算计量基础上进一步考察生态环境的风险价值。

生态资产定价面临诸多困难。首先,定价理论基础不统一。目前多数观点立足于边际效用论与劳动价值论,基于二者对不同生态环境资产或同一生态环境资产的不同构成部分进行计量的结果价值内涵不同,与可靠的相关生态环境定价实质要求相去甚远。其次,定价对象不明确。目前中国一般将农村生态环境定价对象广义化为包括自然资源、人力资源与心理环境等生态与社会资源,适合生态环境资产的定价方法尚待进一步挖掘。最后,计量方法不够可靠。

三、生物多样性生态服务资产定价

有效的定价模式能够使价格准确反映资源的稀缺程度和供求关系,从而向市场传递正确的信号并提供正确的激励,帮助市场参与主体及时做出正确的决策与选择。但是,有效的定价模式并非单一的模式,它应该体现出定价对象的属性特征。生物多样性资产是一个大的门类,按照经济属性特征的不同,可以分为自然垄断型、重大战略型和一般竞争型三大类。

（一）生物多样性资产的定价模式

（1）垄断型生物多样性资产的定价

垄断型生物多样性资产是指由一家或少数几家企业垄断经营比多家企业共同经营所耗费的成本更低的资源性资产。垄断型生物多样性资产的外部性较强,而竞争性和排他性较弱,且具有明显的规模经济特征。可以说,正是垄断型生物多样性资产所具有的这些特征,决定了由少数几家垄断经营的合理性,并由政府的市场准入加以保障。当然,也正是这种垄断性和外部性,要求政府对其定价给予适当干预,以形成合理有效的价格信号。所以,垄断型生物多样性资产可以实行政府引导的定价模式。但是,"有效竞争论"认为,政府干预定价会导致企业过度依赖垄断势力而丧失竞争力,从而使企业缺乏追求低成本、高效率和技术进步的动力,进而导致资源利用效率低下和浪费。所以需要强调,政府干预垄断型生物多样性资产的定价,并非控制价格或制定价格,而是侧重指导性和引导性,一方面借助行政手段来控制并避免资产价格大起大落,以稳定经济运行并保护群众利益;另一方面发挥市场调节作用,形成有效的价格信号,以提高生物多样性资产的开采利用效率和配置效率。

（2）重大战略型生物多样性资产的定价

重大战略型生物多样性资产是指关系国民经济命脉和国家安全具有重大战略意义的资源性资产。就重大战略型生物多样性资产而言，由于它对经济社会发展及国家战略具有重大意义，且具有明显的外部性，所以采取行政主导的定价模式是有效率的。当然，行政主导重大战略型生物多样性资产定价的效率性，不仅仅是经济层面的配置效率，更多的是政治、社会及安全层面的稳定性。

第一，重大战略型生物多样性资产关系国民经济命脉和国家安全稳定，这就要求政府干预并主导其定价。重大战略型生物多样性资产不仅影响经济社会发展，还关系国家安全，在某种程度上，国民经济和国家安全的核心问题就是战略资源问题。基于重大战略型生物多样性资产的经济价值和安全意义，政府的有形之手必须干预其定价方式，以维系国民经济命脉并保护国家安全稳定。第二，重大战略型生物多样性资产因处于产业链最顶端而关系到消费者利益和经济稳定发展，这也要求政府主导其定价。如果把资产定价权完全交给市场，重大战略型生物多样性资产的高使用价值和高稀缺性必然会极大刺激市场需求，从而使其市场价格急剧甚至无限制攀升。而其价格攀升会通过产业链逐级向下游传导，从而推高物价水平并造成通货膨胀，进而损害消费者利益并影响经济稳定。因此，从维护经济社会稳定的角度讲，政府也要主导重大战略型生物多样性资产的定价。第三，政府主导重大战略型生物多样性资产定价，有助于解决市场失灵问题。重大战略型生物多样性资产具有很强的外部性，容易导致外部不经济和"搭便车"问题，所以市场很难准确、完全地反映出重大战略型生物多样性资产的全部社会成本，从而诱使开采利用者滥采滥伐，造成生态环境严重恶化。为实现重大战略型生物多样性资产开采使用的代际公平和合理补偿，政府也应该在定价方面予以干预主导。

（3）一般竞争型生物多样性资产的定价

大多数生物多样性资产都属于一般竞争型的范畴。相对于垄断型和重大战略型生物多样性资产,一般竞争型生物多样性资产的外部性不大,而且具有较强大的竞争性和较强的排他性。如果政府过度干预其价格形成,一方面会导致资源价格信号失真,从而引起资源错配和资源浪费;另一方面会滋生政府失灵等一系列问题,如委托-代理成本高企、寻租等。可以说,政府对一般竞争型生物多样性资产定价的过度干预,正是资源开采利用偏离最优路径的主要原因。因此,政府有形之手要逐步退出一般竞争型生物多样性资产的价格形成过程,转而将其推向市场,发挥市场无形之手的调配作用,以形成真实的价格,从而优化资源配置效率并放大资源价值。

生物多样性与经济之间矛盾的根源在于生物多样性资产的稀缺性没有充分显现出来,从而导致资源浪费和配置效率低下,并拖累经济社会的持续发展。价格是反映资源性资产稀缺程度和供求关系最有效的信号,但是,强调政府干预的行政定价却造成生物多样性资产价格刚性,价格信号功能尽失。现代经济学认为,有效的价格信号是在交换主体相互博弈过程中形成的,而市场是博弈的载体,因此,如果要形成有效的生物多样性资产价格信号,就必须重视并强调市场作用,以推进定价的市场化进程。

在市场条件下,生物多样性资产的稀缺性通过影响供求关系,能够在价格上得到充分反映;而生物多样性资产稀缺性的充分显现,又会反作用于市场行为,引导市场主体重视生物多样性资产的集约高效利用,从而实现价值增值与放大。可以说,市场化定价是释放生物多样性资产价值并解决自然与经济之间矛盾的最有效方式。

无论是资源价值最大化,还是资源配置最优化,都离不开资源稀缺程度和真实价值的充分显现。构建生物多样性资产的市场化定价机制,要求着眼于价格体系重构和竞价流程优化改进。在价格体系重构方面,要实行完全成本定价方式,把生物多样性资产的原生态价值、消耗价值和生态补偿价值充分凸显出来。在定价流程优化改进方面,既要完善定价环节,落实以资产评价价值为基础并充分实现生态补偿的公平定价机制,还要强调定价方式的差别化和适用性,根据不同定价环境、不同定价对象,选择不同的定价方式。

在市场经济条件下,价格围绕价值上下波动是一条基本运行规律,反映了价值对价格的决定与影响。然而,生物多样性资产的天然形成和公共产品属性,决定了原生态的自然价值和生态补偿价值无法通过市场价格自行表现出来。因此,构建生物多样性资产的市场化定价机制,不是把生物多样性资产定价权直接交给市场,而是对资源价格进行重构;而价格重构的核心内容就是把完全成本定价方式植入市场化定价机制中,使生物多样性资产的所有价值构成能够通过价格显现出来。

(二)生物多样性资产市场化定价的主要环节

(1)资产价值评估

依赖市场手段而形成生物多样性资产的价格,要求市场交易主体相互讨价还价并最终达成一致。资产评估是生物多样性资产市场化定价的第一步。

(2)市场化定价

市场化定价就是通过市场机制来确定某种资源产权的价格,而市场机制依赖竞争条件发挥作用,决定了市场化定价不能脱离市场竞争而孤立进行。构建生物多样性资产的市场化定价机制,核心是要保证市场竞争发挥作用,使市场主体在竞争作用下展开博弈定价。当然,单纯的博弈定价不具有可靠性,只有把博弈定价置于阳光下,使定价全过程公开透明,才能保证定价结果合理有效。搭建产权交易平台并推动生物多样性资产进入产权交易市场,是实现生物多样性资产公平博弈及合理定价的有效手段,能够保证公开定价的顺利完成。生物多样性资产的市场化定价是一个多层次的博弈过程,既有买卖双方之间的讨价还价,也有买方内部之间的公开定价。

资产市场化定价的定价方式具有多样性,具体表现为不同的市场交易条件要求选择不同的定价方式。从当前中国的实践看,须要求引入市场竞争因素并逐步加强,以建立多层次、多样化的定价方式。可供选择的定价方式主要有四种,即协商谈判定价方式、招投标定价方式、拍卖定价方式以及依托公开产权交易市场的公开定价方式。总体来看,四种定价方式依次由前向后的转变反映了市场主导作用的逐渐增强,是生物多样性资产定价改革的路径;单个来看,每一种定价方式都有明确的适用范围和条件,能够满足绝大多数生物多样性资产实行市场化定价的需要。

协商谈判定价是市场交易双方通过协商谈判和讨价还价来确定生物多样性资产价格的一种定价方式。协商谈判定价方式的主要特征是交易主体具有单一性,即资产出让方和受让方是一对一的,这就决定了竞争仅存在于交易双方之间。在这种情况下,生物多样性资产出让方和受让方的充分沟通协商,更有利于达成一致并促成交易。但是,协商谈判定价是最原始的市场化定价方式,也是市场化定价的"无奈选择",资产受让方要尽可能地避免选用该定价方式。

招投标定价依托招标转让,通过公开产权转让信息,广募受让方(投标人)以形成受让方之间的竞争,然后就受让方的报价等因素进行综合分析,从中选出最符合要求的受让方。与协商谈判定价方式不同,招投标定价要求资产出让方招标人公开拟转让资产的全部信息并强调受让方之间的充分竞争,从而强化了市场信息的充分性。可以说,招投标定价是一种更加透明的定价方式。此外,在招投标过程中,出让方不仅关注价格因素,还要重视受让方的财务、技术、信誉等非价格因素。因此,招投标定价方式有利于最符合条件的受让方获得标的资产。在市场信息不充分的情况下可以通过招投标的方式来定价。

拍卖是指以公开定价的形式,将特定物品或者财产权利转让给最高应价者的买卖形式。拍卖以价格竞争为手段来实现资产竞买,赋予了竞拍人平等参与的机会,而拍卖过程的高度透明又保证了竞拍过程的公平公正。因此,依托拍卖来确定生物多样性资产的价格,能够最大限度地挖掘其真实价值并实现资产价值增值。但是,生物多样性资产往往处于产业链的最顶端,拍卖定价会放大甚至无限制推高其市场价格,而这种价格放大效应又会逐层向下游传递,从而导致社会物价水平高企。因此,确定生物多样性资产的价格,必须慎用拍卖定价方式。当然,对于开采利用难度较大的生物多样性资产,拍卖定价所实现的充分竞争以及对支付能力的高要求,有利于挖掘生物多样性资产的潜在价值并提高使用效率。

(三)生物多样性资产定价的方法

资产评估是生物多样性资产市场化定价的第一步,评估价值的准确性,直接影响了定价的有效性,而评估方法选择的合理性,在一定程度上又决定了评估结果的准确性。已经探讨的能够用于生态环境资产计量的方法主要有资产价值法、市场价值法、人力资本法、机会成本法、恢复费用法、影子工程法、替代市场法、调查评价法与支付意愿法等10余种,但要与实用与可靠的估价目标比较,尚有不少的差距,尤其是没有考虑到生态环境资产的风险价值。

经过梳理相关文献,以下几种方法值得借鉴。

(1)毛利率法

对用于生产却无市场交易价格的生态资产可采用毛利率法进行计量。计量模型为:

$$P = \frac{S_t(1 - g_t)}{q_t} - c$$

$$V_{t1} = PQ_t$$

$$V_{t2} = P\sum Q_t \tag{7.1}$$

式中:P、S_t、q_t、c 分别为第 t 期已耗资源单位成本、用该资源所产产品销售净额、销售量、单位产品所耗的直接材料、直接人工与制造费用;g_t 为第($t-1$)期的实际毛利率或第 t 期的计划毛利率;V_{t1}、V_{t2}、Q_t、$\sum Q_t$ 分别为第 t 期的资源消耗成本、资源存量成本、资源消耗量、资源存量。该法可用历史成本、现行市价等方法计量,在毛利率较为准确时可靠性较高,主要适用于为生产而持有的生态环境资产的计量。(袁媛,2009)

（2）环境负债计算

具体分为两类。第一类是，对于因环境污染而引起的生产损失可根据生态被损害前年均工农业产值、利润为基础计量，计算公式为：

环境负债 =（损害前年均农业生产净利润 − 损害后农业生产净利润）× 年金现值系数

第二类是，对于由于环境影响人民健康的环境负债的计量，可根据某影响区域正常情况下的人均年医疗费用、死亡率、劳动生产率与环境受影响后的人均年医疗费用、死亡率、劳动生产率对比计算。计算公式是：

环境负债 =（环境受影响后人均年医疗费用 − 正常情况下人均年医疗费用）× 年金现值系数 +（环境受影响后死亡率 − 正常情况下死亡率）× 年金现值系数 +（环境受影响后劳动生产率 − 正常情况下劳动生产率）× 单位产品边际利润 × 年金现值系数

（3）恢复费用法

该方法主要是指如果将环境恢复到被破坏以前的水平所需的费用以及由此而造成的损失作为环境负债的计量方法，其公式表示为：

$$EL = \sum_{i=i}^{n} + MR \tag{7.2}$$

其中，EL 为环境负债，L 为直接恢复费用，即环境状况达到规定标准所需费用，M 为使环境状况达到规定标准与原始状态相比所造成收益的损失，R 为年金现值系数。

（4）生物多样性负债评价法

生物多样性负债研究方法是建立生态系统和表达上支持系统的要素群，再按一定顺序进行排列，挑选出排序最前五名位次（组成资产）和最后五名位次（组成负债），形成资产负债表。

①权重确定。位于前五名的位次，从1,2,3,4,5，其权重规定为1,4/5,3/5,2/5,1/5。位于后五名的位次，从倒数5,倒数4,倒数3,倒数2,倒数1，其权重规定为 −1/5, −2/5, −3/5, −4/5, −1。

规定每一子系统要素（i）数量为 $n(n = 1,2,3,\cdots,n)$。规定只有 i 位

于生态系统资源前五名和后五名为有效计分(正分和负分);处于前五名和后五名之间的计分为0。

②进一步应用矩阵排布中的列向量、行向量计算其相应的交互关系,获得发展质量计量。

③分类的区域资产负债比较。其计算公式为:

$$\left[\sum_{x=1}^{5}ax(i) - \sum_{y=1}^{5}by(i)\right]/n \tag{7.3}$$

式中:a 表示生物多样性资产;b 表示生物多样性负债;x 代表处于前五名的要素 $i(i=1,2,3,4,5)$;y 代表处于后五名的要素 $i(i=1,2,3,4,5)$。

④总体的区域资产负债比较(净资产)。其计算公式为:

$$\sum_{N=1}^{N}\left[\sum_{x=1}^{5}ax(i) - \sum_{y=1}^{5}by(i)\right]/\sum n \tag{7.4}$$

式中:x 代表处于前五名的要素 $i(i=1,2,3,4,5)$;y 代表处于后五名的要素 $i(i=1,2,3,4,5)$。

⑤相对资产与相对负债的计算。该方法主要用来进行不同地理单元与时间单元同类支持系统和同一地理单元内部不同支持系统资产或负债相对质量的横向与纵向比较。公式为:用总分值 X_i 与该支持系统资源指标总数 N_i 的比值作为该支持系统的相对"资产"量度 X_i。即

$$X_t = (X_i/N_i) \times 100\% \tag{7.5}$$

相对负债计算公式为:

$$Y_i = (Y_i/N_i) \times 100\% \tag{7.6}$$

依据上式,考察生物多样性资产与负债。(蔺海明,2003)

(四)生物多样性资产定价的不确定性

产权是经济所有制关系的法律表现形式,按照对财产支配力的强度与方式,可以分为:名义产权,包括资本的所有权和最终收益分享权;实际产权,包括资产占有权、使用权、支配权、处置权以及除工资以外的剩余收益索取权。在自然资源的产权研究中,不可避免的是"公地悲剧"问题,

即公地作为一项资源有许多拥有者,他们中的每个人都有使用权,但没有权力阻止其他人使用,产权界定模糊情况下的竞争,鼓励了生产的短期行为,从而造成资源过度使用和枯竭。

解决"公地悲剧"的思路主要有政府管制和完全私有化。政府管制存在着信息不完全、监督成本巨大以及寻租活动等缺陷,而完全私有化可能带来外部性陷阱、垄断、投机、隐瞒偏好等新问题。目前较为普遍的观点是,在政府管制与完全私有化之间寻求一种中间形式,将名义产权与实际产权进行分离,由政府保留最终所有权,而将使用权、收益权、处置权等以出让、承包、拍卖等形式让渡给经济个体。个体或集体取得的这种实际产权是排他性的,符合资产定义对权利的要求,只要经济主体取得了实际产权,生物多样性的生态服务价值就应当纳入财务报表。

生物多样性与一般资源的不同点在于,其带来的效用很大一部分不是直接和经济利益挂钩。许多表现为精神利益或社会利益,从会计的角度来说,这些利益最终是否能与经济利益相联系是环境资产确认的另一个主要问题。

第八章　生物多样性经济价值非市场捕获

自古我国就有生态保护的思想,如孔子在《礼记》中说:"伐一木,杀一兽,不以其时,非孝也。"意思是如果不按生物生长规律,滥行渔猎采伐,是不道德的行为。孔子的生态伦理思想的基本内容是,人们只有根据生物的生长规律,合乎时令地利用生物资源,才是道德行为。

生物多样性是人类社会存在和发展的前提。生物多样性恶化,必然对生态服务与经济发展造成难以逆转的损失。从理论上看,因为生态服务价值的资源供给约束刚性、产权不清晰和没有市场化,引起了交换主体之间的不均衡,造成作为弱势一方的生物多样性急剧退化。要解决这一矛盾,就要从产权和价格理论方面,发现影响消费行为和资源配置的有效途径。为此,生态服务价值捕获市场化就要实现以生物多样性为研究对象,以生态服务价值为研究核心,以市场化捕获为突破口,从中提炼出聚集生态服务价值的识别、展示和捕获于一体,能够产生逆向抑制生态恶化、正向激励人与生态和谐的方法论体系,从而形成保护生物多样性的认知视角、理论基础和方法建议。

生态服务价值捕获市场化,是借助经济体系的价值判断,找到将生态服务价值内嵌于经济体系的路径,引导人类正视生物多样性的服务价值,利用市场的调节模式,实现生态服务价值的供求均衡,从而抑制生物多样性继续退化,优化生境,改善生态服务质量,最终建立起生态友好型的人类文明社会。从操作方式上看,就是针对生物多样性的稀缺性和有用性,界定生态服务价值范畴和数量,将生态服务价值纳入国民收入账户和企业会计成本核算系统,通过价格信号调节方式,实现保护生物多样性、改善生态服务数量和质量的林达尔均衡。就我国生物多样性保护而言,主要是借助生态服务价值捕获市场化,保护生物多样性的防风固沙、土壤保育、水资源调控、固碳、生物多样性保育、景观游憩等功能。

20 世纪 70 年代,科学界和法律界人士最早提出保护生物多样性的倡议,政府一开始就推崇由科学家和律师建议的"指挥和控制"来设定生物多样性保护路径。由此产生了以执行标准为基础,以限额要求和技术修复为主的规制与科技保护机制。这一类捕获举措也被称为管制型价值捕获。其中,比较著名的就是 Hines 的政治行为和法律行为捕获以及史密斯和舍博斯通等基于公投、教育、法律、说服等手段的捕获。经过几十年的演变与发展,已经形成了相对丰富的非市场化捕获举措。

一、技术保护

在《中国 21 世纪议程》第 15 章的"生物多样性保护"和《中国生物多样性保护行动计划》中,生物多样性保护的技术政策主要有以下四个方面:第一,积极开展生物多样性的科学研究。开展生物多样性的调查和编目工作,进一步完善生态系统分类、编目工作;研究和制定生物多样性保护的规范和标准及其相应的评价体系;开展生物多样性可持续利用的管理和技术研究工作;开展全球变化对生物多样性的影响研究工作;研究建立全国生物多样性动态监测系统,加强遥感和 GIS 等新技术在生物多样性保护中的应用等。(C. S. Robert B. Jeri, 1998)第二,保护可持续利用生物多样性资源。加强现有自然保护区的保护功能,在生物多样性保护迫切的地方建立新的保护区(J. Mcneely, 1994);确定需要优先重点保护的物种;建立地区性珍稀濒危野生物种引种基地和人工繁育中心;开发药用动物和植物的保护与可持续利用技术等。第三,开展生物多样性保护与利用的示范工程建设。在《自然保护区管理条例》许可的范围内,建立集生物多样性保护和娱乐于一体的生态旅游(S. Pandy, M. P. Weller,

1997);借鉴世界遗产地保护示范区、国家生态示范区及地方保护区的技术,逐步扩大示范区地数量和范围等。第四,开发和建立生物多样性的监测信息系统。采用定位、半定位监测和"3S"技术,开展对野生动植物等长期动态监测;建立中国生物多样性数据库,包括中国濒危野生动植物数据库、中国经济动植物种数据库及中国生物多样性保护科研成果数据库等。(张浩,王根轩,李健娜,2004)

2015 年 11 月,世界自然基金会(WWF)在美国华盛顿组织了富勒座谈会。在论坛上,一个极为重要的论题——"技术能够拯救地球吗?"引发了长达 9 个小时的讨论。与会者从传感器应用、环境 DNA、无人机、移动互联、在线社区等多个角度对自然保护提出了建议。

(一)自然保护

为了保护生物多样性,把包含保护对象在内的一定面积的陆地或水体划分出来,进行保护和管理。比如,建立自然保护区实行就地保护。自然保护区是有代表性的自然系统、珍稀濒危野生动植物种的天然分布区,包括自然遗迹、陆地、陆地水体、海域等不同类型的生态系统。自然保护区还具备科学研究、科普宣传、生态旅游的重要功能。

我国自然保护区的管理经历了从划界守摊子发展到真正对自然资源和人类活动进行管理这样一个历程,这也是保护区管理所必须和必然的经历。保护区的巡护监测,正处于变革的前夜,国家的、地方的相应标准正在完善之中,这离不开保护区的实践对标准制定的示范和修正。

(二)迁地保护

迁地保护是在生物多样性分布的异地,通过建立动物园、植物园、树木园、野生动物园、种子库、基因库、水族馆等不同形式的保护设施,对那些比较珍贵的物种、具有观赏价值的物种或基因实施由人工辅助的保护。迁地保护的目的只是使即将灭绝的物种找到一个暂时生存的空间,待其元气得到恢复、具备自然生存能力的时候,还是要让被保护者重新回到生态系统中。

迁地保护为行将灭绝的生物提供了生存的最后机会。一般情况下，当物种的种群数量极低或者物种原有生存环境被自然或者人为因素破坏甚至不复存在时，迁地保护就成为保护物种的重要手段。

迁地保护是在保护区已经不存在可以让濒临灭绝的生物生存的条件下进行的保护。

通过迁地保护，可以深入认识被保护生物的形态学特征、系统和进化关系、生长发育等生物学规律，从而为就地保护的管理和检测提供依据。迁地保护的最高目标是建立野生群落。

进行物种迁地保护的目的，并不是以人工种群代替野生种群，而是增加濒危物种的种群数量。在迁地保护过程中，利用现代科学技术作为辅助手段，在有限的空间内创造濒危动植物生存的必要条件，通过保证其食物供应，治疗受伤、生病个体，采取节育或人工授精，淘汰某一年龄段个体等进行人工管理，调整种群的遗传结构和种群结构，减少随机因素对小种群的影响，使迁地种群的有效种群数量达到最大，并处于最佳年龄结构。当迁地种群数量上升到一定量时，通过对人工驯养个体进行野化训练，在适宜的生境中不断地释放迁地种群的繁育后代，补充野生种群，以增加野生种群的遗传多样性。建立起自然状态下可生存种群是迁地保护的最终目标。

一般地，迁地保护有以下三方面的条件：一是物种原有的生境破碎呈斑块状，或原有生境消失。如东北虎。二是物种的数目下降到极低的水平，种内难以进行交配。IUCN 曾指出：当一个濒危物种的野生种群数量低于 1000 只时，应当进行人工繁育。目前迁地保护手段常常是等到物种的数量极低、濒临灭绝时才应用，其效果显然不如当它种群数量尚多但已面临生存危机时，提前对它进行迁地保护为好。所以，对于那些个体数目虽然较多，但已经出现生存危机的物种，也应该考虑进行迁地保护。三是物种的生存条件突然恶化。这类物种常常具有极窄的生态位阈值，适应能力较差，当生境条件的某一个或某几个生态因子突然恶化时，将导致该物种的灭绝。如20世纪80年代中期,四川大熊猫栖息地突然发生竹子大面积开花枯死,大熊猫由于食物短缺而面临生存危机,此时进行迁地保护是必要的,待环境状况恢复后可再进行野放。

迁地保护包含以下策略:

①动物园保护。动物园、相关的大学、政府野生动物部门以及保护组织,目前维持着代表哺乳类、鸟类、爬行类和两栖类的3000个物种的超过70万个的个体(Groombridge,1992)。如此大量的圈养动物似乎很惊人,但与人类饲养的家猫、狗和鱼类相比,仅有后者数量的1/3。动物园传统上是把重点放在大型脊椎动物特别是哺乳动物上,因为这些种类能引起一般公众的极大兴趣。这有忽视昆虫和其他无脊椎动物的巨大危险,然而,它能激发公众对野生动物保护的热情。如果对保护野生动物有兴趣,就会捐钱,就会对政府施加压力。结果,终于促使设立了这些物种的保护区,并使其他数千种分布于这些环境的动物和植物也得到保护。这些动物可称为"旗帜种"。全世界动物园现今保持有50万头陆生脊椎动物,代表3000种哺乳动物、鸟类、爬行类和两栖类。现在全球12%的鸟类、1/4的哺乳动物和1/3的鱼类已濒临灭绝。仅在美国,约有5000万只猫被养作宠物。所以,建立不再容易从野外捕捉到的稀有种群和濒危种群的保护园地,已成为各国保护物种的有效方式。如果它们的自然环境已被人类活动严重破坏,动物园养殖可能是许多种类存活的唯一机会。

首先,在濒危物种迁地保护方面,动物园保持着多种野生动物圈养种群,其中也包括了国家重点保护动物的圈养种群。这些种类的野外种群已处于灭绝的边缘,圈养种群的扩大和进行重新引进项目对于保护这些物种免遭灭绝是十分重要的手段。此外,圈养种群的存在还可以减少野外种群被捕捉的压力。

其次,从我国各动物园重点繁殖的物种看,种类不超过30种,有些物种的重复率很高,常常导致种群过小、结构不理想等。不少动物园反映圈养野生动物种群的结构多半不理想并且很难调整。并且由于动物园总的容量、科学技术力量和管理力量都十分有限,过多的重复对充分发挥其保护潜力是不利的。

②植物园保护。它的主要目的是搜集、培育珍稀濒危植物。世界上最大的植物园英国皇家植物园栽培了 2.5 万种植物,约占世界植物种类的 10%,其中 2700 种植物是 IUCN 红皮书上的受威胁种类。

中国是一个植物种类丰富的国家。由于所处的地理位置,在 960 万 km^2 的辽阔大地上,生长着约 3 万种高等植物,占世界区系成分的 10% 左右,居世界第 3 位。中国又是一个历史悠久的文明古国,建立于公元前 2800 年前后的"神农"药圃,被认为是世界上植物园的雏形。在中国,近代植物园的建立始于 20 世纪初。

③种子库建设。种子库的优点在于:可以在较小的空间安全地长期贮藏大量正统型种子;可以有效地保存植物的完整性和多样性,入库后所需管理工作较少,与就地保护以及栽培活植物等迁地保护方法相比费用较为合理,便于随时提供材料进行特征记录评估和研究利用。种子库的缺点在于:一般不能长期保存顽拗性种子,对不结实的植物以及只能靠无性繁殖生存的品种均不适用;对能源和技术设备的要求很高;对种子的冻结影响了植物适应不断变化的环境和抵御病虫害的进化过程;无意中与种子同时保存下来的有害病菌对未来生物和环境的影响是难以预料的。

贮藏种子的过程为:种子采集规划/寻求批准、采集、快速运送到种子保存部、数据输入、初步干燥、清理、X 光分析/剪枝检查、确定种子数目、主干燥以及包装/入库等 10 道工序。将其简化,主要有三步,即干燥、封装和储藏。种子干燥是要去掉种子中不必要的水分,仅保留能保证其今后发芽生长的水分;干燥后的种子采用玻璃瓶罐装,金属铝盖封口,通常一种植物的种子数不少于 5000 颗;种子封装后,将其储藏于温度恒定在 $-20℃$ 的冷库内。

世界上最成功的案例就是英国皇家植物园。为保存自然植物资源,英国皇家植物园于 1975 年建立了野生植物种子保存部,最近又开始实施

"千年种子库"工程,以期将绚丽的多样性植物世界留给后代。该工程计划始于 1992 年,总投资为 8000 万英镑。其主要目标是:到 2000 年,基本上收集完英国的植物种子;2000—2009 年,通过在国外的合作组织,收藏 10% 的世界植物种子(不包括其时已有的),重点为世界干旱地区的物种;向有政府批准的协议国家分发胚质,促进可持续性发展和科学研究;为支持种子保存工作,开展必要的种子研究;为国外合作机构的科学研究人员提供种子保存方面的培训和研究机会;为开展上述活动兴建场所,同时保证公众能接触到种子库工程。按照设想,种子库将收藏 29000 种植物的种子。这是一项造福后代的宏伟工程,极具挑战性。

二、建立基因库

近年来,美国、欧盟、日本等发达国家或组织已将保护基因资源列入本国战略计划,分别建立了国家级的基因数据库和层次不同的生物样本资源库。比如,为了保护作物的栽培种及其会灭绝的野生亲缘种,建立全球性的基因库网。大多数基因库贮藏着谷类、薯类和豆类等主要农作物的种子。而我国生命科学和生物产业虽发展迅速,但大量的生物样本和基因数据的收集、保存、分类管理以及应用尚不规范,因此,需要建立技术领先、标准规范、共享服务、安全可靠的各级基因库。2011 年 10 月由国家发展改革委、财政部、工业和信息化部、国家卫生和计划生育委员会四部委批复,并由深圳华大基因研究院组建及运营深圳国家基因库。深圳国家基因库基地位于深圳市大鹏新区"禾塘仔"地块,建设规模约 116000m²,分两期建成。

(一)基因库的分类

①资源样本库。用于储存和管理珍贵的各类生物样本(来源于人、动物、植物、微生物等),保护我国特有的遗传资源,为健康、农业、材料等生物产业产品研发项目提供全面专业的样本资源。

②生物信息库。储存和分析重要物种全部相关数据(包括基因组学、

转录组学、蛋白组学、代谢组学等,以及表型信息或临床信息数据),为国家重大战略规划中相关议题的研究论证与决策制定提供科学的基础数据服务。

③生物资源信息网络。着力于整合国内乃至国际生物资源,搭建覆盖广泛的生物资源和生物信息网络联盟平台,促进信息和人才的交流、促成基于样本资源的合作,促进样本资源的使用和开发,推动相关科研工作的开展和产业转化。

（二）建立基因库对保护生物多样性的作用

基因的载体 DNA 可以在干燥或者低温冷冻条件下在生物体内长期保存,也可以采用现代技术提取、酶切、扩增克隆 DNA,建立 DNA 数据库。基因文库正随着 DNA 测序工作的飞速进展而不断扩大。它不但可以用来比较鉴定不同的个体、种群和分类单位在遗传上的异同,还能据此合成基因。因而建立和保持这种数据库也可以看作保存生物多样性的一种方式。

建立基因库的意义在于:可以减少饲养个体数;可以保护丰富的遗传多样性;野生生物基因库为家养动物品质和种间杂交提供种源;野生生物基因资源库为地理隔离种间交流期提供途径。

（三）基因库的保存与应用

基因的保存与保护主要有下列方式:叶片或其他组织的液氮保存;野生植物特殊基因和稀有植物基因的提取、分离和保存;其他形式或植物基因材料保存(如标本)等。另外,还有一种田间基因库的保存方法,即对那些具有顽拗性种子、种子不育或无法靠种子繁殖的作物,可以从各地采来转移到另一地方栽植。

基因库重点应用在以下几个方面:

①人类健康。通过基因库的数字健康管理、临床检测的准确率、疾病防治及生物制药的支撑,以便验证技术的可靠性,确定最佳策略,同时在充分考虑人群差异的基础上,为人类健康提供最大化的帮助。

②新型农业。在大农业方面的动植物分子育种、功能基因的发掘、新能源的开发利用,需要以大量物种资源为基础,搭建大型基因型和表型数据库,为育种者和开发者提供完整的信息指导,加快育种和开发进程。基因库的建立有利于新型农业的发展。

③保护物种多样性及生态环境。通过收集和保存各种有价值的种质资源,建立大规模的资源库或保护区,保护物种的多样性,并阐明外界条件和生物之间的相互作用,对生态环境起到保护和监测作用。

三、法律保护

生物多样性保护的历史由来已久。早在公元前 18 世纪巴比伦王国的《汉谟拉比法典》中就有生物多样性保护的相关规定,如对牧场、林木进行保护。不过,生物多样性保护到了近现代才发展得相当迅速。18 世纪,欧洲由于农业和畜牧业的发展以及产业革命的影响,原始森林明显减少,生态环境破坏速度加快,促使人们采取以保护地域的形式来保护自然。早在 19 世纪甚至更早以前,国际社会就已经有了调整个别生物多样性问题的国际法规则。不过,针对生物多样性问题而诞生的现代生物多样性保护国际法,是 20 世纪 60 年代以后的事情了。这个发展过程,根据其保护理念,大致可分为三个阶段。

生物多样性保护也是我国近年来法学研究中的热点问题。目前,我国涉及生物多样性保护的法律法规主要有:《宪法》《中华人民共和国环境保护法》《海洋环境保护法》《渔业法》《野生动物保护法》《自然保护区条例》等。我国加入的有关生物多样性保护的国际公约,如《生物多样性公约》《濒危野生动物物种国际贸易公约》《人类环境宣言》等。这些法律法规的颁布和实施,对我国生物多样性的保护起到了重要的监督管理作用。(黄蕊,2008)

(一)萌芽阶段:利用价值保护

20 世纪五六十年代之前的国际法主要是根据个别物种对于人类的

利用价值(主要是经济价值)提供保护,而对生物物种的内在价值、生态系统以及生物多样性等方面则很少涉及。

19 世纪 60 年代开始,欧洲出现了早期的保护生物物种的国际条约,主要有 1867 年的《英法渔业公约》、1882 年的《北海过量捕鱼公约》、1886年的《莱茵河流域捕捞大马哈鱼的管理条约》、1902 年 3 月的《保护农业益鸟公约》、1911 年的《保护海豹条约》等。通过这些生物保护条约,缔约国通过谈判分配了各种资源(主要是鱼类以及海豹)的开发权。在此背景下,国际社会通过了一些比较重要的保护生物多样性的国际条约,如1933 年的《保护天然动植物公约》、1946 年的《国际捕鲸管制公约》、1950年的《国际鸟类保护公约》和 1951 年的《国际植物保护公约》等。

然而,这一时期的生物多样性保护手段是不充分的,主要采取的方法是简单的禁捕、禁采、禁伐。一般而言,"最通常的做法是禁止捕获属于某个特定物种的个别生物,而不考虑该物种的生存条件是否存在"。另外,它采用的是一种跨界解决方式,参与这些国际法的主要是与保护对象有直接利益关系的少数边界相邻的国家。

(二)初步形成阶段:内在价值保护

二战后,环境科学和生物科学得以兴起并迅速发展,其研究成果促使人们不断深化对生物物种的内在价值的认识。在这种背景下,现代意义上的保护生物多样性国际法开始正式形成和发展。例如,1973 年通过的《濒危物种国际贸易条约》(CITES 公约)、1971 年的《关于特别是作为水禽栖息地的国际重要湿地公约》和 1972 年的《保护世界文化和自然遗产公约》。

除了上述国际条约外,比较重要的国际法律文件还有 1968 年的《非洲自然和自然资源保护公约》、1973 年的《濒危野生动植物物种国际贸易公约》、1979 年《野生动物迁徙物种保护公约》、1979 年的《欧洲野生生物和自然生境保护公约》、1980 年的《南极海洋生物资源养护公约》、1982年的《联合国海洋法公约》和 1986 年的《南太平洋地区自然资源和环境保护的公约》等等。这一阶段，保护生物多样性国际法在国际立法的指导思想上，重新认识了人与自然的关系，开始从最初的功利主义、注重保护对象的经济效用转向注意内在价值和其他非经济价值。这一阶段的保护手段也日渐丰富，不仅保护个别物种，而且保护其栖息地，并考虑到可能影响该物种和栖息地的所有生态要素。同时，为了保护、保存、展出、恢复和利用各种保护对象，公约通常要求各缔约国综合采取法律、科学、技术、行政和财政措施等多种手段。另外，很多公约开始采用一种全球视角，将保护对象确定为具有人类共同利益的事项，号召所有国家而不是少数与保护对象有直接利益关系的相邻国家，在全球范围内进行保护。

(三)迅速发展阶段：生态系统保护

20世纪90年代前后，可持续发展的理念逐渐深入人心。在全球范围内，最初体现这种思想的是软法文件，如1980年的《世界自然保护战略》和1982年的《世界自然宪章》。特别是《世界自然宪章》，它是世界自然保护同盟(IUCN)纪念1972年斯德哥尔摩会议召开10周年所发起并促成联合国大会通过的一项国际法文件，也是在人与自然关系方面进展最大也是最具创新性的一项国际文件。该宪章措辞严厉，但它只是一项不具有法律约束力的软法文件。尽管如此，该宪章也成为生物多样性保护理念转变的里程碑。最终，《世界自然宪章》所蕴含的广泛的、整体性的保护理念体现在1992年的《生物多样性公约》中。从1984年到1987年，世界自然保护同盟发起了第二轮的努力，它起草并完善了一系列可以被纳入《生物多样性公约》的条款。IUCN的建议条款集中草拟了全球为保护遗传、物种和生态系统层次的生物多样性所需付诸的行动，特别是在保护区内外的就地保护措施，以及关于财务机制的详细建议。但是，各国政府拒绝将IUCN的建议作为进行谈判的基础。尽管如此，世界自然保护同盟的努力为吸引全球关注以及对生物多样性的支持发挥了重要的作用。

一直到1987年，联合国环境规划署意识到经过多年的努力，生物多样性的消失不但没有减缓,而且每况愈下,保护生物多样性的行动迫在眉睫。于是,UNEP成立了一个特别工作组来调查是否有必要以及有没有可能"制定一项综合性公约的意愿以及可能的形式,以便使该领域的活动合理化,并解决其他可能处于该公约调整范围内的领域的活动"(UNEP,1987)。该项"包容性"公约的最初目的是涵盖当时及未来所有的环境保护与生物保护公约,为各种野生生物以及生物栖息地的国际条约提供协调的框架。

根据《生物多样性公约》第36条之规定,公约在第30个缔约国(蒙古)批准加入书交存之日的90天之后(即1993年12月29日)生效。该公约没有为保护生物多样性提供具体的标准或者措施,它也没有为最初设想的所有物种和生物多样性法律提供框架;不过,它确实涵盖了地球上所有的生物多样性,并为各国的保护努力提供了重要的指导。此后,保护生物多样性的国际法也经历了一个较为迅速的发展时期。从数量上看,这一阶段,保护生物多样性的国际法增长得并不是很多,但是几乎所有的法律文件都体现了全新的保护理念,主要有1992年的《波罗的海海洋环境保护公约》、1992年的《生物多样性公约》、1995年的《地中海生物多样性特别保护区议定书》、1995年8月在纽约签订的《跨界鱼类种群和高度洄游鱼类种群的养护与管理协定》、1999年的《莱茵河保护公约》,2000年的《卡塔赫纳生物安全议定书》、2003年的《非洲自然与自然资源保护公约》(修订版)等。

这一阶段,保护生物多样性国际法的特点主要有三个:首先,以1992年的《生物多样性公约》为典型,各公约都奉行了"综合生态系统保护"的理念。即,承认并重视人和生态系统以及生物多样性之间存在的必然联系,要求全面、综合地理解和对待生态系统和生物多样性及其各个组分、它们的自然特征、人类社会对它们的依赖,以及社会、经济、政治、文化因素对生态系统和生物多样性的影响。其次,这些公约在生物多样性的保育与持续利用、生物资源的获取与惠益分享等看似冲突的问题之间找到了联系的纽带,在保护目标上实现了动态的平衡。而这种保护方法,也更容易达到预期的目标和效果。最后,它们遵循了一种全球解决的思路,要求将地球上的生态系统和生物多样性作为一个整体来进行保护,而无论其政治边界如何;同时,各国都有义务为了全球利益而保护在本国境内的生物多样性。

生物多样性保护国际法是为了适应国际社会应对日益严重的人类环境问题的需要应运而生的,是现代国际法发展到一定历史阶段的必然产物。生物多样性保护国际法的产生条件至少有以下三个:第一,生物多样性问题日益严重,已经危及国际社会的共同利益;第二,现行国际法缺乏应对、解决这种问题的有效机制;第三,世界各国形成了保护全球生物多样性的共同政治意愿,并致力于发展有效的国际法律机制。可以说,没有国际法的存在与发展,也就没有生物多样性保护国际法的产生与发展。不过,生物多样性保护国际法的发展远未达到成熟的地步。美国学者凯尔森曾指出:"一般国际法由于其分散化,具有原始法律的性质。"现今的国际法尚还有一段十分漫长的路程要走。

生物多样性保护国际法的不足之处,至少体现在以下几个方面:

①生物多样性保护国际法的法律规范发展不足。首先,构成生物多样性保护国际法基础并代表其发展方向的一些重要原则,如可持续发展原则、共同但有区别的责任原则、代际公平原则等,尚未发展成为国际习惯法规则、被国际社会采纳具有法律约束力的国际法规范。其次,法律规范尚不完善。目前很多领域(如外来物种入侵防治等)缺乏有效的规则;已有生物多样性保护国际法加以调整的领域,也因为条约形式更多地采用框架公约模式、内容上道德宣示重于法律强制,从而导致其保护力度有重大欠缺。可以说,目前生物多样性保护国际法律规范所调整的生物多样性保护国际法律关系的范围及深度都无法满足国际社会的需要。

②生物多样性保护国际法虽已初步形成了一个体系,但这个体系本身并不完善,尚未形成一个层次分明、结构合理、内部协调统一的整体。

而且,国际社会缺乏一个指导生物多样性保护国际法发展的整体规划,条约的发展仍以零星、分散的形式出现;现有的《21世纪议程》层次不够,国际法委员会也缺乏这方面的相关职责,其关于发展国际法的方案由于只是软法文件而只能对各国起建议作用。

③实施生物多样性保护国际法的国际组织机构不健全。国际社会缺乏一个具有强制力、可以保证各国平等参与、对国际生物多样性事务予以监督协调的国际机构。目前的联合国环境署、《生物多样性公约》秘书处等都不足以承担此重任。

④国际生物多样性保护的监督、管理、激励和制裁机制没有形成。由于缺乏有权威的超国家机构,作为法律基本特征的生物多样性保护国际法甚至可以说是刚刚萌芽,其强制力极其薄弱,生物多样性保护国际法的实施在很大程度上只能依靠人类的道德机制。

⑤各国在生物多样性保护和持续利用问题上的共同政治意愿与各国在政治、经济利益上的巨大差异之间的鸿沟难以弥合,这从根本上制约着国际生物多样性立法与实施朝着更高的方向发展。

面对这种局面,国际社会开始在各个方面进行积极的努力,并取得了一定成果,其中以《21世纪议程》中有关国际环境法的规定及其实施最为重要。《21世纪议程》第39章"国际法律文件和机制"提出了"评价和促进(国际环境法的)效力,以及通过各项考虑到普遍原则和所有国家的特殊不同需要和所关心问题的有效国际协定或文件,来促进环境与发展政策的结合"的总目标,并为此提出了8项目标和4个方面的活动领域。作为国际环境法的一个主要部门,生物多样性国际法的发展自然也要遵循《21世纪议程》确定的目标和实施方案。结合《21世纪议程》所做的行为计划和生物多样性保护国际法发展现状,笔者认为生物多样性保护国际法今后将在以下几个方面得到较大发展:

①发展中国家参与生物多样性领域国际立法与实施的作用不断加强,生物多样性保护国际法也将会更多地反映发展中国家的特殊情况和

不同需要,生物多样性保护国际法成为发展中国家建立新的国际经济秩序的有力武器,这亦是生物多样性保护国际法突破其瓶颈、获得新发展的前提。

②国际组织,特别是非政府组织、跨国公司和个人在生物多样性保护国际法上的地位不断得到确认和提高。

③一个包括环境条约的内部制约机制、外部监督机制、违法制裁的实体法和程序法,以及环境争端的避免及和平有效解决机制等在内的生物多样性保护国际法的实施机制建立和健全。

④随着2010年《卡塔赫纳生物安全议定书关于赔偿责任和补救的名古屋-吉隆坡补充议定书》的通过,生物多样性保护国际法中的责任和赔偿问题获得突破性发展,这也是决定着它真正迈向国家之间的"法"的至关重要的一步。(秦天宝,2013)

(四)我国生物多样性保护的法律工作

在我国各项保护生物多样性的法律法规中,对野生动物保护的立法起步较早,形成了一个较为完备的体系。保护野生动物的法律制度也是比较全面的,如所有权制度、管理制度、生境保护制度等。野生植物方面,我国还没有专门的法律,但有一些行政法规和地方法规,涉及权属制度、重点保护野生植物名录制度和分级保护制度等。制度的制定大大促进了实践的开展:我国野生动植物种拯救活动稳步推进,人工资源恢复的成效不断显现。

我国自然保护区方面,立法涉及的法律制度主要有:自然保护区的设立制度、规划和分区制度、管理制度等。在这些制度的指导下,我国自然保护区几年来快速发展,受到保护的生物多样性区域不断扩大。

我国的风景名胜区制度、许可证制度、检疫制度等也都在保护生物多样性方面发挥了重要作用。如我国野生动物疫源疫病监测防控体系已初步建立,应对危及公共健康的严重生态问题的能力大大提高等。

但是,我国生物多样性保护法律制度也存在诸多问题,其中:

①法律制度体系不健全,滞后于实践发展。我国现有的一系列与生物多样性保护有关的法律制度,远远不能满足现阶段生态保护的要求。已经颁布的生物多样性保护的相关法律制度,虽具一定数量和规模,但内容陈旧或不足。如涉及外来物种入侵的制度主要集中在人类健康、病虫害检疫方面,并没有包含入侵物种对生物多样性或生态环境破坏的相关内容。我国虽然已经采取了一系列外来物种入侵的控制措施,但对于早期监测、迅速反应等环节都没有相关规定。我国对一些珍贵的濒危物种的保护有明确规定,而对其他非珍贵的濒危物种则缺少法律保障。此外,关于湿地保护、微生物保护、野生植物保护、生物安全等方面的法律制度也较为缺乏。

②行政管理制度不完善。目前,我国生物多样性保护法律制度中的行政管理制度规定不明确,有着交叉重叠和遗漏的情况,执行中还存在很大问题。如2003年《生物安全议定书》生效在即的时候,我国某些部门却因协调问题没有签字,致使加入该议定书的时间推迟,失去参与国际谈判的契机。(黄蕊,2008)

③监督管理制度不完善。我国现行的生物多样性保护法律制度对各个生物资源行政主管机关的权利与义务做了规定,但对如何协调各部门间在行使权力过程中的相互关系规定得极为模糊,使整个监督管理机制的运行和操作产生了障碍。同时,我国大多数行政管理部门也是资源经营利用部门,既管理资源的开发利用,又代表国家对资源利用中的保护进行管理,这种双重身份造成了行政主体职权的混乱与错位。

四、行政保护

(一)确定生物多样性保护基本制度

①生物资源评估制度。国家对生物资源总体和各种生物多样性资源类型的状况定期进行评估,以作为生物多样性资源保护可利用管理工作的本底数据。

②生物资源产权制度。明确规定生物资源的产权的主体、客体和内容,产权的取得、利用、转让和散失方式,规定对产权的基本保障措施和对产权转让的基本管理措施。

③有偿使用制度。以税、费等形式规定对国家所有生物多样性资源的有偿使用。首先要确立保证金制度,既要包括对生物多样性不滥挖滥采、不进行破坏性开发等合法、合理利用义务的履行,又要包括对自身利用生物多样性行为的有关延伸责任和附随义务的承担与履行。保证金的收缴需要考虑收缴主体、收缴标准和收缴方式等问题。

④综合利用制度。确定综合利用的基本要求。提倡生物资源节约使用、废旧利用、循环利用,发展和推广综合利用技术。(刑若木,2012)

此外,应当加强宣传教育。面向广大人民群众尤其是青少年,开展拒买拒食野生动物、"没有买卖就没有杀戮",以及野生动植物实地调查等丰富多彩的保护生物多样性的宣传教育,提高社会公众的节能环保意识、生态文明意识,形成从我做起、人人参与,保护生物多样性就是保护人类自己的良好社会风尚。

(二)完善生物多样性保护法律监督管理机制

①各生物多样性资源行政部门的职责。各生物多样性资源管理部门负责与之相适应的生物多样性及自然环境的保护工作。环境保护部门负责综合性自然资源、自然条件和自然区域的保护和无具体管理部门的自然资源、自然条件的保护。政府及政府部门的工作人员的行政行为必须符合法律的规定,一切行政行为都要以法律为依据,并受法律制约。

②环境保护部门的统一协调。环境保护部门是国家负责环境保护(包括生物多样性资源保护)的专门行政机构,应负责生物多样性资源保护的全面统一协调工作,包括生物多样性保护全面规划和政策方针的制定,在整体上协调各有关部门的生物多样性保护行动。

③人大专门委员会的监督。加强人大环境与资源委员会在生物多样性保护方面的作用,通过对生物多样性保护工作进行实质性的监督,保证

生物多样性法律法规的实施。

④制定监督管理部门法律。以专门法律的形式确立生物多样性保护的监督管理机制,明确各有关部门的职责范围、统一协调方式和法律规范,实施监督程序。

(三)建立生物多样性信息系统查询制度

生物多样性的监测最主要的目的是为管理者服务,为他们在保护生物多样性、制定土地利用规划、评价环境影响等问题上提供必要的信息。同时,生物多样性的编目和监测提供了最基本而又最重要的生物学信息,可应用于一些基础学科,如系统学、生态学、行为生物学等领域,也可应用于一些应用学科,如生物技术、土壤学、农学、林学、水产学、保护生物学及环境科学等方面。建立生物多样性信息系统,就是将原来分散、零散的生物多样性及其可持续利用信息汇总,在保证准确、可靠的前提下以适当的方式电子化,并提供完备的数据检索和查询工具,以适应不同目的的查询需要。

(四)建立生物多样性保护基金制度

应规定各地区的有关部门建立生物多样性保护基金,一方面通过接受有关生物资源开发利用部门和其他企业部门自愿捐款的支持,另一方面也可通过举办各种展览、培训、资源开发和各种服务积累资金,再投入到生物多样性保护事业中去。再者,随着公民对生物多样性保护认识的加强,还可接受来自社会各界的捐款。同时,积极争取国际社会的资金援助。要将生物多样性保护基金纳入各级政府、国民经济和社会发展计划。建立生物多样性保护基金制度是生物多样性保护事业的重要财力支持。(刑若木,2012)

五、生物多样性生态服务价值的补偿机制

生态补偿机制是以保护生态环境、促进人与自然和谐为目的,根据生态系统服务价值、生态保护成本、发展机会成本,综合运用行政和市场手

段,调整生态环境保护和建设相关各方之间利益关系的环境经济政策。主要针对区域性生态保护防治领域,是一项具有经济激励作用、与"污染者付费"原则并存、基于"受益者付费和破坏者付费"原则的环境经济政策。

我国的生态补偿工作才刚刚起步,已实践多年、取得了很大成绩的退耕还林,在执行过程中仍存在"生态目标不到位"和"给农民的补偿不到位"的问题。前者表现在保护环节上,农民出钱出力确保生态效益的动力不足,后者表现为经济补偿没有及时全部兑现给农民,加上后续产业开发未跟上,一些地区尤其是少数民族地区出现了贫困面增大的趋势。作为中国第一个大规模生态补偿实践,生态目标不能实现,将影响到这一政策的成败。由于生态林的成长和生态效益发挥需要近十年的时间,生态效益又主要是公益性的,因此生态目标在其他目标中最为脆弱,很容易成为急功近利的牺牲品。而经济补偿落实不到位,不仅会使退耕还林难以持续或出现反复,还可能在一些地方加剧社会矛盾。这也说明,真正的生态补偿机制的建立是一种远比想象深刻的社会利益大调整和制度创新。

(一)建立生态补偿机制的意义

第一,建立生态补偿机制是贯彻落实科学发展观的重要举措,有利于推动环境保护工作实现从以行政手段为主向综合运用法律、经济、技术和行政手段的转变,有利于推进资源的可持续利用,加快环境友好型社会建设,实现不同地区、不同利益群体的和谐发展。

第二,建立生态补偿机制是落实新时期环保工作任务的迫切要求,党中央、国务院对建立生态补偿机制提出了明确要求,并将其作为加强环境保护的重要内容。《国务院关于落实科学发展观加强环境保护的决定》要求:"要完善生态补偿政策,尽快建立生态补偿机制。中央和地方财政转移支付应考虑生态补偿因素,国家和地方可分别开展生态补偿试点。"国家《节能减排综合性工作方案》也明确要求改进和完善资源开发生态补偿机制,开展跨流域生态补偿试点工作。

为探索建立生态补偿机制,一些地区积极开展工作,研究制定了一些政策,取得了一定成效。但是,生态补偿涉及复杂的利益关系调整,目前对生态补偿原理性探讨较多,针对具体地区、流域的实践探索较少,尤其是缺乏经过实践检验的生态补偿技术方法与政策体系。因此,有必要通过在重点领域开展试点工作,探索建立生态补偿标准体系,以及生态补偿的资金来源、补偿渠道、补偿方式和保障体系,为全面建立生态补偿机制提供方法和经验。

(二)我国实施生态补偿的重点领域

①自然保护区的生态补偿。要理顺和拓宽自然保护区投入渠道,提高自然保护区规范化建设水平;引导保护区及周边社区居民转变生产生活方式,降低周边社区对自然保护区的压力;全面评价周边地区各类建设项目对自然保护区生态环境破坏或功能区划调整、范围调整带来的生态损失,研究建立自然保护区生态补偿标准体系。

②重要生态功能区的生态补偿。推动建立健全重要生态功能区的协调管理与投入机制;建立和完善重要生态功能区的生态环境质量监测、评价体系,加大重要生态功能区内的城乡环境综合整治力度;开展重要生态功能区生态补偿标准核算研究,研究建立重要生态功能区生态补偿标准体系。

③矿产资源开发的生态补偿。全面落实矿山环境治理和生态恢复责任,做到"不欠新账、多还旧账";联合有关部门科学评价矿产资源开发环境治理与生态恢复保证金和矿山生态补偿基金的使用状况,研究制定科学的矿产资源开发生态补偿标准体系。

④流域水环境保护的生态补偿。各地应当确保出界水质达到考核目标,根据出入境水质状况确定横向补偿标准;搭建有助于建立流域生态补偿机制的政府管理平台,推动建立流域生态保护共建共享机制;加强与有关各方协调,推动建立促进跨行政区的流域水环境保护的专项资金。

（三）生物多样性生态补偿的具体实施措施

①加快建立"环境财政"。把环境财政作为公共财政的重要组成部分，加大财政转移支付中生态补偿的力度。在中央和省级政府将生态建设专项资金列入财政预算，地方财政也要加大对生态补偿和生态环境保护的支持力度。为扩大资金来源，还可发行生态补偿基金彩票。按照完善生态补偿机制的要求，进一步调整优化财政支出结构。资金的安排使用，应着重向欠发达地区、重要生态功能区、水系源头地区和自然保护区倾斜，优先支持生态环境保护作用明显的区域性、流域性重点环保项目，加大对区域性、流域性污染防治以及污染防治新技术新工艺开发和应用的资金支持力度。重点支持矿山生态环境治理，推动矿山生态恢复与土地整理相结合，实现生态治理与土地资源开发的良性循环。采取"以能代赈"等措施，通过货币帮助或实物补贴，大力支持开发利用沼气、风能、太阳能等非植物可再生能源，来保证"休樵还植"，以解决农村特别是西部地区农村燃料问题。

积极探索区域间生态补偿方式，从体制、政策上为欠发达地区的异地开发创造有利条件。加大生态脱贫的政策扶持力度，加强生态移民的转移就业培训工作，加快农民脱贫致富进程。

加大支持西部地区改善发展环境力度。支持西部地区特别是重要生态功能区加快转变经济增长方式，调整优化经济结构，发展替代产业和特色产业，大力推行清洁生产，发展循环经济，发展生态环保型产业，积极构建与生态环境保护要求相适应的生产力布局，推动区域间产业梯度转移和要素合理流动，促进西部地区加快发展。

②完善保护环境的现行税收政策。增收生态补偿税，开征新的环境税，调整和完善现行资源税。将资源税的征收对象扩大到矿藏资源和非矿藏资源，增加水资源税，开征森林资源税和草场资源税，将现行资源税按应税资源产品销售量计税改为按实际产量计税，对非再生性、稀缺性资源课以重税。通过税收杠杆把资源开采使用同促进生态环境保护结合起

来,提高资源的开发利用率。同时,加强资源税费征收使用和管理工作,增强其生态补偿功能。进一步完善水、土地、矿产、森林、环境等各种资源税费的征收使用管理办法,加大各项资源税费使用中用于生态补偿的比重,并向欠发达地区、重要生态功能区、水系源头地区和自然保护区倾斜。

　　③建立以政府投入为主、全社会支持生态环境建设的投资融资体制。建立健全生态补偿投融资体制,既要坚持政府主导,努力增加公共财政对生态补偿的投入,又要积极引导社会各方参与,探索多渠道多形式的生态补偿方式,拓宽生态补偿市场化、社会化运作的路子,形成多方并举,合力推进。逐步建立政府引导、市场推进、社会参与的生态补偿和生态建设投融资机制,积极引导国内外资金投向生态建设和环境保护。按照"谁投资、谁受益"的原则,支持鼓励社会资金参与生态建设、环境污染整治的投资。积极探索生态建设、环境污染整治与城乡土地开发相结合的有效途径,在土地开发中积累生态环境保护资金。积极利用国债资金、开发性贷款,以及国际组织和外国政府的贷款或赠款,努力形成多元化的资金格局。

第九章 丝绸之路经济带生物多样性

经济价值市场化捕获

中共中央、国务院下发的《关于加快推进生态文明建设的意见》明确提出,健全生态文明制度体系,推行市场化机制。这表明我国已经高度重视生态保护的市场化问题,相应地,丝绸之路经济带上的生物多样性经济价值保护也必然需要市场化的大力推进。长期以来,我国生物多样性保护主要依靠政府财政投入,投资主体和投资方式单一,投资渠道狭窄,造成资金投入严重不足。同时,投资由于缺乏应有的责任管理体系,投资效益不高,运行资金不足,造成污染治理设施运行不良。保护资源,治理环境污染,维护生态平衡,是各级政府的重要职责,应综合运用经济手段、法律手段和必要的行政手段,引入市场机制,实行政府机制与市场机制双重调节,目的在于发挥政府与市场各自的优势,更好地保护生物多样性。

一、市场化是生物多样性保护的必由之路

(一)市场化可以有效克服非市场化的弊端

①可以有效解决资源产权问题。长期以来,由于一些生物资源没有明确产权,价值一直被低估。实现环保市场化,就可以明确资源产权所有关系,这是正确定价并使自然资源得以持续利用和保护的前提。

②有效解决公共资源的外部性问题。在进行生物多样性管理中,产权明晰化是一种有效的手段,但这种手段有时也会失灵,还需要依靠外部

效应内在化的手段。从目前看主要措施包括排污收费、使用者付费、产品押金等。在发达国家，外部性内在化手段已得到广泛应用，而在我国，目前主要采用的是排污收费，其他方面的手段使用较少，且排污收费制度也不完善。市场化则可以有效解决这一问题。

③有效克服治理责任主体问题。长期以来，对生物多样性破坏的治理的一条原则就是"谁破坏、谁治理"，这个原则存在一定的局限性。第一，在现行价格体系下，某些生物多样性资源价格偏低，不能承担生物多样性退化治理的全部费用；第二，同一区域有若干个造成生物多样性退化的生产单位，如何合理分担环境治理费用，在操作中存在困难；第三，目前对生物多样性造成较为严重破坏的产业和厂商，受自身规模、经济实力和技术水平等因素制约，治污能力有限。因此，工业污染治理应逐渐向"谁破坏、谁付费"过渡，以降低治理成本，发挥规模经济效益。

（二）市场化的作用

①市场化可以建立高效的生态保护企业组织。企业是市场经济体制中最基本的经济单位，是市场的竞争主体，是建立环保市场化新机制的基础和中心环节，建立相关的保护产业和企业，有利于树立生物多样性保护的交易主体。

②实现生态保护设施的集约化、专业化和市场化运营。推行生物多样性经济价值市场化，不仅要使生态设施的投入和运营改为由生态治理提供社会化服务的独立法人承担，而且还要通过建立新机制，逐步造就一批专业化环境治理公司，形成投资、运营、服务市场化。这样可以使生物多样性保护治理适度集中，减少基础设施重复建设，降低治理成本；还可使生态有投入有产出，通过利益杠杆调动社会投资生态保护的积极性，减轻政府负担，加快治污进程。

③实现生物多样性经济价值产权股份化和投资主体多元化。在环保产业化进程中，生态保护设施的企业化投资经营，必须引入现代企业制

度,由几家或数家企业合作,甚至商业银行或其他金融投资机构与企业联手进行投资,实行股份合作。这样才能增加环保设施投资能力,明晰投资者之间的责、权、利,使生态投资经营活动符合市场经济和现代产业发展的需要。

二、价值捕获市场化

价值捕获包括规制和市场两种方式。早期的生物多样性保护中,由于价值展示的技术缺陷,以及生物多样性的非排他性和非市场性,我们无法利用市场化调节机制,来显性化生态服务价值,又因为规制便于直接干预生态保护、可操作性强、见效快,故而许多国家倾向于规制。针对生态服务价值的捕获规制大致有:数量控制、质量监管、有偿保护和立法行为规范等形式。但是,规制过分强调承担生态维护成本的同质化,忽略了不同厂商的成本差异,暴露出资源配置效率低下、易滋生腐败、政府失灵等问题,所以长期受到广泛批评。

基于市场的政策工具,具有低成本高效率的特点,能持续激励技术革新及扩散,可以保证企业在相等的边际成本条件下利用和保护生物多样性。所以,自20世纪70年代初,伴随着价值展示的技术进步,价值捕获市场化逐渐受到广泛关注,成为人类拓展生物多样性保护的新视野。时至今日,已经形成了以下几种主要类型:

①税费制。税费制是借鉴"庇古税"衍生的生态服务价值捕获市场化形式,它是由政府确定生态费税价格后,使用生态服务的主体自行决定使用量的价值捕获方式。然而,税费制的假设条件过于苛刻,定价具有外部性特征,需要投入大量的监督成本,往往使收费决策偏离最优化的价格,而且使资源由私人和企业部门转向政府部门,容易受缴费主体的抵制。

②许可证交易。许可证交易是污染收费机制的对偶,即数量而非价

格由行政决定,价格而非数量由各主体自行决定。与税费机制比较,它能以最低的成本产生合意的生物多样性质量。在该机制中,政府只负责控制生物多样性总量,将资源配置权力交给市场,从而降低了监管成本,实现了资源的有效配置。像美国"水质许可交易""生态开发权交易"就属于这种制度。按照这一模式,又演化出期权市场、资源租借、生态产权存贮银行等新模式。

③押金－退款制度。它由排污费演化而来。主要指消费者在购买对生物多样性具有潜在威胁的产品时,预付一定数量的押金,当他们将产品(或其他包装物)送回指定的地点后,即取回押金。像美国实施的"瓶子法案""锂电池管理"就是如此。同样的,针对可能损害生物多样性的项目,要求实施者预先交纳与生态损害相等的税款或押金,若事后没有违规,再以补贴方式返还给缴纳者。这一机制规定了有权损害生态的价格,以及不使用这一权利的价格,很好地执行了使用者付费的原则,激励人们间接地减少对生态的负面影响。

④降低政府补贴。补贴在理论上可以为解决生态问题提供激励,但在实践中,许多补贴造成了经济上的低效率和生态损害。如美国森林砍伐补贴造成了森林资源大量消失,渔业补贴促使几近枯竭的鱼类资源遭到过度捕捞。事实上,各国每年设立的破坏环境的补贴高达8500亿美元。这种被冠之以"福利"的市场扭曲引起了各国的高度重视,因此取消和降低相应的补贴,也正在成为一种保护生物多样性的市场化方式。

这些模式虽各有所侧重,但最终还是统一于价格和供求调节这一基本思想,只不过,税费制由价格而定数量,许可证交易由供求数量而定价,押金－退款制度侧重于以预期而定价格,降低政府补贴则注重逆向抑制。但是,任何方式都有利有弊,所以,只有采用组合式手段,才能发挥最大化的保护效应。与此同时,我们在设计市场机制时,也要努力克服市场固有的搭便车、信息不对称、盲目性、滞后性等弊端,最大化地保护好生物多样性。

三、生态服务价值捕获市场化的机制培育

(一)生态服务价值捕获市场化的认知判断

纵观生物多样性保护演变过程,无论是技术和立法保护,还是现如今的生态服务价值捕获市场化,都始终贯穿着人类对生物多样性认知的变迁,而且经历了由无知到模糊,再到清醒认识的过程。归纳和总结这些认知判断,有利于我们理清思路,合理和有效地构建生态服务价值捕获市场化的运行机制,从而对生态破坏者施加高昂成本约束,最大化地减少和防止生物多样性破坏行为的发生。就生态服务价值捕获市场化而言,必须坚持生态有价、保护等于发展、善待一切生命、责任付费、代际公平等认知判断。

(1)生态有价

在生态系统平衡条件下,生物多样性虽然天赋"价值",但是其商品属性却被长期掩盖,成为人类不付任何"机会成本"的"零费用"。当人类对生态系统的透支超过了生态自我修复能力,各国政府终于认识到了生态服务的稀缺性,开始恢复生态服务与生俱来的内在价值地位。因此,必须要清醒地认识到,生物多样性属于人类生存和发展的基础生产力,但正在以严重的退化方式警告人类,需要尽快将它的价值纳入经济体系中加以保护。如果依然无视生态服务的价值存在及其日益退化的残酷现实,那么,产生的后果将使人类陷入生态危机的十面埋伏。此外,还要坚持等价交换。因为等价交换是维持这个世界平衡的自然规律,是商品价值维持本质属性的必要保证。生物多样性的急剧退化表明,生态服务同经济之间发生了主体不平等的交换,从而破坏了等价交换原则。所以,要恢复生态服务的价值地位,就必须坚持等价交换判断。

(2)保护等于发展

保护等于发展包含两层认知:其一,保护生物多样性等于发展经济,

因为生态服务具有价值,也是生产力和国民福祉,保护生物多样性就是保护我们的福利;其二,保护等于生态可持续发展,既要保证当代人有资源可用,还要保证后世利益。相对于这两个层面,人们倾向于先解决当代生态危机,再兼顾后世利益。尤其在生物保育方面,这一倾向更加突出。比如,只有保护好珍稀动物,后代才有机会看到它们。

(3)善待一切生命的"黄金规则"

生物多样性是人类极其可贵的伴侣和不可替代的盟友,弥显珍贵,具有与生俱来的神圣价值,所以,必须善待一切生命,保护它们也是保护我们自己。尽管我们尽可能地以货币形式量化了生态服务价值,但还无法将所有的生态服务价值体现在我们的经济报表上。然而,没有体现并不代表它们没有价值,现在没有价值并不意味着未来就没有价值,对某一地区没有价值未必在其他地区就没有价值,对自己没有价值未必对别人就没有价值。所以,必须建立"黄金规则",像人类希望生物多样性对待自己那样,来对待生物多样性。

(4)使用者、受益者和损害者付费

使用者、受益者和损害者付费,源于"污染者付费原则"和"庇古税",要求生态服务的使用者、受益者和损害者必须直接或者间接地支付费用。很显然,这是在经济体系中对生态服务供需之间的等价交换,也是生物资源产权交易。根据这些原则,我们相继开展了水权交易、生态补偿、娱乐收费示范项目等实践,并取得了一定的成效和进展,但是这一原则远未发挥作用,还有待于进一步挖掘对它的认知,尤其是要充分发挥市场杠杆的作用,实现生物多样性生态服务与人类消费、耗费生物多样性之间的等价交换机制。

(5)树立代际公平托管人意识

代际公平最核心的思想是:基于公平的持续性,坚持当代人作为后代人的受托者,在自身谋求发展时,不能危及和损害后代人生存和发展所需求的各种生态条件。代际公平包括三个基本原则:保存选择原则,即每一代人有责任和义务为后代人保存生态多样性;保存质量原则,即生物多样性没有在这一代人手里受到破坏;保存接触和使用原则,即每代人应该使下一代人也能接触到隔代遗留下来的东西。

概而言之,生态有价揭示了生态服务天赋价值的客观事实;保护生态等同于发展揭示了唯有人与生态和谐才能共进退;善待一切生命揭示了任何生物多样性皆有可能有价值,必须珍视一切生物多样性;使用者、受益者和损害者付费揭示了人类在利用、破坏生物多样性的过程中应该承担的责任;代际公平托管人意识揭示了人类利用生态资源的过程中应兼顾代际公平。生态服务价值市场化,同样需要遵循这些认知原理,只有重视这些认知判断,才能促进人类与生物多样性的和谐发展。

(二)生态服务价值捕获市场化新机制的培育

一个设计合理且一目了然的价值捕获系统,都有富有效率的运行机制保驾护航,所以在全面推进生态文明社会的当代境遇中,生态服务价值捕获市场化也概莫能外,其运行机制可以概括为:明确市场主体,完善制度保障,培育市场体系,控制各类风险,有效保障生态服务价值捕获市场化实现预期目标。这一运行机制,又具体表现为以下几个方面:

(1)明确各市场化主体的角色

①政府的角色。政府的责任在于,通过规划和完善生态服务价值捕获市场化的顶层设计,引导企业和个人形成自觉自发保护生物多样性的机制。具体包括:设计价值捕获的市场激励规则,建立有利于推动生态服务价值捕获的制度基础,培育和完善生态服务价值的市场体系,提供合意的生态市场交易环境。

②企业的责任。企业的责任是,自觉担负起保护生物多样性的义务,将生态服务价值内嵌于企业的成本核算,尽力降低对生物多样性的使用和损害,参与改善生物多样性的活动。如减少农药使用、加注绿色商品标签、建立基于资源再利用回收和处置的生产商延伸责任制等。绿色环保企业,更应该借助绿色技术、绿色产品和绿色项目,创造生态服务价值,例

如开发绿色产品、建立基因工程和生态保护区等。但是,也必须认识到,企业绝不会凭空接受约束,主动承担保护生物多样性的社会责任。所以,还是要通过市场化杠杆,驱使企业形成绿色驱动力。针对那些完全没有生态保护责任感的企业,还应采取撤销企业经营资格、排除和驱逐、降低有限责任制水平、取消法人资格等措施。

③消费者的角色。消费历来是生态环境退化的一个主要推动因素。过度消费,可以加大生态退化风险。比如,国内近些年兴起的城市周边游、自然生态游,已经让许多风景区人满为患,生态不堪重负,而一些城市兴起的"点亮"工程,更是给极其脆弱的城市生态,带来了极大的不确定风险。所以,消费偏好是决定生态服务价值市场化的重要因素。虽然越来越多的消费者意识到生态退化的严重后果,但是大部分人仍属于非绿色消费者,不愿通过改变自己的消费方式来改善生态,甚至有人根本就不相信通过自己的消费行为可以改变生态环境。然而,消费意识和行为在很大程度上会改变对生物多样性的保护效率,所以,消费者必须要尽快树立绿色消费观念。

(2)培育生态服务价值捕获市场交易体系

①奠定生态服务价值捕获市场化的制度基础。生态服务价值捕获市场化运行的成功,有赖于一系列制度的根本保障。所以,生态服务价值捕获市场化制度应该做到:决策部门间要相互支持、相互协调,保证政策执行标准的一致性;确保以价格为导向,以市场开拓、明确责任、信息获取为基本原则的制度设计理念;在制度顶层设计上要充分发挥优化市场的正向引导作用;要明确政府、企业和个人在价值捕获市场化中的角色、权益和义务等界限。

就制度的具体设计重点,应考虑:设计合理的生态服务价值识别体系;建立既反映综合性,又能体现不同生物多样性个性特征的生态服务价值核算体系;建立推进生态服务价值捕获的市场化制度。就制度具体建设,应包括:采用"纠正技术"严格控制恶意使用生态资源的行为,在执行许可证制度时,应采用目前最好的技术所能实现的水平作为生态监管标准,调节生态服务价值的市场需求;建立"纠正价格"制度,以生物多样性使用者支付生态赔偿金为基础,制定交易价格,采用税收和余量交易方式将属于企业核算之外的生态成本内部化;建立生态产权制度以消除生态领域的"公共地悲剧";完善生态效益认证机构,通过产品生态认证,推动生态服务交易由利基市场向主流市场转移。

②建立绿色融资市场。具体包括:在融资渠道上,建立绿色信贷机制,加大生态保护在股票、债券、基金、信托市场上的融资力度,建立生态损害和修复的保险市场;在融资产品上,借助信贷、股票、期权、期货等金融工具保护和增殖生态服务价值;在融资的期限上,建立现金和资本市场;在融资主体上,建立国家、企业和民间三方融资;在融资支付方式上,建立现金直接支付、资产替代支付、技术投入替代支付等形式。

③培育多元化的交易市场。根据交易周期,建立生态服务价值的现货、期货和期权市场。具体而言,在现货市场上,以价格为信号,合理配置生态资源,如价格调节水权、森林碳汇服务、海岸带开发等。通过期货和期权市场,实现对潜在的生态服务价值的交易。根据空间分布,建立国内和国际市场,具体而言,又包括以生态特色为基础的地方市场、以生态利用专业化为基础的行业市场、整合生态专业分工和区域特色的国内统一市场、彼此开放生态交易的国际市场。根据支付手段,建立商业支付、财政补助和税费、资本投资等多元市场。根据生态服务用途,建立直接交易和间接交易市场,前者如花卉、粮食、药材、肉蛋等,后者如森林的碳封存等。

(3)加强市场化的风险控制

市场化模式虽然富有效率,但存在很强的风险和不确定性。比如,外部性、信息不对称、搭便车等会导致市场失灵;生物多样性本身也存在不确定性和不可能性;另外,从近些年各国的生态服务价值市场化实践来看,也存在有价无市,叫好不叫卖的现象。概而言之,生态服务价值市场化风险包括生产性风险、制度性风险和交易系统性风险等。为此,就需要采取相应措施,防范各类风险。

对于生产性风险有两种解决方式:第一种方式是"生态礼物项目",就是将一些闲置、污染过的生态环境,以礼物形式分配给企业和个人,通过他们的经营管理来保护和改善生物多样性。比如,在英国南部地区,政府将一些闲置土地赠予居民自由耕作,但前提是禁止使用化肥、农药和杀虫剂,这样做既保护了生态,又满足了居民生活乐趣。第二种方式就是利用财政支付和商业保险加以解决。对于制度性风险,一般不宜解决,主要通过宏观政策的自我调节加以克服,所以决策者要尽量避免制定一些危害生物多样性的不可逆政策。至于交易系统性风险,可以考虑通过市场的风险分散方式解决。风险管理需要掌握各类风险的准确信息,所以,在人类迈向大数据时代的今天,还应建立基于生态服务价值捕获市场化的云数据。

四、生物多样性生态服务价值的碳交易

众所周知,气候变迁已经成为生物多样性退化的主要因素,借助市场机制,有效抑制温室气体排放,将十分有利于生物多样性的保护。其中,最有效率的市场就是碳排放交易市场,然而,中国碳金融作为新型金融市场,同样面临市场价格偏离均衡价格风险和价格背离改善生态环境这一宏观政策预期的风险,所以分析也相应从这两个角度展开。

2013 年 11 月以来,全国陆续成立了深圳、北京、上海等 7 家碳交易所试点单位。自启动碳排放交易至 2015 年 4 月 10 日,7 家碳交易所总成交量已突破 1961.05 万 t,总成交额突破 6.94 亿元,这标志着中国碳金融改革取得了新突破。但是,中国碳金融刚刚起步,发展不均衡、交易规模小、定价不合理、市场风险大,尤其存在收益率波动的市场风险和改善生态环境的外部性效率风险问题。基于此,笔者拟从碳金融收益率波动风险及改善生态环境外部性效率入手,利用 GARCH-CVaR 和 Panel Data 方法展

开研究,以便为中国深化碳金融市场改革提供有益的理论参考。

（一）理论回顾

20世纪90年代末,英国经济学家首先提出买卖碳排放量配额理念。2002年,英国最先将碳排放权在市场上交易。此后,德国、澳大利亚、美国、日本等相继付诸碳金融实践。与此同时,相关风险研究也开始在国内外悄然兴起,主要内容大致分为两大类型:碳金融自身所面临的系统性和非系统性等风险问题,碳金融对改善生态环境保护外部性效率问题。

在碳金融自身价格和收益率波动风险的研究中,Timothy(2008)对低碳金融市场的风险、不确定性进行了系统阐述;William Blyth等(2011)通过蒙特卡罗和回归分析,对欧盟碳排放交易体系的非系统风险和系统风险进行了定量分析,并比较了两种风险在不同碳交易市场价格下的转换与分散问题;Feng等(2012)基于动态VaR,探讨了欧盟碳排放交易体系现货和期货价格的波动性等风险问题;郇志坚等(2010)分析了市场风险的产生原因及影响因素;刘志成(2012)总结了中国碳金融可能存在的风险。从研究的方法看,主要包括VaR以及改进VaR后的均值-VaR、CVaR等方法。

发展碳金融市场目的在于改善生态环境,但又属于金融市场的新生事物,所以不仅存在自身运行的风险,而且也面临改善生态环境的外部性风险。前者是前提条件,后者是必要条件,二者缺一不可。在碳金融对生态环境外部性效率研究中,联合国可持续发展委员会提出的驱动力－状态－响应(DSR)模型被认为是研究碳金融－环境－经济－社会协调发展的基本框架。在国内,兰草等(2014)量化评估了中国碳交易体系效率,结果显示现阶段中国碳金融体系缺乏宏观效率,存在外部性效率风险。李惠彬等(2014)基于Boltzmann分布的碳排放权初始分配模型,分析了中国碳金融试点省市的碳排放权初始分配问题,认为碳排放权初始分配后,试点省市之间暂时不会进行碳金融交易,造成各碳金融交易所在改善跨区生态环境方面的能力较弱,面临潜在的外部性效率风险问题。陆敏等(2013)借助 DSR 模型,基于系统聚类分析研究了中国碳金融市场,主张中国应分层逐步推进,构建跨区域碳金融市场和碳金融先行区。

(二)碳金融的市场风险分析

(1)数据来源与指标设定

碳金融市场风险面临两个主要市场风险:一是市场规模变动,二是碳排放权收益率价格的波动。目前,我国碳金融市场中,交易量最大的是现货市场,数据主要是 7 个碳排放试点单位的成交量和成交额。通过对这些数据的分析,基本上可以了解碳金融市场的风险状况。由于我国最早的碳金融试点开始于 2013 年 11 月,交易时间较短,而且各交易开始试点的时间不一致,有些交易所在 2014 年 7 月才开始投入交易,所以考虑到数据可获得性及统一性以及各交易所挂牌开业交易的时间差异,本文统一选取各交易所 2014 年 5 月—2015 年 3 月的日成交量和成交额数据,其中北京、深圳、上海、天津、湖北数据来源于各碳交易所官方网站主页,广州数据来源于其官方微信的信息公告以及上海交易所公布的各交易所周数据。由于重庆交易所交易频率和交易额都很低,故不纳入本文分析范围。

利用上述各碳排放交易所的日数据,拟建立碳金融市场的收益率指标,为了分析的便利,本文采用对数形式表示各碳交易市场的日收益率,公式如下:

$$R_t = \ln\left(\frac{Q_t \times M_t}{Q_{t-1} \times M_{t-1}}\right) \tag{9.1}$$

其中,R_t 表示日收益率,Q 表示交易量,M 表示成交额,t 为成交时间。

(2)模型设计

对于一项资产或资产组合,GARCH 模型的 VaR 定义是,在一定的置信度和期限下,特定投资组合可能出现的最大潜在损失,即在正常市场条件下给定一定置信水平下资产或资产组合的预期价值与最低价值之差:

$$VaR = W_0(E[R] - R_a) \tag{9.2}$$

其中，W_0 为资产或资产组合的初始价值，$E[R]$ 为预期收益率，R_a 为一定置信水平 a 下的最低收益率。如果已知收益率的分布，那么可以通过计算分布分位点求出相应置信水平 a 的 R_a。考虑到实际碳金融市场中收益率的厚尾性会导致 VaR 对风险的低估，我们利用 GARCH 模型类中的条件方差来度量碳金融市场的 VaR。GARCH 的一般模型可以表示为：

$$R_t = \mu_t + \varepsilon_t, \qquad t = 1,2,3\cdots,T \tag{9.3}$$

$$\sigma_t^2 = \alpha_0 + \sum_{i=1}^{q} \alpha_i \varepsilon_{t-i}^2 + \sum_{j=1}^{p} \beta_j \sigma_{t-j}^2 \tag{9.4}$$

其中，式 9.3 给出的均值方程是一个带有误差项的外生变量函数，这个方程的建立可以直接剔除掉序列前后项之间的线性相关关系。式（9.4）是条件方差方程，$\sigma_t^2 = VaR(\varepsilon_T | \varphi_{t-1})$ 是条件方差 φ_{t-1} 在时刻 $t-1$ 及它之前所有信息，σ_t^2 可以当成是之前残差的正加权平均。这就与波动的聚集性吻合，即大的波动可能会引起更大的变化，反之，小的波动会引起小的变化。实际应用中，GARCH(1,1) 模型最为典型。

但是 GARCH 模型严格约束了系数参数的非负性，而且不能反映金融市场的杠杆效应，容易在金融市场中应用时出现偏差。而 EGARCH 模型有效地克服了这些缺陷，所以目前在金融研究领域应用得更广泛的是 EGARCH 模型。EGARCH 模型的条件方差的表达式为：

$$I_n\sigma_t^2 = \alpha_0 + \sum_{i=1}^{p} \alpha_i \left| \frac{\varepsilon_{t-1}}{\sigma_{t-1}} - E(\frac{\varepsilon_{t-1}}{\sigma_{t-1}}) \right| + \sum_{k=1}^{1} r \frac{\varepsilon_{t-k}}{\sigma_{t-k}} \tag{9.5}$$

EGARCH 模型将自然对数作为条件方差说明杠杆效应的表现形式是指数型的，而且将参数 γ 引入模型，如果 $\gamma = 0$，说明价格对称后上涨信息与下跌信息所产生的波动相同，若 $\gamma > 0$，表明影响波动的上涨信息大于下跌信息，若 $\gamma < 0$，表明影响波动的上涨信息小于下跌信息。

GARCH 族模型一般假定序列为标准正态分布，但是实证研究表明金融时间序列的分布往往具有比正态分布更宽的厚尾，可以分别用正态分布、广义误差分布(GED)与 t 分布来调整尾部的偏差。我们以 θ 代表参数向量,获得它们的对数似然函数分别为:

①残差服从正态分布的 GARCH(1,1)模型的对数似然函数为:

$$\ln L(\theta) = -\frac{T}{2}\ln(2\pi) - \frac{1}{2}\sum_{t=1}^{T}\ln\sigma_t^2 - \frac{1}{2}\sum_{t=1}^{T}\varepsilon_t^2/\sigma_t^2 \tag{9.6}$$

这里的 σ_t^2 是 μ_t 的条件方差。

②残差服从 GED 的 GARCH(1,1)模型的对数似然函数为:

$$\ln L(\theta) = -\frac{T}{2}\ln\left(\frac{r(\frac{1}{r})^2}{r\left(\frac{3}{r}\right)\left(\frac{r}{2}\right)^2}\right) - \frac{1}{2}\sum_{t=1}^{T}\ln\sigma_t^2 - \sum_{t=1}^{T}\left(\frac{r(3/r)(\varepsilon_t^2)^2}{\sigma_t^2(1/r)}\right)^{r/2}$$

$$\tag{9.7}$$

其中,$T(\cdot)$ 为 Gamma 函数,当参数 $r=2$ 时,GED 分布成了正态分布,当 $r<2$ 时,GED 分布有较正态分布更厚的尾部,当 $r>2$ 时,GED 分布有较正态分布更薄的尾部。

③残差服从 t 分布的 $GARCH$(1,1)模型对数似然函数为:

$$\ln L(\theta) = -\frac{T}{2}\ln\left\{\frac{\pi(k-2)T(\frac{k}{2})^2}{T[\frac{(k+1)}{2}]^2}\right\} - \frac{1}{2}\sum_{t=1}^{T}\ln\sigma_t^2 - \frac{(k+1)}{2}\sum_{t=1}^{T}\ln(1+$$

$$\frac{\varepsilon_t^2}{\sigma_t^2(k-2)}) \tag{9.8}$$

式(9.8)的参数估计变成了自由度为 $k>2$ 的约束下使对数似然函数最大化的问题。当 $k\to\infty$ 时,t 分布接近于正态分布。

因为 GED 分布比其他两种分布形态更复杂,而且模拟金融时序数据效果更好,所以,我们以 GED 分布来推导基于 GARCH 模型的 VaR 计算公式。在收益率序列服从 GED 分布时,GARCH(p,q)的方差表达式为:

$$\varepsilon_t^2|I_{t-1} \sim GED(0,\nu,\sigma_t^2) \tag{9.9}$$

$$\sigma_t^2 = \alpha_0 + \sum_{i=1}^{q}\alpha_i\varepsilon_{t-1}^2 + \sum_{j=1}^{p}\beta_j\sigma_{t-j}^2 \tag{9.10}$$

其中,p是移动平均的 ARCH 项的阶数,q是自回归 GARCH 项的阶数,$p>0$并且$\beta_i \geqslant 0, 1 \leqslant j \leqslant p$。

对于一个模型是否具有 ARCH 效应,一般采取 ARCH LM 检验,检验的统计量由一个辅助检验回归计算,公式如下:

$$\overset{\Lambda 2}{\mu}_t = \beta_0 + \left(\sum_{s=1}^{p} \beta_s \mu_{t-s}^2\right) + \varepsilon_t \tag{9.11}$$

式(9.11)表示残差平方$\overset{\Lambda 2}{\mu}_t$对一个常数和直到$p$阶的残差平方和的滞后,$\mu_{t-s}^2,(s=1,2,\cdots,p)$所做的一个回归。这个检验需要$F$统计量和$T \times R^2$的 Engle's LM 统计量。在原假设条件下,F统计量准确的有限样本分布未知,但是 LM 检验统计量渐进服从$x^2(p)$分布。

VaR 方法虽然可以给出在一定置信区间内的风险价值,但是却不能反映出置信区间之外的风险价值。CVaR 风险度量方法则克服了 VaR 度量风险的缺点,能够较好满足凸性的要求,且其线形规划的全局最优化结果可同时得到 VaR 值与 CVaR 值(CVaR > VaR),由此实现了对真实损失超过了 VaR 的度量。

CVaR 风险测度原理如下:

假定随机收益率向量R的密度函数为$p(R)$,对任意$a \in R$,对于每一个资产的权重组成的向量w,相应y的损失函数$f(w,R)$。假定$p(R)$是连续的,y是一已知分布的随机变量,则$f(x,y)$是依赖于y的随机变量。用$\varphi(w,a)$表示损益函数$f(w,R)$的概率分布函数为:

$$\varphi(w,a) = \int_{f(w,R) \leqslant a} p(R) dR \tag{9.12}$$

在$p(R)$连续的前提下,显然$\varphi(w,a)$也是连续的。在给定$(0 < \beta < 1)$内,投资组合风险的VaR值定义为:

$$\text{VaR}_\beta(w) = min\{a \in R; \varphi(w,a) \geqslant \beta\} \tag{9.13}$$

由于 CVaR 为损失超过 VaR 的条件均值,则连续型 CVaR 定义为:

$$\text{CVaR}_\beta(w) : \varphi(w) = (1-\beta)^{-1} \int_{f(w,R) \leqslant a(w,R)} f(w,R) p(R) dR \tag{9.14}$$

CVaR 对损益分布的尾部损失度量是相对充分和完整的,尤其风险因子在非对称分布情况下,CVaR 比 VaR 能够更全面有效地刻画损失分布的特征。

若用 a 表示相应分布形态下置信水平 C 的分位数,q 表示大于 α 的分位数,则 CVaR 的计算公式为:

$$\text{CVaR} = -\frac{p_{t-1}\sigma_t}{1-c}\int_{-\infty}^{-a} qf(q)\,dp \tag{9.15}$$

在 GED 分布条件下,CVaR 值为:

$$\text{CVaR} = -\frac{p_{t-1}\sigma_t}{1-c}\int_{-\infty}^{-a} q\,\frac{dexp\left[-\frac{1}{2}|q/\lambda|^d\right]}{\lambda^2\left[\frac{d+1}{d}\right]T\left(\frac{1}{d}\right)} \tag{9.16}$$

(3)实证研究及结果分析

利用上述假定的 GARCH 模型,首先对 6 家碳金融交易所对数收益率的条件异方差进行 ARCH 效应统计检验。从对数效益时序图看,这 6 家碳金融交易所的收益率序列波动性聚集现象十分明显,存在大幅度波动后紧跟着较大幅度的波动,而小幅度的波动后紧跟着较小幅度的波动的现象,表明这些时间序列的波动存在聚集性,即存在 ARCH 现象。

下面进一步用拉格朗日乘数法(LM)对 6 家碳金融交易所的均值方程的残差进行滞后 ARCH 效应检验,结果见表9.1。由 LM 统计量及相伴概率可知,各序列均存在明显的 ARCH 效应,因而对数收益率序列存在显著的异方差性。表明我国碳金融市场可能存在市场风险,有必要进行险值分析。

表9.1 各模型的 ARCH LM 检验

交易所	滞后阶数	F 统计量	概率值(p 值)	$T \times R^2$ 统计量	概率值(p 值)
深圳	4	19.85962	0.000000	56.57758	0.000000
湖北	2	12.82431	0.000000	47.43321	0.000000
北京	3	22.82718	0.000000	51.67189	0.000000
上海	1	16.56395	0.000000	54.82916	0.000000
天津	1	18.23763	0.000000	57.21537	0.000000
广州	1	24.33278	0.000000	50.72256	0.000000

　　显然各交易所收益率残差平方在滞后一定阶数以后,概率值 p 值为 0,拒绝原假设,认为各交易所回归模型的残差序列存在 ARCH 效应。再通过计算各回归模型残差的 AC 和 PAC 系数发现,各回归模型残差平方的 AC 和 PAC 显著不为 0,而 Q 统计量非常显著,因此确定本文模型为 GARCH(1,1)。然后采用 GARCH (1,1)和 EGARCH (1,1)模型在 GED 分布下对 6 家碳金融交易所的收益率进行参数估计,估计结果如表9.2。

表9.2 收益率的GARCH(1,1)和EGARCH (1,1)模型参数估计

模型	系数	深圳	湖北	北京	上海	天津	广州
均值模型	C	0.01021	0.2631	0.00125	0.00679	0.01416	—
	AR(1)	0.13765	0.16627	0.46136	0.35142*	0.07932**	0.32181*
	AR(2)	0.07328	0.01428*	0.06237			
	AR(3)	0.03926***		0.12566**			
方差模型	α	0.00135	0.00298	0.00115***	0.00129***	0.00074*	0.07279*
	α_i	0.28413***	0.27567*	0.34228***	0.32139***	0.25271***	0.25832*
	β	0.71235***	0.71578	0.63572*	0.61279**	0.67831*	0.66545**
	γ	0.97665**	0.96192**	0.93758**	0.96085**	0.96311**	0.97985***
	ν	3.88417**	1.03953**	2.84353***	6.53689*	0.87517**	0.79819**
	SC	-3.43235	-7.14321	-4.75326	-3.43272	-3.56279	-1.32367
	AIC	-3.13633	-6.99931	-4.67912	-2.98125	-3.77629	-1.77321

　　注:*、**、***分别表示在10%、5%、1%水平上的统计显著性,下同。

表9.2 估计结果显示,从均值方程参数来看,在相同的置信水平下,上海的均值大于广州,北京的均值大于天津。这也符合组合证券风险一般大于单一证券的基本常识,所以上海和北京市场容量较大,面临的风险比较大,广州和天津市场容量相对小,所面临的市场风险就较小。另外,深圳交易所收益率的冲击衰减速度最慢,所有方差冲击都会在下一期存在,其收益率长期记忆性最大,天津碳金融市场的衰减速度次之。从方差模型来看,通过观察 α 和 β 值的统计量检验,在10%的显著性水平下,所有的 α 和 β 值都显著,说明这些模型都能较好地刻画各碳金融交易所收益率的波动聚集性特征,较大幅度的波动后面一般紧跟着大幅度的波动。α 和 β 值的显著性也表明,碳金融收益率的波动都显示出一定的持续性,易受到意外信息的影响,对市场变化的反应较为迅速。所有碳金融交易所的 $\alpha_1 + \beta$ 都非常接近于1,说明收益率的波动性有一定时间长度的记忆性。所有的 γ 系数均为正,说明碳金融正收益率的冲击所带来的影响要大于同等程度负冲击所带来的影响。

由不同置信水平下三种分布的 VaR 值和 VaR 值的有效性检验结果可知,用 EGARCH – GED 模型来估算 VaR 值效果最为理想,所以我们在这里仅就 EGARCH – GED 模型求 CVaR 值。

表9.3　EGARCH – GED 模型下的 CVaR 值

	深圳	湖北	北京	上海	天津	广州
CVaR	0.04121	0.01826	0.14371	0.35284	0.08127	0.32765
VaR	0.03926	0.01428 *	0.12566	0.35142	0.07932	0.32181

表9.3 结果表明,所有的 CVaR 值都比 VaR 值大很多,这说明 CVaR 的值可以更好地刻画尾部风险,能很好地反映多极端风险情况。

上述分析表明,我国碳金融市场自身存在诸多市场风险,必然要求我们必须采取相应措施来控制碳金融市场波动风险。但是,控制碳金融市场风险仅仅是建立碳金融市场的前提,而借助碳金融交易抑制温室气体排放和改善生态环境才是最终目的,所以促进碳金融市场发展,不仅要考虑市场自身风险,还要考虑碳金融市场改善环境的效率问题。这二者是碳金融风险问题的两个方面,所以接下来就要分析碳金融改善环境的效率问题。

(三)碳金融改善生态环境的效率分析

借助碳金融来改善生态环境是建立碳金融交易体系的最终目标,所以碳金融改善的生态环境效率问题是我们重点考察的工作之一,因为它也是碳金融改善生态环境最重要的指标,其效率的大小将决定市场运行的成败,所以从这个角度而言,这也是一个风险问题。

(1)数据来源与指标设定

一般情况下,碳排放对城市空气质量的影响较大,所以,碳金融的交易量与交易额必然与城市空气质量存在密切关系。那么,我们接下来就分析各交易所碳金融交易状况与环境质量指数的关系。考虑到数据的同步性问题,一般采用年度数据和滞后项可以加以克服,但是我国碳金融市场最早起步于 2013 年 11 月,几个交易所甚至起步于 2014 年 5 月,所以在数据的可获得性上存在客观上的技术障碍,无法用碳金融交易的年度甚至月度数据进行模型分析。所以,我们假设不存在同步性问题并采用日度数据建模。另外,考虑到目前各试点交易所主要集中在几个城市,交易项目也主要集中在这些城市的低碳环保、抑制"双高"等产业,所以生态环境改善与否也与这些城市有关,因此,假定碳交易项目具有地域特征,仅与所在的碳金融交易试点城市有关,这样一来,碳金融数据选取各交易所 2014 年 5 月—2015 年 3 月的日成交量和成交额数据,生态环境数据选取深圳、武汉、北京、上海、天津和广州等城市的城市环境空气质量数据,数据来自环境保护部网站 2014 年 5 月—2015 年 3 月城市日空气质量指数(AQI)。

(2)模型构建

考虑到计量单位的差异以及可能产生的共线性问题,首先对碳金融

数据做拉氏指数变换,变换公式如下:

$$L_1 = \frac{Q_1 P_0}{Q_0 P_0} \tag{9.17}$$

$$L_1 = \frac{Q_1 P_0}{Q_0 P_0} \tag{9.18}$$

然后,建立碳金融交易拉氏指数(L_1、L_2)与城市日空气质量指数(AQI)的固定效应面板数据模型,模型设定如下:

$$AQI_t = \alpha + \beta_1 L1_{1it} + \beta_2 L2_{it} + \mu_{it} \tag{9.19}$$

其中,AQI 表示空气质量指数,L_1、L_2 分别为两个碳交易的拉氏指数,t 为交易时间,μ 为残差,$\mu_{it} = \mu_i + \nu_{it}$,其中,$\mu_i$ 是在时间维度恒定的一个变量,并不会随着观测期间的变化而变化。

(3)实证研究及结果分析

①单位根检验。对空气质量指数、碳交易的拉氏指数三个变量分别进行 LLC 单位根检验、Harris - Tzavalis 单位根检验和 W 检验(见表9.4)。经检验发现,AQI、L_1、L_2 有时间趋势,所以对这三个变量进行 LLC 单位根检验和 Harris - Tzavalis 单位根检验时选用固定效应的面板数据模型。水平值经三种方法检验,均说明有单位根,一阶差分值经三种方法检验,其结果在1%的显著水平上表现为无单位根,说明这三个变量都是一阶单整 I(1)。因此三变量间存在协整关系的可能。

表9.4 面板单位根检验结果

	水平值			一阶差分		
	LLC 检验	Harris - Tzavalis 检验	W 检验	LLC 检验	Harris - Tzavalis 检验	W 检验
AQI	7.3213	0.4327	-1.2121	-31.245***	-1.602***	-8.732***
L_1	5.4375	0.3227	0.2231	-40.234***	-2.157***	-9.275***
L_2	4.7468	0.1423	0.2567	-39.372***	-2.0521***	-9.314***

②面板数据协整分析及长期因果关系检验。通过面板数据单位根检验三变量间存在协整关系的可能。首先检验碳交易的拉氏指数是否是日空气质量的长期原因。由于残差序列无时间趋势，此处的回归模型仅含固定效应。再根据 LLC 检验和 Harris – Tzavalis 检验判断残差序列的平稳性。检验结果见表9.5。

表9.5　协整检验结果

变量	LLC 检验	Harris – Tzavalis 检验	W 检验
日空气质量(AQI)为因变量	5.4338	– 0.2132***	– 9.0068***
碳交易的拉氏指数(L_1)为因变量	0.0059	0.0247	– 0.1235
碳交易的拉氏指数(L_2)为因变量	0.0062	0.0251	– 0.1197

检验结果显示，两种检验方法说明碳金融的拉氏指数(L_1 和 L_2)是日空气质量(AQI)的长期原因。其可能的原因是我国碳金融的数据时间跨度较短。Harris 和 Tzavalis（1999）已证明在时间跨度较小时，LLC 法的检验能力较差，可以舍去 LLC 法检验结果。因此，碳金融拉氏指数(L_1、L_2)是日空气质量的长期原因。同样的方法检验日空气质量不是碳金融的拉氏指数的长期原因。检验结果见表9.4，三种检验结果都否定日空气质量是碳金融的拉氏指数的长期原因。由此，得到一个协整方程，详见表9.6。

表9.6　个体固定效应 Panel Data 模型估计结果

参数	估计值	R^2	调整的 R^2	F 统计量	P 值
α	6.346***				
L_1	– 0.00021**	0.7537	0.7218	921.03	0.000
L_2	– 0.00019**				

表9.6 结果显示，碳金融指数每增加 1 个单位，空气质量指数下降0.00021 或 0.00019 个单位。结果表明，碳交易对这些地区的天气产生的

影响还不明显,仍然需要进一步加大碳金融市场的交易额和交易量。

③面板数据误差纠正模型及短期因果关系。通过面板数据协整检验,我们建立了一个协整方程。但由于时间跨度较小,需要通过短期因果关系分析来进一步检验这三个协整方程的可靠性。由此,建立如下误差修正模型:

$$\triangle AQI_{it} = C_i + \sum_{i=1}^{m} \alpha_i \triangle AQI_{it-1} + \sum_{i=1}^{m} \alpha_i \triangle L_{1_{it-1}} + \sum_{i=1}^{m} \alpha_i \triangle L_{2_{it-1}} + \lambda ECM_{it} + \varepsilon_{it}$$

$$(9.20)$$

式(9.20)中,表示一阶差分运算,ECM_{it}表示长期均衡误差,如果λ为零被拒绝,说明误差纠正机制产生,检验得到的长期因果关系是可靠的,反之则是不可靠的。如果(9.20)式中的α_i为零被拒绝,说明短期因果关系成立,反之则无短期因果关系。接下来,根据(9.20)式检验碳金融拉氏指数(L)是否是日空气质量(AQI)的短期原因。作为满足误差项经典假设的要求,将滞后项定为2。为了避免面板数据$LSDV$估计方法带来的偏误,用$\triangle AQI_{it-3}$和AQI_{it-4}来作为AQI_{it-1}和AQI_{it-2}的工具变量,进行工具变量法参数估计,估计结果见表9.7。

表9.7　面板数据误差修正模型检验结果

变量	回归系数	标准误差	T检验值	概率值
$\triangle L_{1_{it-1}}$	0.0298	0.0193	1.6102	0.1032
$\triangle L_{2_{it-1}}$	0.1532	0.0389	3.4965	0.2745
$\triangle L_{1_{it-2}}$	− 0.0379	0.0261	− 1.4512	0.1375
$\triangle L_{2_{it-2}}$	0.0358	0.0472	− 0.5047	0.3341
ECM_t	0.0326	0.0103	3.3146	0.0014

由于ECM_t项回归系数为0.0326,其概率值为0.0014,显著不为0,所以误差纠正机制发生,碳金融的拉氏指数是日空气质量的长期原因进一步得到证实。而其他变量的回归系数在5%的水平上均不显著,所以碳金融拉氏指数是否是日空气质量的短期因果关系不成立。由此表明,

当前的碳金融交易在短期内没有对改善环境产生效率,但是在长期中将发挥积极作用。

(4)结论

此部分主要研究了我国碳金融市场自身存在的风险以及碳金融市场发展对改善生态环境的效率,研究发现我国6个碳金融交易所面临的风险不尽相同,有系统性风险和非系统性风险,甚至有些碳交易所的风险尚不明朗。

研究结论如下:

①我国碳金融日收益率具有尖峰厚尾的特性,不服从正态分布,基于GED分布的GARCH – CVaR模型可以很好地刻画我国碳金融日收益序列的尖峰厚尾等特点。

②我国碳金融交易存在明显的价格波动性冲击风险。市场容量较大的市场面临的风险比较大,市场容量相对较小的市场面临的市场风险就较小。但是各交易所收益率的冲击衰减速度有快有慢,不尽相同。

③基于面板分析表明,在短期内,碳金融市场还没有发挥出改善我国生态环境的作用,但是从长期看,必然会产生深远的影响。

主要原因在于我国碳金融市场才刚刚起步,交易时间较短,发展面临极大的风险和不确定性,在短期内尚无法发挥有效改善生态环境的作用。另外,我国碳金融属于新型金融市场,研究数据的获得性面临着诸多瓶颈,必然存在估计上的技术性偏差。但是,也应该看到我国碳金融市场正在向着我们预期的目标前进,非常需要相关研究给予技术支持和理论指导,以推进我国碳金融改善环境的长期促进作用。所以,我们还必须继续加大对碳金融的研究力度,挖掘相关数据信息,为我国碳金融的发展提供科学的理论指导。与此同时,相关部门应该继续深化改革,进一步完善碳金融制度,培育碳金融市场,健全市场参与主体,逐步建立起统一的多元化的融资渠道。

五、建立绿色证券交易机制

绿色证券是指上市公司在上市融资和再融资过程中,要经由环保部门进行环保审核。它是继绿色信贷、绿色保险之后的第三项环境经济政策。同时在对绿色证券市场进行研究与试点的基础上,制定了一套针对高污染、高能耗企业的证券市场环保准入审核标准和环境绩效评估方法。这就从整体上构建了一个包括以绿色市场准入制度、绿色增发和配股制度以及环境绩效披露制度为主要内容的绿色证券市场,从资金源头上遏制住这些企业的无序扩张。

发展绿色产业,是推动供给侧改革的重要一环,是调整供给结构的重要步骤。绿色产品、绿色环境、绿色能源也是供给侧改革的重要内容,绿色发展除政策支持外,尚需大量投资。就国内看,国务院发展研究中心金融研究所估计未来五年中,中国绿色产业的年投资需求在 2 万亿人民币以上,而财政资源只能满足 10%—15% 的投资需求。因此,建立我国的绿色金融体系,特别是大力发展资本市场,提高直接融资比重,是支持国家绿色发展战略、践行供给侧改革的重要措施。

相比银行信贷,资产证券化是发行人和投资人之间直接发生的融资行为,募集资金的数量和期限出资产质量和市场决定。对于优质的环保项目,证券化产品能够提供长期稳定的资金支持。提高投资有效性和精准性是供给侧改革的关键点。从资金使用的角度看,由于资产证券化本身对应确定的资产,并且需要对相关基础资产进行详细的信息披露,因此通过证券化方式融资更有利于通过社会化监督手段,从源头确保资金使用到指定绿色项目,大大提高投资有效性和精准性。环境保护等行业普遍存在投资大、回收周期长的特点,而中小企业受制于其资本实力及融资能力导致业务难以开展。资产证券化属于结构化融资方式,以基础资产的现金流而非企业整体资信水平为基础进行融资,因此可以通过优先/次级结构安排、超额抵押、利差账户、流动性支持等方式为产品提供增信,对于中小企业也能提供有效的融资支持,有助于绿色产业吸引社会资本投资,化解环保项目期限长、投入大等风险。

2008年2月,国家环境保护总局联合中国证券监督管理委员会等部门在绿色信贷、绿色保险的基础上,推出一项新的环境经济政策——绿色证券。国家环保总局发布《关于加强上市公司环境保护监督管理工作的指导意见》(以下简称《意见》):未来公司申请首发上市或再融资时,环保核查将变成强制性要求。我国的绿色证券政策由此正式出台。

在我国,绿色证券政策的主要内容是:在绿色信贷和绿色保险对企业间接融资进行环保控制的基础上,构建一个以绿色市场准入制度、绿色增发和配股制度以及环境绩效披露制度为主要内容的绿色证券市场,从资金源头上遏制"双高"企业的无序扩张,建立良好的环境,促进金融市场和环境的双向互动发展。

(一)绿色证券的功能

①控制污染的经济刺激作用。《意见》中规定:"重污染行业生产经营公司申请首次公开发行股票的,申请文件中应当提供国家环保总局的核查意见;未取得环保核查意见的,不受理申请。"可见,环保核查意见成为证监会受理申请的必备条件之一。企业从事低污染、低风险的生产不仅为其再融资获取了门票,也为其扩大生产提供了前提,同时各方的共同监督也会促使企业抽取一定比例的融资来改进污染治理技术,形成了一个良性循环。随着环境信息公开制度的发展,公众可以直观地知道企业经营中的环境风险,直接影响了企业的股票价格、资信以及市场竞争力,间接刺激企业从事低污染、低风险的生产。

②对企业环境行为的监督功能。一是环保部门和证监会。《意见》要求省级环保部门严格执行环保核查制度,做好上市公司环保核查工作并提供相关意见。对于核查时段内发生环境违法事件的上市公司,不得出具环保核查意见,督促企业按期整改核查中发现的问题。而证监会不得通过未出具环保核查意见企业的上市申请,同时督促上市企业的环境

信息披露,监督企业的环境行为。二是公众。环保总局鼓励社会各界举报上市公司的行为。绿色证券的重点是加大企业融资后环境监管,调控其融得的资金,使其真正用于企业的绿色发展。对股民来说,上市企业的业绩和其经营行为是他们特别关注的。这种从股民自身利益出发的监督行为更有利于真实信息披露。三是其他企业。如何更多地获得资本,直接关系着企业是否能扩大生产、占据市场份额。因此,在自身利益驱动下,企业之间会相互监督,制约对方获得资本。

③减少资本风险的转嫁。上市公司环保监管缺乏,导致"双高"企业利用资金继续扩大污染,或在融资后不兑现环保承诺,造成环境事故屡屡发生,因而潜伏着较大的资本风险,并在一定程度上转嫁给投资者。这里的资本风险是指企业利用资本进行生产经营,但由于环境事故发生,致使企业必须进行大量经济补偿,从而使资本不仅不能获得收入,还存在收不回的可能性。绿色证券的推行可以有助于减少企业将资本风险转嫁给投资者的可能性,因为那些存在高风险的企业不再拥有直接融资的机会,扩大污染的概率大大减少。

④与其他环境经济手段的互补作用。绿色证券推行之前,环保部门陆续与银监会、证监会联合推出绿色信贷、绿色保险两项政策,它们共同构成了我国环境经济政策体系以及绿色金融体系的初步框架。绿色信贷重在源头把关,对重污染企业釜底抽薪,限制其扩大生产规模的资金间接来源;绿色保险通过强制高风险企业购买保险,旨在革除污染事故发生后"企业获利、政府买单、群众受害"的积弊;绿色证券对企图上市融资的企业设置环境准入门槛,通过调控社会募集资金投向来遏制企业过度扩张,并利用环境绩效评估及环境信息披露,加强对公司上市后的经营行为的监管。证券、信贷分别从直接融资渠道和间接融资渠道对企业进行了限制。除此之外,企业在绿色信贷或是绿色保险中,向有关单位提供的环境信息,也可作为企业向公众披露的信息,使得三项政策之间的企业环境信息互通,保证了政策实施过程中的公开性和公正性。

（二）绿色资产证券化产品发展概况

绿色证券制度最早是在可持续发展理念被社会广泛接受的背景下，在 1992 年联合国环境与发展会议上提出来的。随着近年来环境问题的凸显，发达国家上市公司越来越重视其社会责任，并有意提高自身环境保护意识，树立企业自身形象；部分发达国家已经开始通过立法或者标准，规范上市公司年报环境信息的披露，要求上市公司进行环境绩效报告。例如，美国证券管理委员会于 1993 年开始要求上市公司从环境会计的角度，对自身的环境表现进行实质性报告。继美国开始实施绿色证券政策之后，英国、日本、挪威、欧盟等国政府和国际组织进行了多种证券市场绿色化的尝试和探索。

相比发达国家，中国证券市场的"绿色化"起步较晚，始于 2001 年国家环境保护总局发布的《关于做好上市公司环保情况核查工作的通知》。随后国家环保总局和中国证券监督管理委员会陆续发布了相关政策，做了许多有益的尝试。如 2003 年，又出台了《关于对申请上市的企业和申请再融资的上市企业进行环境保护核查的通知》，自此开展了重污染上市公司的环保核查工作。《关于做好上市公司环保情况核查工作的通知》要求，对存在严重违反环评和"三同时"制度、发生过重大污染事件、主要污染物不能稳定达标或者核查过程中弄虚作假的公司，不予通过或暂缓通过上市环保核查。该规定对核查对象、核查内容和要求、核查程序做了具体的规定。《关于进一步规范重污染行业生产经营公司申请上市或再融资环境保护核查工作的通知》以及《首次申请上市或再融资的上市公司环境保护核查工作指南》，进一步规范和推动了环保核查工作。此外，该文件还规定了环保核查结论的公示制度，提高了信息的透明度。地方各级政府也陆续开展了上市公司环保核查工作，收到了良好效果。2008年 1 月 9 日，中国证券监督管理委员会发布了《关于重污染行业生产经营公司 IPO 申请申报文件的通知》，要求"重污染行业生产经营公司申请首次公开发行的，申请文件中应当提供国家环保总局的核查意见；未取得环保核查意见的,不受理申请"。此通知被社会各界称作"绿色证券制度"并备受重视。2008 年 2 月 28 日,国家环保总局正式出台了《关于加强上市公司环保监管工作的指导意见》,标志着我国的绿色证券制度的正式建立,并彰显出越来越重要的作用。

我国企业资产证券化自 2005 年启动后,第一单绿色概念资产证券化为 2006 年 6 月经证监会批准在深圳证券交易所发行的"南京城建污水处理收费收益权专项资产管理计划",其后南京城建于 2011 年发行了第二期绿色资产证券化,共募集资金 20.51 亿元,两只产品均以污水处理收费收益权打包证券化的运作模式引入社会资金,支持污水处理行业发展。2015 年以来,中国证监会积极研究并创新绿色金融的发展机制,引导社会资金投向环境保护、资源节约、生态良好的相关企业和项目,又陆续推出了一批绿色资产证券化产品,在推动绿色金融方面取得了新的突破。

2015 年以来共有 6 单绿色资产证券化产品在交易所市场成功发行。"嘉实节能 1 号资产支持专项计划"和"泰达环保垃圾焚烧发电收费收益权资产支持专项计划"分别于 2015 年 10 月和 12 月在上交所、深交所成功发行。上述两个专项计划的基础资产均为经营生活垃圾焚烧发电业务而享有的特定期间内实现的电力销售收入及所对应的收益权。

其中嘉实节能 1 号计划的原始权益人是中国节能环保集团公司下属公司,募集资金规模 6.8 亿元。该计划是国内首单央企环保领域资产证券化产品,开辟了央企绿色资产证券化的先河。计划原始权益人母公司中国节能环保集团公司是我国节能环保领域领先企业,在节能、固废处理、烟气处理与重金属治理、土壤修复、水处理、光伏发电、节能环保新材料等领域的规模与实力均居领先地位。

"平安凯迪电力上网收费权资产支持专项计划"和"平银凯迪电力上网收费权资产支持专项计划(二期)"分别于 2015 年 6 月和 2015 年 11 月在深交所成功发行,共计募集资金 33.22 亿元。两期专项计划均以凯迪电力从事生物质发电业务而享有的电费收入所对应的电力上网收费权为基础资产,通过证券化融资方式盘活资金,拓宽生物质新能源行业融资渠道。

"龙桥集团应收账款资产支持专项计划"于 2015 年 8 月在深交所成功发行,基础资产为污水处理设施建设回购债权,募集资金 10.5 亿元。其中优先级证券评级为 AA + ,发行利率区间为 5.8% — 6.5% 。

此外,2016 年 1 月深能南京电力上网收益权资产支持专项计划在深交所发行,发行规模 10 亿元。

(三)绿色证券化存在的问题

①环保核查部门衔接及监管不力。首先,关于核查信息公开的问题,《规定》未做要求,而《通知》仅规定了对环保总局进行核查的结论予以公示,对于由省级环保行政主管部门负责核查的信息是否也应当进行公示,该《通知》未做明确规定。其次,由于大部分企业的环保核查由省级环保行政主管部门负责,而申请上市的企业多是地方的利税大户,丝绸之路经济带上的地方环保部门是否会迫于地方保护主义的压力而做出有失公允的核查结论,仍是一个需要关注的问题。再次,目前的环保核查是由环境保护部门一家进行,如何保证其核查结论的公信力尤为重要。对上市公司的环保核查涉及证券市场主体的准入资格问题,对于企业能否顺利上市具有至关重要的作用。企业上市是市场行为,环保行政部门作为行政机构,其行政权力对市场行为的介入是否适当的问题,尚待探讨。最后,环保行政部门的核查意见对企业的利益具有重大的实质性影响,因此,如何救济的问题就显得非常重要。若企业对于环保部门的核查意见不服,是否可按照《行政复议法》和《行政诉讼法》的规定寻求救济,目前的环保核查政策尚未解决这一问题。此外,丝绸之路经济带上各国之间的环保协调问题,同样是一个悬而未决的问题,所以证券化依然谈不上是国际化问题,主要限定在国内市场的范围内。

②信息披露机制不完善。一是信息披露内容不规范、不全面。目前我国已开始有环境披露制度,但主要集中在申请上市的企业或重污染企

业,并且通过对企业环境信息披露情况调研发现,目前大部分企业的环境信息披露内容还非常不规范、不全面,所披露信息主要为企业环保认证、环境风险、财务信息等,其中包括关于环保投资、资源利用、税收优惠等,而尚缺乏关于企业主要污染物排放情况、污染物治理措施及效果、环保负债及收益等公众关心的重要信息。

二是信息披露缺乏统一标准。信息披露内容不规范、不全面的主要原因就是缺乏一个统一的标准。2003 年起,国家对上市公司的环境保护要求力度加大,并先后出台了《关于企业环境信息公开的公告》《环境信息公开办法(试行)》以及《关于加强上市公司环境保护监督管理工作的指导意见》,对公开的范围、公开的方式和程序等进行了要求,但对公开是否强制、哪些企业哪些情况下可自愿公开、哪些企业哪些情况下必须强制性公开以及公开的内容等并未做细致的规定,导致目前企业信息披露仍不统一、不规范,且实用性较差。

三是信息披露形式较为单一。虽然在《环境信息公开办法(试行)》中规定了“自愿公开环境信息的企业,可以将其环境信息通过媒体、互联网等方式,或者通过公布企业年度环境报告的形式向社会公开”,但在实践中,企业大都通过企业网站或公司年报等形式公布信息,报刊、多媒体等方式应用极少。

四是披露信息内容陈旧,连续性不强。通过对上市公司信息披露现状进行调研,发现很多企业披露信息不够及时,或信息内容已过时很久,并不能体现本年度或本季度的环保信息;同时披露信息缺乏连续性,因此也就达不到通过信息披露帮助公众及股民了解企业环境保护实施情况并决定是否选择这家企业进行购股投资等目的。

五是缺少对公开披露的环境信息的鉴证。在审计报告中完全没有涉及环境披露方面的内容,而在报告的其他地方也没有发现对上市公司发布的环境信息的鉴证。这点反映了我国环境信息披露还处于初级阶段,还须加强对环境信息质量的鉴证。

③欠缺适于我国国情的评价体系。诸多国际组织都将一些先进的环境管理手段应用于中国,以帮助中国提高环境管理水平,改善环境质量。环境绩效评估就是国际上广泛应用的环境管理手段之一,以评估环境政策实施后的环境效果。亚洲开发银行和经济合作与发展组织先后在中国云南省和国家层面就环境绩效开展了评估。2007 年 12 月,亚行又启动了大湄公河次区域环境战略框架(Ⅲ)项目,该项目将在压力 – 驱动力 – 状态 – 影响 – 响应模型框架下进一步推动次区域的环境绩效评估,并在中国将评估区域扩展到云南省和广西壮族自治区。但就我国而言,目前并未有一套适于中国国情的上市公司环境保护持续改进评价体系。

④欠缺上市公司持续改进评价机制。上市公司不仅在申请上市和再融资两个时段,而且在上市或再融资后的环境情况对环境和社会也十分重要,环境污染事件一旦发生,将对区域经济发展和生态安全造成重大且长期的影响。建立对各个时段的环境保护情况进行持续评价和改进的机制,才是避免重污染企业等对环境影响较大的上市公司出现环境问题,推动其不断在节能减排上做出新成绩的有效途径。但事实上,目前重污染企业上市后的环境保护持续改进机制尚有所欠缺,通过环保核查后的评价和改进机制十分必要。

(四)生物多样性保护中绿色证券的具体路径

由于绿色资产证券化处于发展初期,未来发展前景很大,同时在市场条件、配套措施等多方面还需要进一步完善,具体包括:

①完善上市公司的环保核查制度。目前,国家对上市公司在申请上市和再融资两个时段要求进行环保核查,但证监部门的人员对环保知识了解很少,环保部门拿出的核查报告对企业能否申请上市或再融资成功具有一票否决的作用,此重要环节亦缺少监督管理。因此,可以设立环保核查监管部门,并对证监人员进行一定的环保培训,对于重污染企业的主要污染物防治、排放标准、治理措施等做到一定的了解,有助于协助环保部门完成环保核查,同时对环保部门起到监督的作用。

②完善 PPP 项目。目前已经公布的 PPP 项目中,有相当部分涉及绿色产业。由于绿色产业回报周期长等相关问题,社会资本普遍积极性不足。因此,对于存量的绿色 PPP 项目,可以通过资产证券化方式,将未来的现金流提前变现,加快投资人的资金回收周期,便于吸引更多社会资本参与绿色产业。

③建立基于动态评价的绿色证券持续改进机制。上市公司是资本市场的基础,同时也更容易造成环境污染重大事故。因此,对上市公司的环境效益把好关是防治重大环境污染发生的有效措施。然而目前,我国对上市公司的要求仅针对申请上市和再融资两个环节,缺少上市后其他时段的环境绩效评估和持续改进机制。

④建议不断培育市场形成绿色投资理念,引导成立绿色投资基金和绿色中介机构,完善绿色金融评价体系和信息披露规范,为下一步绿色金融发展打好坚实基础。

⑤完善上市公司的环境信息披露制度。上市公司的环境信息披露制度对于督促企业切实履行社会责任,保护证券市场投资者的利益和防范环境风险都具有重要的意义。目前,我国已经建立起了以《公司法》《证券法》为主体,以证监会发布的一系列关于信息披露的内容和格式准则为具体规范的较为完善的上市公司信息披露基本框架,以及首次披露(招股说明书、上市公告)、定期报告(中期报告、年度报告)和临时报告(重大事项报告)三部分组成的信息披露制度。在我国当前的环境会计体系尚未建立起来的情况下,应当要求企业定期编报企业环境报告,专门披露上市公司在报告期间的环境信息,其报告内容可参考发达国家的环境会计报告制度。此外,还可借鉴上市公司的其他信息披露制度,要求上市公司在按照要求公开其财务报告的同时,披露其在该报告期内发生的与环境有关的重大事项。环境监管部门应当加强与证券监管部门的进一步合作,环保部门应及时向证监会通报并向社会公开上市公司受到环境行政处罚及其执行的情况,公开严重超标或超总量排放污染物、发生重特大污

染事故以及建设项目环评严重违法的上市公司名单,由证监会按照《上市公司信息披露办法》的规定予以处理。对未按规定公开环境信息的上市公司名单,也应及时、准确地通报给中国证监会,由中国证监会按照《上市公司信息披露办法》的规定予以处理。

⑥建立上市公司的环境绩效评估制度。绿色证券要求上市公司加强自身建设,培养普遍的社会责任感,在严格进行环境信息披露的同时,努力做好环境绩效评估工作,以减少利益相关者的投资风险。我国环境绩效评估制度的建立应当借鉴国际上的先进经验,组织研究上市公司环境绩效评估指标体系,选择比较成熟的板块或高耗能、重污染行业适时开展上市公司环境绩效评估试点。要在试点上市公司中,运用绩效管理的理论,对其进行全面的绩效管理。绩效管理是一个完整的系统,是一个闭环的管理流程,主要环节为绩效计划—绩效评估—绩效诊断与反馈—绩效再计划。证监部门和环保部门要通过与上市公司持续开放的沟通,使上市公司达到绿色证券的要求,并推动管理部门和上市公司做出有效的行动以保证绿色证券的目标得以实现。

此外,在市场发展初期加大政府政策支持力度,完善资产证券化税收体系,按照税收中性原则给予证券化相关环节税收优惠,同时对专业的绿色投资机构以税收优惠或者贴息补偿,鼓励证券投资基金、养老金、保险机构等长期资金投资绿色资产证券化产品等方式,尽快形成绿色投融资的市场环境。

六、生物多样性生态服务价值的绿色信贷机制

(一)绿色融资的必要性和可行性

保护生物多样性,必须建立系统完善的生态文明制度体系,用制度保护生物多样性。而制度体系的建设,不仅包括生态法治、自然资源资产产权制度和用途管制制度、资源有偿使用制度、生态补偿制度、生态环境保护管理体制等的创新,也包括生态经济制度体系的建设,即可以与生态相

融合的生态经济建设。

2014 年 11 月 26 日,《国务院关于创新重点领域投融资机制鼓励社会投资的指导意见》(以下简称《指导意见》)正式发布。《指导意见》将生态环保、农业水利、市政基础设施、交通、能源、信息和民用空间以及社会事业纳入投融资机制创新范围。其中,生态环保位居七大重点领域之首。作为具有典型外部性和公益性特征的生态环保领域,创新投融资机制、引导社会资本投入,时间紧,任务重,需求大,情势急。

绿色信贷是生态融资十分重要的融资模式。在多年行政管理效果不是非常显著的情况下,人们开始将目光转向了银行信贷预期,通过信贷审核过程中对于生态环境风险的评估,以达到消除高污染、高能耗项目对生态环境和社会带来的负面影响。为此,2007 年 7 月 12 日,国家环保总局、中国人民银行、中国银监会联合发布了《关于落实环保政策法规防范信贷风险的意见》,提出绿色信贷机制。绿色信贷概念的提出,对我国商业银行信贷、投放起到了一定的指导作用,但此项工作仍处于起步阶段,相关管理制度还有待完善。

绿色信贷是商业银行等金融机构依据国家的环境经济政策和产业政策,对高耗能高污染型企业的新建项目投资贷款和流动资金进行额度限制并实施惩罚性高利率,而对研发和生产治污设施、从事生态保护与建设、开发和利用新能源、从事循环经济生产和绿色制造以及生态农业的企业或机构提供贷款扶持并实施优惠性低利率的金融政策手段。

绿色信贷常被称为可持续融资或环境融资。可持续融资是银行通过其融资政策为可持续商业项目提供贷款机会,并通过收费服务产生社会影响力,比较典型的收费项目有消费者提供投资建议等。银行还可以集中利用各种知识与信息调配贷款手段刺激可持续发展,这主要是基于银行对各种市场、法规和市场发展方面信息的无可比拟的相对优势。环境融资涵盖了基于市场的特定金融工具。这些特定金融工具往往是为了传递环境质量和转化环境风险而设计的。环境问题主要以三种方式影响银行业金融机构,分别是规章制度和法庭判决所带来的直接风险,借贷和其顾客的信用所带来的间接风险以及银行处理争议项目的环境信誉风险。为了解决这些环境问题带来的风险,银行必须在借贷和投资策略中加入衡量环境问题的标准。同时,这些环境问题还催生了广泛的创新金融产品。这些金融产品为有环保意识的个人和企业提供了更为容易的融资渠道。

（二）绿色信贷的实践规则

设计和实施保护地生物多样性相关管理活动,涉及对四类成本的估价:机会成本,即可从使用或恢复生物多样性等活动中获得,但因新建一个保护地而失去的多重收益;实施成本,即实施旨在建立和维护保护地边界完整,以及为减少生态系统退化等所开展的必要活动产生的耗费;交易成本,即运行一个生物多样性保护地项目的耗费;制度性成本,即与省级或国家层面制定政策、法规及开发融资渠道有关的耗费。针对上述内容各国开始探索绿色信贷问题。

绿色信贷的实践起源于 20 世纪 80 年代初美国的"超级基金法案",该法案要求企业必须为其引起的环境污染负责,从而使得信贷银行高度关注和防范由于潜在环境污染所造成的信贷风险。随着绿色信贷的不断发展,其相关规章制度日益成熟,目前绿色信贷主要参考的规则为赤道原则。2002 年 10 月,世界银行集团国际金融公司(IFC)及荷兰银行等在内的 10 家银行在伦敦召开会议,讨论如何建立一套适用于全球各行业针对项目融资中的环境与社会问题的指导方针。会后,由荷兰银行、巴克莱银行、西德意志银行、花旗银行联合起草了赤道原则。2003 年 6 月 4 日,包括 4 家发起银行在内的 14 家银行在美国华盛顿特区正式发布了该原则。在三年的执行期满后,超过 40 家金融机构最终通过了赤道原则。之后在2006 年 7 月,赤道原则经历了一次修改,尔后一直沿用至今。赤道原则共分为九条,可以概括为七个方面:第一,规定了项目风险的分类依据;第二,规定了不同类项目的环境评估要求;第三,规定了环境评估报告应包括的主要内容;第四,规定了环境管理方案要求;第五,规定了向公众征询意见制度;第六,规定了有关借款人和贷款人关系的要求以及确保守约的机制;第七,规定了赤道原则的适用范围,即只适用于总融资5000万美元以上的项目。

将环境风险引入商业银行信贷风险评价中是绿色信贷的核心部分,那么如何衡量环境风险就成了绿色信贷保护环境效果的关键所在,对此国外一些机构开始构建了环境风险评价指标体系。如道琼斯可持续性群组指数、评定企业社会与环境方面表现指数、欧元区企业财务绩效指标体系、评估企业社会责任投资指标体系等。

(三)绿色信贷在我国的应用

随着2007年《关于落实环保政策法规防范信贷风险的意见》的发布,绿色信贷在我国蓬勃发展开来。

2008年10月31日,兴业银行在北京召开发布会,宣布其采纳赤道原则,成为全球第63家、国内首家"赤道银行"。此前,兴业银行于2007年10月正式签署《金融机构关于环境和可持续发展的声明》,加入联合国环境规划署金融行动,承诺将遵循相关环境法规,建立环境管理系统,并将环境因素纳入商业决策的考量范畴。

在IFC的帮助下,兴业银行于2006年5月在国内率先推出"节能减排项目贷款"这一绿色信贷产品。该产品推出后的受欢迎程度远远超出双方预料,一期合作4.6亿元的额度,在短短十一个月内全部用完。2008年2月25日,兴业银行与国际金融公司在北京签署了二期合作协议,不仅扩大了贷款额度,而且拓展了融资适用范围。

中国建设银行确立了以"实施绿色信贷推进全面风险管理,以实施绿色信贷落实科学发展观"为核心的绿色信贷思路,将信贷项目的环境风险作为风险评估、授信决策和贷款监控的一项重要内容,贷款企业的环境管理标准至少要符合国家环保要求,对不符合环保要求的企业、项目贷款实行"环保一票否决制",大力开展结构调整,主动退出不符合国家绿色信贷要求的贷款。中国工商银行率先出台了《关于推进"绿色信贷"建设的意见》,提出要建立信贷的"环保—票否决制",对不符合环保政策的项目不发放贷款。中国工商银行建立了从节能环保、新能源、资源综合利用等方面对项目贷款进行分类的标准,并在系统内启用了"绿色信贷项目标识",对全行所有项目贷款都根据此标准进行了分类。对于不符合条件的坚决退出,而对于生态保护重点类工程、清洁发展机制项目等符合绿色信贷条件的则积极进入。中国银行正在积极推行绿色信贷,逐步建立绿色信贷长效机制,进一步加大对有效益的生态保护项目、设备、产品和技术研发的支持力度。中国农业银行也将绿色信贷的理念和措施融入该行的信贷机制之中,着力培养绿色信贷文化,致力打造绿色信贷银行。

从商业银行的绿色信贷政策来看,各商业银行基本都实行了一票否决制,对于不符合环保要求的企业坚决不予信贷,已经介入的要毫不犹豫地退出,将信贷重点转向绿色产业。绿色信贷在商业银行的全面展开对于我国的环保事业有着非常重大的意义。不过商业银行在进行绿色信贷时,对于具体企业和项目的抉择需要再细化。

2008年1月24日,国家环保总局与世界银行国际金融公司签署合作协议,决定共同制定符合中国实际的绿色信贷环保指南,明晰我国的行业环保标准,使金融机构在执行绿色信贷时有章可循。

然而,绿色融资也存在如下问题:

①短期内银行面临经营绩效方面的压力。由于生态退化外部性没有被经济化、内部化,多种资源价格被严重压低,不少"双高"企业的利润产值高,获利能力强,还贷及时,还有地方政府做风险担保,一直是银行的"优质客户",所以对这些企业很难大幅度地削减信贷规模。特别是在一些省份和地区,"双高"企业为分支行贡献了相当可观的利润,若短期内迅速从中撤离,其经营业绩面临相当大的压力。

②绿色信贷的措施操作性不强。环保局等管理部门制定绿色信贷标

准多为综合性、原则性的,缺少具体的绿色信贷指导目录、环境风险评级标准等。在当前阶段,商业银行难以制定相关的监管措施及内部实施细则,降低了绿色信贷措施的可操作性。例如中国银行目前是依照央行的绿色信贷发放原则,结合自身信贷状况和业务发展机会等因素,制定自己的行业信贷投向指引,将行业分成积极增长类、选择性增长类、维持份额类和压缩类四类。而执行过程中,不同地区的分支行会有不同的标准,这给绿色信贷的统一执行带来相当大的难度。

③缺乏实施绿色信贷所需的人才。在全行范围实施绿色信贷,需要在总行和分行的许多部门设立绿色信贷相关部门和岗位,如信贷审批、风险管理、环保法律法规等,还必须对负责相关产业的所有客户经理进行培训,这就需要大量同时具备金融知识和一定环境知识的复合型人才。

(四)绿色信贷的具体对策

①加强绿色信贷的监管。虽然我国银行监管部门已经颁布了绿色信贷相关规定,但是商业银行并没有完全将绿色信贷理念运用到经营中去,没有将绿色信贷落到实处。首先,监管部门应该进一步细化贷款统计口径,避免商业银行打擦边球;其次,加大对违背绿色信贷要求的银行的惩罚力度,加强窗口指导作用;再次,在当前紧缩银行信贷的形势下,应适当地放宽绿色信贷的贷款要求,保证绿色信贷的发放额度;最后,银行信贷业务主要分为面向企业贷款和面向项目贷款两种情况,而针对企业和针对项目的环境风险评估控制的着眼点有所不同,所以在设计环境风险控制体系时也应当区分不同的管理体系与管理工具。

②树立绿色信贷的理念。如果商业银行把绿色信贷看作一种慈善,理念上不发生改变,那么绿色信贷将会成为空谈。必须确立绿色信贷在商业银行信贷工作中的重要地位,让员工充分认识到促进经济与环境协调发展的重要性,明白推行绿色信贷是商业银行责无旁贷的社会责任,提高对环保的认同度。只有全员树立了绿色信贷理念,才能在工作中考虑

到环保因素,真正将绿色信贷贯彻落实到各项工作中去。

③完善绿色信贷环境指标体系。我国各商业银行均提出了要发展绿色信贷,并制定了一定的相关政策,但是就目前来看如何对环境风险进行评价并没有一个非常完善的评价指标体系,基本都处于简单的人工判别阶段。我国商业银行可以在借鉴国外绿色信贷评价指标体系的基础上,根据我国的实际情况进行相应的调整,制定出一套符合我国国情的绿色信贷环境风险评价指标体系。

④加强绿色信贷实施人员的储备和培养。由于环境风险评估的专业性强,银行要加大引进能够担当此重任的内部人才的力度,同时,还要培养对贷款项目环境及社会风险进行评估的外部咨询公司或行业环保专家。然后分层次、分步骤地在银行内部实现管理层和业务层人员的培训,使其在环境知识、相关政策分析、对我国环保监管体系了解等方面有较深刻的认识。负责制造、基建等行业的客户经理,需要更深入地了解和认识该行业存在的环境风险,在贷前管理中能及时有效识别企业和项目的环境风险,在贷后管理中定期检查企业环保执行情况,帮助企业充分控制可能出现的环境风险。银行绿色信贷团队的理想目标应该是,不仅能识别环境风险高的项目,还能够帮助发起人降低环境风险,让项目发挥效益、造福社会。

⑤积极研究开发绿色信贷产品。银行应根据政策要求,不断加大绿色信贷产品的创新力度,探索和创新信贷管理模式,积极支持循环经济、节能环保企业和项目,为节能环保企业提供全方位的金融服务,逐步建立起金融支持节能环保事业的长效机制。绿色信贷产品的设计不仅要融入环境及社会责任理念,而且要吸取传统信贷产品的成功经验,这样才能最大限度地吸引顾客,兼顾经济效益和社会效益,为建立长久的绿色银行、环保银行奠定基础。现阶段的重点是开发提高能源效率、清洁机制下的绿色信贷产品,包括可再生能源、能源效率、清洁能源、生物多样化保护、小额信贷等。另外,积极推进绿色信贷产品资产证券化产品的开发与

利用。

⑥政府部门应完善环保信息库及产业指导目录。尤其是,环保部门、标准化管理部门、产业发展管理部门应进一步完善绿色信贷项目信息库建设,定期发布指导绿色信贷的产业和企业指导目录。政府应建立绿色信贷激励与约束机制,出台相应政策,建立有效的激励与约束机制,为商业银行实施绿色信贷提供动力和压力。为了避免重蹈覆辙,中央政府有必要认真研究如何将绿色信贷等环保指标纳入地方官员的绩效考核指标体系,甚至加大其比重,以规范和约束地方政府行为,避免地方政府对商业银行经营行为的影响。同时,可以考虑由中国人民银行或中国银行业监督管理委员会牵头,促成商业银行与各级地方政府就共同环保事项或流域性事务进行结盟或签署环保协议,形成书面契约约束。

七、生物多样性生态服务价值的绿色保险机制

绿色保险制度在我国还是一个新型事物,当前我们必须借鉴国际上实施绿色保险制度国家的先进经验来完善我国的绿色保险制度。绿色保险是指以被保险人因生态退化而承担的损害赔偿和治理责任为保险标的的责任保险。绿色保险要求投保人按照保险合同的约定向保险公司缴纳保险费,一旦发生生物多样性退化事故,由保险公司对相关受害人承担赔偿和治理责任。目前,绿色保险已经被发达国家普遍采用,是生态高危企业发生生态退化事故后维护受害人权益的一种有效理赔制度。

2008 年 2 月国家环保总局和中国保监会联合发布了《关于环境污染责任保险的指导意见》,正式确立建立环境污染责任保险制度的路线图。这是继绿色信贷后推出的第二项环境经济政策。绿色保险制度在我国目前来说还是一个新生事物,尚无明确的法律规范。因此借鉴国外的绿色保险制度建设经验,健全完善我国绿色保险制度就具有极其重要的现实意义。

（一）国外绿色保险制度现状

1993 年欧洲委员会发布《关于补救环境损害的绿皮书》,提出对环境

责任一般问题的态度。2000 年 2 月 9 日欧盟委员会提出的欧盟环境民事责任白皮书是欧盟环境责任方面的又一个重要文件，白皮书对环境风险的可保性进行了讨论，但没有对环境责任保险提出详细的方案。2004 年 1 月，欧盟环境责任指令对欧盟环境民事责任制度进行了正式立法，成为欧盟正式引入强制环境责任保险制度的一个伏笔。

欧盟法律主要包括欧盟基础条约、国际条约或协定、条例指令和决定，绝大多数欧盟环境立法都采取指令的形式。"污染者付费原则"是欧盟环境政策的基石。根据《欧共体条约》第 174（2）条规定："共同体的环境政策应该建立在防备原则以及采取预防行动、优先在源头整治环境损害和污染者付费原则的基础上。"

德国是欧洲较早开展环境责任保险业务的国家之一。从 1991 年 1 月 1 日开始，德国为确保环境侵权受害人的损失能够得到及时有效的赔偿，采取了强制责任保险与财务保证或担保相结合的制度。德国《环境责任法》第 19 条特别规定了特定设施的所有人必须采取一定的预先保障义务履行预防措施，包括与保险公司签订损害赔偿责任保险合同，或由州、联邦政府、金融机构提供财务保证或担保。如有违反，主管机关可以全部或部分禁止该设施的运行，设施所有人还可能被处以有期徒刑或罚金。由于法律做出了强制性的规定，所以环境责任保险实质上就成了特定设施的企业法定强制性义务。

法国以任意责任保险为原则，在法律有特别规定的情况下实行强制责任保险。法国环境责任保险采用两种方法限定承保责任范围：一种是列举法，即列举出属于保障范围的风险；另一种是排除法，只保障除了明确列举出的风险以外的所有民事责任风险。

美国的绿色保险制度主要分为两类，即环境损害责任保险和自有场地治理责任保险。前者以约定的限额承担被保险人因其污染环境造成邻近土地上的任何第三者的人身损害或财产损失而发生的赔偿责任；后者以约定的限额为基础承担被保险人因其污染自有或使用的场地而依法支出的治理费用。同时为保障保险人利益,促使被保险人积极保护环境,保险人一般将恶意的污染视为除外责任,并对保单保障范围做出严格规定。另外,环境责任保险保单一般还将被保险人自己所有或者照管的财产因为环境污染而遭受的损失作为除外责任。

显然,设置环境责任保险制度已经成为全球趋势。未来环境责任保险制度的设置也将是全球化的,制度上的趋同也是很有可能的。但在目前,作为一个新兴的制度,环境责任保险制度的立法及实践还有一些个性化的发展,它将因各国国情以及政策目标的不同而有所不同。

(二)我国绿色保险存在的问题

自《关于环境污染责任保险工作的指导意见》发布实施以来,保险行业和环境污染高风险企业,特别是一些大型集团公司,从形式上都表现出积极的态度,但在具体实施与推进过程中却不尽如人意。就保险公司来看,现有保险条款均把污染作为除外责任,而绿色保险在本质上是一种政策主导型业务,这对于以利润最大化为目标的商业保险公司来说,包括费率厘定、产品开发、保险条款设计等,需要一个较长的消化和接受过程。同时,绿色保险显然是一个社会效应大于经济效应的保险,因为受众对象广,可能产生巨额损失,所以,绿色保险制度虽然为保险公司开辟了新的业务领域,但保险公司总体上积极性不高。就环境污染高风险企业来看,部分大型集团公司认为公司财力雄厚,可自行解决污染赔偿问题,目前不宜把大型化工企业纳入环境污染责任强制保险的范围内。同时他们还担心由于一些污染责任损害的赔偿限额很大,保险公司不具备承保能力。事实上,我国环境污染责任保险的初次尝试并不顺利:有的城市无企业投保,处于停顿状态;有的城市只有几个或十几个企业投保,且投保呈下降趋势。存在的主要问题有:

①环境污染责任保险模式选择问题,是采取强制责任保险还是任意责任保险。当时试点时所采取的是任意责任保险制度,从试点的实践效果来看并不理想。

②赔付率过低,远远低于国内其他险种的赔付率,更是低于国外保险业的赔付率。

③保费率水平过高。当时试点的环境污染责任保险保险费率按行业划分,最低费率为2.2%,最高为8%,较其他商业险种只有千分之几的费率相比,要高出许多倍。

④环保法规不够健全,执法不严格,对企业形成不了压力,同时也存在地方保护现象。这些问题的存在,严重制约了我国环境污染责任保险制度的推行。

(三)发展我国绿色保险的对策

①建立强制性绿色保险为主、任意性责任保险为辅的保险制度。在生物多样性危害最严重的行业实行强制责任保险,如石油、化工、采矿、水泥、造纸、核燃料生产、有毒危险废弃物的处理等行业。同时根据环保部门确定的投保企业的污染危险等级(指数),分别适用不同的保险费率。在具体实践中,鉴于生物多样性问题的种类、性质、破坏源(主要是工业企业)营运状况、危害程度及范围各不相同,原则上需要办理绿色保险的企业,均须以个案为基础,由保险公司与投保的特定企业协商确定保险合同的详细内容。在城建、公用事业、商业等污染较轻的行业可以实行任意绿色保险。是否投保,取决于企业的自愿。因为这类企业是否投保,对企业和社会的影响都不会很大。

②扩大责任保险范围。我国责任保险不应仅限于突发生态事故,而应把经常性生态退化造成的第三人受害的民事赔偿责任纳入责任保险的范围。投保范围不仅应包括违反环境法的经济社会活动、意外事故以及不可抗力导致生态退化造成的人身财产损失,而且还应包括危害企业正常、累积危害行为所致国家重点保护野生动植物、自然保护区损害。对于保险实施的对象,应以"属地管辖"为基本原则,在此原则下,不论企业的性质和大小,也不论是中国企业,还是外国公司的分支机构,只要有可能造成生物多样性退化,就应该是责任保险实施的对象。而且,绿色保险应当对被保险人

提供更为有效的保护,其保险责任范围应更加广泛。

③科学合理地确定保险费率。费率的高低取决于风险大小及最大赔偿金额的估算,需要在大量污染侵权事实的基础上,运用科学方法进行风险评估,而且要准确确定每个企业的污染风险等级。我国目前实行的环境侵权责任保险的费率是有管理的浮动制,但由于环境侵权的特性,决定了其责任保险应实行自由的费率制。实行自由的保险费率符合市场决定价格原则。从本质上讲,保险费率是保险标的风险的买卖价格。在市场经济中,这一价格应由买卖双方根据风险的高低通过谈判决定。实行自由的保险费率,则可以通过保险费率这一杠杆,促使投保人积极采取环保措施,降低环境侵权的风险。

④建立健全绿色保险的引导机制。目前我国陆续颁布实施了绿色信贷、绿色证券、绿色保险、绿色税收、绿色贸易等系列环境经济政策,但从其内容来看,绿色信贷、证券、税收、贸易等政策,总体上是从利益制约的角度来要求污染企业做好环境保护工作的,而绿色保险政策更多的是从污染企业的社会责任与义务层面出发的。这种各自独立、相互联系不紧密的系列环境经济政策,不能形成相互制约、相互促进的制度体系,难以引导污染企业积极参加绿色保险。如果把参加绿色保险列为污染企业申请贷款、谋求上市、享受税收优惠等的前提条件,将会有效引导污染企业积极参加绿色保险。

⑤加快培养综合型的绿色保险人才。生态保险从事故勘察认定到核定损理赔,需要保险从业人员具备保险学、精算学、环境学、医学、化学、地理学等知识,而在事故现场评估和环境治理的检测中,更需要那种具有丰富实践经验的技术型人才。保险是一种综合了多门学科和技术的险种,需要保险从业人员尤其是产品研发人员,掌握融汇环境学和医学等多学科的保险知识。

为了加快绿色保险人才的培养,可以从以下三方面入手:一是要转变保险从业人员的惯性思维,绿色保险不同于传统商业保险,更多依赖于从业人员对技术的掌握以及环境治理标准和相关法律的理解;二是保险公司要对从业人员进行绿色保险培训,增补环境学、化学和生态学等相关知识,并模拟事故现场,提高保险核保和理赔人员的现场勘查和定损能力;三是高等院校要围绕绿色保险完善相关专业的知识体系,尤其要增加多学科交叉内容,同时要加强教学和实践的结合,分析研究较为典型的国内外生态索赔案例,为绿色保险的长期发展做好人才储备工作。

参考文献

A.爱伦·斯密德,1999.财产、权力和公共选择——对法和经济学的进一步思考[M].黄祖辉,等,译.上海:上海三联书店.

A.J.霍纳,D.科尔曼,2000.农业经济学前沿问题[M].唐忠,孔祥智,译.北京:中国税务出版社.

埃莉诺·奥斯特罗姆,2000.公共事物的治理之道——集体行动制度的演进[M].余逊达,陈旭东,译.上海:上海三联书店.

安树民,曹静,2000.试论环境污染责任保险[J].中国环境管理(3):17-19.

别涛,2008.国外环境污染责任保险[J].求是(5):60-62.

陈海若,2010.绿色信贷研究综述与展望[J].金融理论与实践(8):90-93.

陈灵芝,马克平,2001.生物多样性科学:原理与实践[M].上海:上海科学技术出版社.

戴君虎,等,2005.五台山高山带植被对气候变化的响应[J].第四纪研究,25(2):216-223.

钭晓东,2001.西部大开发中的生物多样性的保护[J].四川环境,20(1):46-49,61.

杜效,唐翀,2008.我国引入绿色保险制度之理论分析[J].法制与社会(8):333-334.

凤凰网陕西频道.唐代——丝绸之路的繁荣时期[Z/OL].(2014-06-06)[2015-02-21].http://sn.ifeng.com/zhuanti/detail_2014_06/06/2389879_0.shtml.

富若松,2005.绿色保险研究[J]首都经济贸易大学学报(4):77-81.

《环境保护》编辑部,2010.各地推进环境污染责任保险实践探索[J].环境保护(8):25-28.

环境保护部,等,2011.中国生物多样性保护战略与行动计划(2011—2030),北京:中国环境科学出版社.

孔飞,等,2011.环青海湖地区生物多样性现状及保护对策[J],青海环境,21(2):82-85.

兰草,李锴,2014.中国碳金融交易体系效率分析[J].经济学家(10):77-85.

李惠彬,郝洲,曹国华,2014.中国碳交易试点省市碳排放权的初始分配研究——基于 Boltzmann 分布[J]当代经济(13):130-133.

李建华,等,2007.广西西部石灰岩地区生物多样性保护意义与持续利用设想[J],广西植物(2):211-216.

李淑华,1992.气候变暖对我国农作物病虫害发生、流行的可能影响及发生趋势展望[J].中国农业气象,13(2):46-49.

刘晓清,等,2012.秦岭地区生物多样性及其保护对策[J].安徽农业科学,40(12):7365-7367,7496.

刘志成,2012.我国发展碳金融面临的风险和对策[J].武汉金融(6):31-33.

陆敏,赵湘莲,李岩岩,2013.基于系统聚类的中国碳交易市场初步研究[J].软科学,27(3):40-43.

裴辉儒,2012.适度管制下的市场化低碳经济模式研究[J].思想战线,38(5):115-120.

皮尔斯,沃福德,1996.世界无末日:经济学、环境与可持续发展[M].张世秋,等,译.北京:中国财政经济出版社.

任宝,2008.建立绿色保险制度迫在眉睫[J].中国保险(11):44-45.

《诗说中国》编委会,2011.诗说中国 3:隋唐卷[M].北京:中国大百科全书出版社.

田为勇,2010.积极探索环境保护新道路,加快建设环境应急管理体系[J].环境保护(1):34-36.

万本太,等,2007.生物多样性综合评价方法研究[J].生物多样性,15(1):97-106.

王志艳,2007.梦回唐朝:隋唐[M].呼和浩特:内蒙古人民出版社.

武亚军,宣晓伟,2002.环境税经济理论及对中国的应用分析[M].北京:经济科学出版社.

《中国植被》编辑委员会,1980.中国植被[M].北京:科学出版社.

肖国举,张强,王静,2007.全球气候变化对农业生态系统的影响研究进展[J].应用生态学报,18(8):1877-1885.

熊学萍,2004.传统金融向绿色金融转变的若干思考[J].生态经济(11):60-62.

熊英,别涛,王彬,2007.中国环境污染责任保险制度的构想[J].现代法学,29(1):90-101.

伊恩·莫法特,2002.可持续发展——原则、分析和政策[M].宋国君,译.北京:经济科学出版社.

于砚民,2002.中国西部地区生物多样性保护[J].首都师范大学学报:自然科学版,23(4):93-97.

郁志坚,李青,2010.碳金融:原理、功能与风险[J].金融发展评论(8):102-122.

张文鑫,包景岭,常文韬,2012.我国绿色证券制度问题及对策建议,商场现代化(3):91-93.

张学霞,葛全胜,郑景云,2004.北京地区气候变化和植被的关系——基于遥感数据和物候资料的分析[J].植物生态学报,28(4):499-506.

张英娟,等,2004.中国西部地区未来气候变化趋势预测[J].气候与环境研究,9(2):342-349.

中华人民共和国环境保护部,2009.中国履行《生物多样性公约》第四次国家报告[M].北京:中国环境科学出版社.

周晓峰,等,2002.长白山岳桦-苔原过渡带动态与气候变化[J].地学前沿,9(1):227-231.

2004. Impacts of a Warming Arctic: Arctic Climate Impact Assessment (ACIA). Cambridge, UK: Cambridge University Press.

RICHARDSON B J, 2001. Mandating environmental liability insurance. Duke Environmental Law&Policy Forum: 293-322.

BROWN J H, VALONE T J, CURTIN C G, 1997. Reorganization of an arid ecosystem in response to recent climate change. Proceedings of the National Academy of Sciences of the United Statess of America, 94: 9729-9733.

SCHROEDER D E, ROBINSON A G. Robinson, 2010. Green is free: Creating sustainable competitive advantage through green excellence. Organizational Dynamics, (4):345 – 352.

WILSON E O, 2009. Sociobiology: the new synthesis. Philosophy of Biology: An Anthology.

FISHER R A, CORBET A S, WILLIAMS C B, 1943. The relation between the number of species and the number of individuals in a random sample of an animal population. The Journal Animal Ecology, 12:42-58.

GRABHERR G, 2003. Alpine vegetation dynamics and climate change-a synthesis of long-term studies and observations// NAGY L, KORNER C G, CHRISTIAN K, THOMPSON D B A. Alpine Biodiversity in Europe, Berline, Germany: Spring Berlin Heidelberg: 399- 409.

GURALNICK R, 2007. Differential effects of past climate warming on mountain and flatland species distributions: a multispecies North American mammal assessment. Global Ecology and Biogeography, 16: 14-23.

HARI R E et al. , 2006. Consequences of climatic change for water temperature and brown trout populations in Alpine rivers and streams. Global Change Biology, 12: 10-26.

HERSTEMSSON P, MACDONALD. D W, 1992. Interspecific competition and the geographical distribution of red and arctic foxes Vulpes vulpes and Alopex lagopus. Oikos, 64(3): 505-515.

HICKLING R et al., 2006. The distributions of a wide range of taxonomic groups are expanding polewards. Global Change Biology, 12: 450- 455.

IPCC, 2001. Climate change 2001: The scientific basis. Cambridge University Press:1-34.

HARVEY J,2010. Authentic social justice and the far reaches of "The Private Sphere". Social Philosophy Today , (26):9-22.

KULLMAN L, 2001. 20th century climate warming and tree-limit rise in the southern scandes of Sweden[J]. Ambio, 30(2): 72-80.

LEMONINE N, SCHAEFFR H C, BÖHNING-GAESE K, 2007. Species richness of migratory birds is influenced by global climate change. Global Ecology and Biogeography, 16: 55-64.

MALLHI Y et al., 2010. Introduction: Elevation gradients in the tropics: laboratories for ecosystem ecology and global change research. Global Chang Biology, (16): 3171-3175.

JEUCKEN M, 2001 Sustainable finance and banking: The financial sector and the future of the planet, UK: Earthscan Publications Ltd.

KATZMAN M T, 1988. pollution liability insurance and catastrophic environmental risk. The Journal of Risk and Insurance,55(1): 75-100.

2005. Millennium Ecosystem Assessment, Ecosystems and Human Well-being: Biodiversity Synthesis, USA World Resources Institute.

MUNICH R E. ,2013-04-10. NatCat Database[EB/OL]. http://www.

munichre. com.

NILAON A, KIVISTE A, KORJUS H, et al. , 1999. Impact of recent forestry and adaptation tools. Climate Research, 12: 205-214.

NEILSON R P. , 1993. Transient ecotone response to climate change: some conceptual and modeling approaches. Ecological Applications, 3(3): 385-395.

OECD. , 2008. OECD Environmental Outlook to 2030. Paris, France: OECD.

SUKHDEV P et al. , 2009. TEEB Climate Issues Update, UNEP.

PARMESAN C, RYHOLM N, STEFANESCU C, et al. , 1999. Poleward shifts in geographical range of butterfly species associated with regional warming[J]. Nature, 399: 579-583.

POUNDS J A, BUSTANTE M R, COLOMA L A, et al. , 2006. Widespread amphibian extinctions from epidemic disease driven by global warming [J]. Nature, 439: 161-167.

PURVIS A. , HECTOR A. , 2000. Getting the measure of biodiversity. Nature, (405):212-219.

RICHARD S J. , 2002b. New estimates of the damage costs of climate change, part II: dynamic estimates. Environmental and Resource Economics, (1):135-160.

ROOMBRIDGE B. , 1992. Global biodiversity: Status of the earth's livingre sources. London: Chapman&Hall.

RYAN J H. , 1992. Conserving biological diversity, In Brown, L. R. et al (eds.). State of the World. Sinauer Associates Inc, Publishers.

TAMIS W L, ZELFDE M V, VAN D M, et al. , 2005. Changes in vascular plant biodiversity in the netherlands in the 20th century explained by their climate and other environmental characteristics. Climate Change, 72:

37-56.

WHITMAN T, LEHMANN J,2009. Biochar-One way forward for soil car-bon in offset mechanisms in Africa? Environmental Sicience & Policy, (12): 1024-1027.

BRADY T, MAYLOR H,2010. The improvement paradox in project contexts: A clue to the way forward? International Journal of Project Manage-ment, (8): 787-795.

FOXON F,2008. A Co-evolutionary framework for analyzing transition pathways to a lou carbon economy. Paper for EAEPE (European Association for Evolutionary Political Economy) 2008. Conference: 33-56.

2013-04-10. Université Catholique de Louvain Brussels Belgium. EM-DAT:The OFDA/CRED International Disaster Database[EB/OL]. www. em-dat. be.

VATN A. , 2000. The Environment as a Commodity, Environmental Val-ues, (9):493-509.

WAITHER G R. POST E, CONVEY P. , 2002. Ecological responses to recent climate change, Nature, (416):389-395.

WALTHER G R, BEIBNER S,POTT R. , 2005. Climate change and high mountain vegetation shifts// Broll G, Keplin B. Mountain ecosystems studies in treeline ecology. Berlin, Germany: Springer-Verlag: 78-95.

WHITFORD W. , 2002. Ecology of desert systems [M]. San Diego, California, USA: Academic Press.

WWF. , 1997. Great apes in the wild. Species Status Report.

后　记

　　生物多样性的价值保护,是当今世界十分关注和需要认真对待的课题;然而,这一研究课题,又是一个十分浩大的工程。本书虽然通过广泛涉猎与本研究有关的文献资料,力图在生态系统与生物多样性经济学的经济价值理论体系框架内,揭示生物多样性生态服务价值的内在机理,以期获得有效解决一些理论问题,同时帮助和指导我国的生物多样性保护工作。但是,当本书完成之际,仍然觉得有许多问题没有研究到,或者有研究但不够深入,这其中的原因有客观上的也有主观上的。客观上的原因在于"一带一路"生物多样性的生态系统十分复杂,区域跨度巨大,作为一个整体性的研究,在国内外尚不多见(或许就是第一次),属于创新研究的问题,这就给我们在资料收集上带来很大的困难。其次,我们研究水平的局限也限制了我们驾驭这一问题的能力。所以,虽然本研究已经成书,但是该问题研究还方兴未艾,需要继续深入下去。

　　尽管有诸多不足,我们还是付出了许多艰辛的努力,力图将一本能够反映当前最前沿的相关学术研究成果的著作,奉献给致力于该问题研究的学者、热爱生态保护的读者以及所有爱好生物多样性的人们,以期推动我们保护生物多样性的夙愿。

　　在本书写作的过程中,我们得到了国家社科基金项目"气候变迁背景下西部地区生物多样性保护管理中的价值识别、展示与捕获研究"(14BJL103)及陕西师范大学"丝绸之路通鉴"项目的基金资助,也获得了我的家人的支持,在此,一并表示感谢。

本书由陕西师范大学国际商学院裴辉儒和西北政法大学政治与公共管理学院宋伟共同撰写,具体分工是:裴辉儒设计本书的框架,对全书做了统稿、审稿和定稿工作,并撰写完成了第一、二、四、五、六、七、九章;宋伟主要参与了审稿工作,并撰写完成了第三、八章。

裴辉儒

2016 年 3 月 1 日